水利工程与水工建筑施工

李兆杰　王立民　方政英　主编

吉林科学技术出版社

图书在版编目（CIP）数据

水利工程与水工建筑施工 / 李兆杰，王立民，方政英主编. -- 长春：吉林科学技术出版社，2019.10
ISBN 978-7-5578-6179-7

Ⅰ．①水… Ⅱ．①李… ②王… ③方… Ⅲ．①水利工程－工程施工②水工建筑物－工程施工 Ⅳ．①TV5 ②TV6

中国版本图书馆CIP数据核字（2019）第232643号

水利工程与水工建筑施工
SHUILI GONGCHENG YU SHUIGONG JIANZHU SHIGONG

主　　编	李兆杰　　王立民　　方政英
出 版 人	李　梁
责任编辑	朱　萌
封面设计	刘　华
制　　版	王　朋
开　　本	185mm×260mm
字　　数	360千字
印　　张	16.25
版　　次	2019年10月第1版
印　　次	2019年10月第1次印刷
出　　版	吉林科学技术出版社
发　　行	吉林科学技术出版社
地　　址	长春市福祉大路5788号出版集团A座
邮　　编	130118
发行部电话/传真	0431—81629529　　81629530　　81629531
	81629532　　81629533　　81629534
储运部电话	0431—86059116
编辑部电话	0431—81629517
网　　址	www.jlstp.net
印　　刷	北京宝莲鸿图科技有限公司
书　　号	ISBN 978-7-5578-6179-7
定　　价	65.00元

版权所有　翻印必究

前　言

　　水利工程施工有着悠久的历史。中国远在公元前256～前251年修建的都江堰,不仅体现了规划设计方面的成就,在施工技术方面也有许多创造,如离堆的开凿、鱼嘴及飞沙堰的竹笼卵石砌护以及杩槎围堰的应用等。其中有的施工方法如卵石砌护沿用至今。又如黄河大堤、钱塘江海塘、灵渠及京杭运河等工程都显示出古代水利工程施工技术的成就。特别在河工方面,中国有几千年防御与治理洪水的历史,在处理险工和堵口截流等施工技术方面积累了丰富的经验。

　　20世纪以来,水工建筑在世界各国发展迅速,规模也越来越大。如中国在建及拟建水工建筑与已建成的相比,无论在形式上、规模上都有较大的改进和提高：土石坝的高度将从100m提高到近200m,而混凝土坝的高度则将达到250m左右；电站装机容量将达到300～400万kW甚至1000万kW以上；一些中、低水头的抽水蓄能或混合式抽水蓄能电站已开始兴建；一些大规模的引水、供水、灌溉等工程亦将相继投入实施。从全世界而言,水工建筑的前景是向高水头、大容量、新材料、新结构等方面发展。随着施工技术不断提高和大型、高效施工机械及高速、大容量电子计算机的采用,高拱坝、高土石坝、碾压混凝土坝、深埋隧洞及大型地下建筑物等的设计和研究将会有较快的进展。此外,预制构件装配化的中小型水工建筑的应用,以及水工建筑监测和管理调度技术等也将随之有较大发展。

目 录

第一章 绪 论 1

 第一节 水力学基础 1

 第二节 水利基础 13

 第三节 我国水利建设现状、问题及对策 24

第二章 河道、堤防及水土保持 36

 第一节 河流概述 36

 第二节 河道整治 41

 第三节 堤防工程 45

 第四节 水土保持 47

第三章 闸坝工程 51

 第一节 水 闸 51

 第三节 橡胶坝和浮体闸 57

 第三节 船 闸 60

 第四节 救鱼措施 62

第四章 水力发电 66

 第一节 水力发电的原理与种类 66

第二节　电力系统中的水电站 73

　　第三节　水电站建筑物 75

第五章　重力坝 80

　　第一节　概　述 80

　　第二节　非溢流重力坝的剖面设计 82

　　第三节　重力坝的荷载及其组合 85

　　第四节　重力坝的稳定分析 94

　　第五节　重力坝的应力分析 97

　　第六节　溢流重力坝 102

　　第七节　重力坝的泄水孔 111

　　第八节　重力坝的材料及构造 114

　　第九节　重力坝的地基处理 118

第六章　拱　坝 122

　　第一节　概　述 122

　　第二节　拱坝的荷载及组合 125

　　第三节　拱坝的布置 128

　　第四节　拱坝的体形、尺寸和布置 133

　　第五节　拱坝的应力分析 136

　　第六节　拱坝坝肩稳定分析 137

第七节　拱坝的泄流和消能 139

　　第八节　拱坝的构造及地基处理 140

第七章　土石坝 143

　　第一节　概　述 143

　　第二节　土石坝的荷载及荷载组合 147

　　第三节　土石坝的渗流分析 148

　　第四节　土石坝的稳定分析 150

　　第四节　筑坝土料及填筑标准 154

　　第五节　土石坝的构造 160

　　第六节　土石坝与其他建筑物的连接 166

　　第七节　土石坝的坝型选择 167

第八章　水　闸 169

　　第一节　概　述 169

　　第二节　水闸的组成及枢纽布置 172

　　第三节　水闸的孔口尺寸 174

　　第四节　水闸的消能防冲 177

　　第五节　闸下的防渗排水 181

　　第六节　闸室的布置与构造 184

　　第七节　闸室稳定分析、沉降分析与地基处理 192

第八节　两岸连接建筑物 196

第九章　水工隧道 199

第一节　概　述 199

第二节　水工隧洞的布置及线路选择 200

第三节　进口段 203

第四节　洞身段 205

第五节　洞室开挖时的围岩稳定性 208

第六节　隧洞的喷锚支护 211

第十章　灌排工程建筑物 214

第一节　取水枢纽 214

第二节　渡槽和桥梁 220

第三节　倒虹吸管和涵洞 223

第四节　灌区量水 227

第十一章　河岸溢洪道 230

第一节　概　述 230

第二节　正槽溢洪道 231

第三节　其他型式的溢洪道和非常泄洪设施 243

结　语 250

参考文献 251

第一章 绪 论

第一节 水力学基础

一、水力学的研究对象与任务

（一）水力学的研究对象

水力学是研究液体机械运动规律及其工程应用的一门科学。液体的种类很多，如水、石油、酒精、水银等。由于工程实际中最为常见的液体是水，便以水作为研究液体的代表，故称水力学。实际上，水力学的基本原理与水力计算的一般方法不仅适用于水，而且也适用于一般常见液体和可忽略压缩性影响的气体。事实上，当气体的运动速度远比音速为小时，在运动过程中其密度的变化很小（当气体运动速度小于 68m/s 时，密度的变化为 1%；当气体运动速度小于 150m/s 时，密度的变化也只有 10%）当然可视为不可压缩，及可以忽略压缩性的影响。在实际工程中，燃气的远距离输送需考虑气体的压缩性、水击现象需考虑水体的压缩性、热水采暖需考虑水的压缩性和热胀性。除此之外，绝大多数工程问题都可以不考虑压缩性。

（二）结构体系

水力学是一门技术基础课，即专业基础课，它介乎于基础科学与工程技术之间。它一方面根据基础科学中的普遍规律（如质量守恒、能量守恒、动量守恒等），结合水流特点，建立自己的理论基础，另一方面又密切联系工程实际，发展学科内容。这也就是说，水力学是继《普通物理学》《理论力学》之后开设的一门专业基础课，同时，在对液体的机械运动进行理论分析与数值计算的过程中，必然离不开《高等数学》这个有力的工具。此外，由于水力学在工程实际中的应用相当广泛，这就使水力学的基本概念、基本理论以及水力计算的基本方法和实验研究的基本技能成为学习许多专业课程（如农田水利学、水工建筑、水利工程施工、水电站、水泵站、地下水利用等）和从事专业研究的必备基础。而工程实际中基本和典型的水力学问题的理论分析和计算方法也就成了本课程的重要组成部分。

（三）水力学的应用

水力学在工程实际中占有相当重要的地位，广泛用于水利工程，水力发电工程，水文水资源，农田水利，机电排灌，河道整治，给排水，环境工程等领域。在水利工程的勘测设计，施工和运行管理等各个环节都可能遇到大量的水力学问题。归纳起来：水利工程中经常遇到的水力学问题主要有以下几方面：

（1）建筑物（及河槽）所承受的水力荷载。包括：静水压力、动水压力、渗透压力等，这是水工建筑的稳定分析和结构计算必需的依据之一。

（2）建筑物（及河槽）的过水能力。输水及泄水建筑物、河渠、管道等的断面形式及尺寸的确定，是水力学的一项基本任务。

（3）水流的流动形态。研究和改善水流通过河渠、水工建筑及其附近的水流形态，为合理布置建筑物，保证其正常运用提供理论依据。

（4）水流的能量消耗。分析水流能量转换中的能量损失规律，研究充分利用水流有效能量的方式方法和高效率消除多余有害动能的消能防冲措施。

（四）水力学的研究方法

水力学的发展历史表明了水力学的正确研究方法是：数理分析与实验研究相结合。

水力学理论的发展在相当程度上取决于试验观测水平，而水力学中实验观测的方法主要有以下三个方面：（1）原型观测：对工程实践中的天然水流直接进行观测；（2）系统实验：在实验室内对人工水流现象进行系统的研究；（3）模型试验：模拟实际工程的条件，预演或重演水流现象来进行研究。这三个方面宜有计划地进行，可以取得相互配合，补充和验证的效果。掌握了相当数量的试验资料之后，就可以根据机械运动的普遍原理，运用数理分析的方法，建立某一水流运动现象的系统理论，并在指导实践的过程中加以检验，进一步补充和发展。

二、液体的基本特性和主要物理力学性质

（一）液体的基本特性

自然界物质分为气体，固体和液体。

固体的主要特性是有固定的形状，在外力作用下不易变形。

液体和气体统称为流体，其共同特性是易于流动。

液体的真实结构是：由彼此之间存在空隙并在不断进行复杂的微观运动的大量液体分子组成的聚集态。液体分子之间存在着间隙，每个分子又在不停地热运动，由于分子在空间分布上的不连续性和热运动在时间上的随机性，致使其物理量在空间与时间上均呈现不连续变化，给研究液体的运动带来了困难。但由于水力学研究的是液体的宏观机械运动，

即研究大量液体分子的统计平均效应，因此，我们并不关心单个分子的微观运动，更何况液体分子之间的间隙又是如此微小（例如，$1cm^3$ 的水中大约有 3.34×10^{22} 个水分子），它与工程中所研究的运动液体的集合尺度相比，的确小到可以忽略不计的程度。既然如此，把液体看作是不连续的分子结构也就没有必要了。事实上，早在1753年，欧拉就已经提出了连续介质假定，他认为：液体是由无数质点所组成，质点毫无间隙地充满所占空间，其物理性质和运动要素都是连续分布的。连续介质假定的引入对流体力学的发展起了巨大的推动作用。具体来讲，如果我们把液体视为连续介质的话，我们就摆脱了复杂的分子运动，而全力着眼于宏观机械运动，此时，液流中的一切物理量均可视为空间位置坐标和时间的连续函数，就可以充分地利用连续函数这一数学工具来解决液体的流动问题。这里所讲的质点是指由大量分子组成的具有质量但无大小概念的。

为研究问题方便，在连续介质假定的基础上，一般还认为液体具有均匀等向性，即液体是均质的，各部分各个方向上的物理性质均相同。

因此，水力学中研究的液体的基本特征：易于流动、不易压缩、均匀等向、连续介质。

（二）液体的主要物理力学性质

1. 惯性

物体所固有的保持原有运动状态的性质成为惯性。惯性的大小以质量 M 来度量。当液体受外力作用使运动状态发生变化时，由于液体的惯性所引起的抵抗外界作用的反作用力称为惯性力，惯性力的大小：$F = Ma$。单位体积内的质量称为密度 p，其单位为 kg/m^3。对均质液体，$p = \dfrac{M}{V}$，对非均质液体，$p = \lim\limits_{\Delta V} \dfrac{\Delta M}{\Delta V}$。

不同种类的液体其密度值各不相同。同一种类的液体，其密度随温度和压强的变化而变化，但这种变化很小。在水力学中，就把密度视为常数，采用一个标准大气压下，温度为4℃的蒸馏水的密度作为计算值，即 $p = 1000 kg/m^3$。

2. 万有引力特性

任何物体之间的引力称为万有引力。地球对物体的引力称为重力。重力的大小以重量来度量 G。单位体积内的重量称为容重 γ，也称为重度或重率，其单位为 N/m^3。对均质液体，$\gamma = \dfrac{G}{V}$，对非均质液体，$\gamma = \lim\limits_{\Delta V} \dfrac{\Delta G}{\Delta V}$。

不同种类的液体其容重值各不相同。同一种类的液体，其容重随温度和压强的化而变化，也随纬度而略有变化，但这种变化很小，常忽略不计。在水力学中，通常容重也视为常数，采用一个标准大气压下，温度为4℃的蒸馏水的容重作为计算值，即 $\gamma = 9800 N/m^3$。

例：已知某液体的 $V = 6m^3$，$p = 983.3 kg/m^3$，求该液体的质量和容重。

解：因为 $p = \dfrac{M}{V}$ $m = pV = 983.3 \times 6 = 5899.8(kg)$

$\gamma = pg = 983.3 \times 9.8 = 9636.3 (N/m^3)$

3. 粘滞性

在运动状态下，液体就具有抵抗剪切变形的能力，这就是所谓的粘滞性。

粘滞性产生的物理原因是分子引力。粘滞性的存在是水流运动过程中能量损失的根源。当液体处于静止状态时，粘滞性表现不出来；当液体处于运动状态时，粘滞性就表现为相邻液层之间出现了抵抗相对运动的内摩擦力。内摩擦力的概念是牛顿于1686年提出的，并经后人验证，习惯上称为牛顿内摩擦定律。

牛顿内摩擦定律的内容：作层流运动的液体，相邻两液层间单位面积上所作用的内摩擦力（或称粘滞力）与流速梯度成正比，同时与液体的性质有关。其数学表达式为：$\tau = \mu \dfrac{du}{dy}$，式中，$\tau$ 为内摩擦切应力；μ 为动力粘滞系数，单位为 N·s/m² 或 Pa·s，物理单位为达因·秒/cm²，并常称1达因·秒/cm²=1泊，即1泊=0.1N·s/m²。$\dfrac{du}{dy}$ 为流速梯度，实际上代表是液体微团的剪切变形速度 $\dfrac{d\theta}{dt}$。

牛顿内摩擦定律的适用范围：只适用于牛顿流体，即层流时内摩擦切应力与流速梯度成正比例的流体，亦即变形率为常数的液体。一般常见液体和气体多属于牛顿流体，如水、空气等。其他的则称为非牛顿流体，非牛顿流体属于流变学的研究范畴，常见的非牛顿流体包括以下三种：（1）理想宾汉流体：当切应力达到一定数值 $\tau 0$ 时，才开始发生剪切变形，但变形率仍为常数，常见的如泥浆、血浆、高含沙水流；（2）伪塑性流体：粘滞系数随剪切变形速度的增加而减小，常见的有尼龙、橡胶溶液、颜料、油漆等；（3）膨胀性流体：粘滞系数随剪切变形速度的增加而增加，常见的有生面团、浓淀粉糊等。

μ 值的大小反映了液体性质对内摩擦力的影响。粘滞性大的液体，μ 值大。μ 的数值随液体种类的不同而不同，并随温度和压强的变化而变化。其中，温度对液体粘滞性的影响远比压强的影响大。

水力学中，液体的粘滞性还可以用运动粘滞系数来表示。运动粘滞系数 $V = \dfrac{\mu}{p}$，其单位为 m²/s，习惯上把 1cm²/s 称为 1 斯托克斯，1 斯托克斯 = 0.0001m²/s。ν 值的大小仍随液体种类的不同而不同，即使同一种液体，ν 值也随温度和压强的变化而变化，但随压强的变化甚微。

不同水温时的运动粘滞系数 ν 可按下式计算：$V = \dfrac{0.01775}{1 + 0.0337t + 0.000221t^2}$，式中，$t$ 按摄氏温度（℃）代，ν 为 cm²/s。对于同一种类的流体，用动力粘滞系数 μ 与用运动粘滞系数 ν 判定其粘滞性的大小会得到相同的结论；但对不同种类的流体，其粘滞性的大小必须用动力粘滞系数 μ 来判定。

4. 液体的压缩性

液体受压体积缩小，压力撤除之后又能恢复原状的这种性质称为压缩性或弹性。液体压缩性的大小以体积压缩系数 β 或体积弹性系数 K 来表示。

体积压缩系数是液体体积的相对缩小值与压强增值之比，即 $\beta=-\dfrac{dV/V}{dp}$，由于 dp 与 dV 始终异号，为保证 β 为正，前面加负号。β 值越大，液体越容易压缩。β 的单位为 m^2/N。

由于液体压缩时，质量并不改变，故 $dm=pdV+Vdp=0\Rightarrow\dfrac{dV}{V}=-\dfrac{dp}{p}$。因而体积压缩系数 β 又可写为 $\beta=\dfrac{1}{p}\dfrac{dp}{dp}$。

体积弹性系数 $K=\dfrac{1}{\beta}$。K 值越大，液体越不容易被压缩。K 值的单位是 N/m^2。

液体种类不同，β 或 K 值不同。对同一种液体，β 或 K 值也会随温度和压强而有所变化，但变化较小，一般可视为常数。

5. 表面张力特性

自由表面上的液体分子由于受到两侧分子引力不平衡，而承受的一个极其微小的拉力，称为表面张力，其大小以表面张力系数 σ 来表示，单位为 N/m，即自由表面单位长度上所承受的拉力值。表面张力系数 σ 的大小随液体种类、温度和表面接触情况的变化而变化。

（三）理想液体

理想液体——绝对不可压缩，没有粘滞性和表面张力的连续介质。理想液体的概念的中心要点是没有粘滞性，当然运动过程中也不会有能量损失。

（四）作用与液体上的力

作用于液体上的力按其物理性质可分为：惯性力、重力、粘滞力、弹性力、表面张力等。为便于分析问题，现按力的表现形式（或作用方式）将其分为质量力和表面力两大类。

1. 质量力

质量力是指作用于液体的每一质点上，并与受作用的液体的质量成正比例的力。比如重力、惯性力就是质量力。在均质液体中，质量与体积成正比例，故质量力又称为体积力。

质量力可以用作用于液体质点上的总作用力 F 来表示，也可以用单位质量力 f 来表示。单位质量力是指单位质量的液体所承受的质量力，其单位为 m/s^2，与加速度单位相同。单位质量力 f 沿三个坐标方向上的分量分别表示为 X、Y、Z。

2. 表面力

表面力是指作用于液体表面并与受作用的表面面积成比例的力。例如，边界对液体的摩阻力，边界反力、压力等。表面力的大小除了用总作用力表示之外，还可以用单位面积上所受的表面力（即应力）来量度，垂直于作用面的叫压强，平行于作用面的叫切应力，它们的单位均为 N/m²。

三、水力学的研究方法

（一）理论分析法

以古典力学为基础，按其机械运动的普遍原理，通过数学推导，建立液体平衡和运动的基本方程，（能量，动量，连续），但由于实际水流运动的多样性和复杂性，对复杂的水流运动只靠理论上研究工作是很难得出答案的，需借助于试验的方法来解决．

（二）试验研究

1. 原理观测

对实际水流直接进行现场观测，收集第一手的资料，来检验理论分析成果，总结探索水流运动的某些基本规律供依据。

2. 模型试验

由水流相似的原理，按一定的比例，将实际工程的缩小为模型，在模型上预演原理上相应的水流运动，然后再还原为原型的数值。

3. 数值计算法

随着计算机技术的发展，数值计算成为水力学研究中的基本方法通过建立数学模型，由有限差分，有限无阻及边界线元等计算方法，用计算机求出数字近似解。

在科学试验中进行理论分析，数据处理时，需应用"量纲分析法"

1）量纲是表示物理量性质和类别。（长度 $[L]$ 时间 $[T]$ 等）

单位表示物理性质的基准（mm 千克 kg）

2）量纲又分为基本量纲和诱导量纲

基本量纲是一组独立相互表示和推导 $[L][T][M][F]$

诱导量纲，由其他物理量的量纲推导出来的

$$[v]=[L]/T=[LT^{-1}]$$

利用这一原理可用来检查所建立的方程或经验公式的正确性和完整性。

1. 量纲的和谐原理

为正确反映客观规律的物理方程，各项量纲必须一致，任何两个物理量能相加，相减，其前提量纲必须一致。

四、水静力学

水静力学的任务是研究液体的平衡规律及其工程应用。

液体的平衡状态有两种：一种是静止状态，即液体相对于地球没有运动，处于静止状态。另一种是相对平衡，即所研究的整个液体相对于地球在运动，但液体相对于容器或液体质点之间没有相对运动，即处于相对平衡状态。例如，等速直线行驶或等加速直线行驶小车中所盛的液体，等角速度旋转容器中所盛的液体。

根据平衡条件来求解静水压强的分布规律，并根据静水压强的分布规律来确定各种情况下的静水总压力。即先从点、再到面，最后对整个物体确定静水总压力的大小、方向、作用点。

水静力学是解决水利工程中水力荷载问题的基础，同时也是今后学习水动力学的必要知识。从后面章节的学习中可以知道，即使水流处于运动状态，在有些情况下，动水压强的分布规律也可认为与静水压强的分布规律相同。

（一）静水压强的概念

在静水中有一受压面，其面积为 ΔA，作用其上的压力为 ΔP，则该微小面积上的平均静水压强为 $\bar{p} = \dfrac{\Delta P}{\Delta A}$，当 $\Delta A \to 0$ 时，平均压强的极限就是点压强，$p = \lim\limits_{\Delta A \to 0} \dfrac{\Delta P}{\Delta A} = p_{(x,y,z)}$，这也说明了静水压强是关于空间位置坐标的函数。

静水压强的单位有三种表示方法：（1）用应力的单位表示，即 N/m^2 或 kN/m^2；（2）用大气压强的倍数表示；（3）用液柱高度表示。

静水压力并非集中作用于某一点，而是连续地分布在整个受压面上，它是静水压强这一分布荷载的合力。静水压强反映的是荷载集度。今后的学习中将重点掌握如何根据静水压强的分布规律推求静水总压力。

由于水利工程中有时习惯将压强称为压力，故水力学中就将静水压力称为静水总压力，以示区别。游泳胸闷，木桶箍都说明静水压力的存在。

（二）静水压强的特性

1）方向：垂直指向受压面，用反证法说明。

2）大小：静水中任何一点各个方向的静水压强大小都相等。

$p_x = p_y = p_z = p_n$ 而 $p = p(x, y, z)$

（三）绝对压强相对压强

1）绝对压强

以设想的没有大气压存在的绝对真空状态为零点计量得到的压强称为绝对压强，以 pab 或 p' 来表示。

由于大气压强随海拔高程而变化,地球上不同地点的大气压强值不同,故提出了当地大气压的概念。但利用当地大气压强进行水力计算很不方便,为此,在水力学中又提出了工程大气压的概念,取一个工程大气压 $1pa = 98kN/m^2 = 736mmHg$ 柱 $=10m$ 水柱,显然略小于标准大气压,在今后的水力计算中,均采用工程大气压。

2）相对压强

由于水利工程中所有的水工建筑都处在大气压强的包围之中,另外,所有的测压仪表测出的都是绝对压强与当地大气压强的差值,故引入了相对压强的概念。相对压强是以当地大气压强为零点计量得到的压强,又称为计示压强或表压强,以 p 表示,$p = p_{ab} - p_a$。

从上述介绍可知,绝对压强恒为正值,相对压强可正可负可为零。

3）真空及真空度

相对压强为负值的情况称为负压,即 $p_{ab} < p_a$,负压也称真空,表示某点的绝对压强小于当地大气压强的数值。负压的大小常以真空度来衡量,即 $p_v = p_a - p_{ab} = |p|$。大家要注意,真空不一定只产生于气体当中,液体中也可以有真空。由上式可见,当绝对压强为零时,真空度达到理论上的最大值——一个当地大气压强。事实上,由于受汽化压强的限制,液体的最大真空度只能达到当地大气压强与当时温度下液体的汽化压强之差,即 $p_{v\max} = p_a - p_汽$。

（四）液体平衡微分方程及其积分

液体平衡微分方程表征了液体处于平衡状态时,作用于液体上的表面力和质量力之间的关系,是研究液体平衡规律的基本方程。

液体平衡微分方程（欧拉平衡方程,1775 年欧拉首先推导出来）：

$$\frac{\partial p}{\partial x} = pX$$

$$\frac{\partial p}{\partial y} = pY$$

$$\frac{\partial p}{\partial z} = pZ$$

该方程的物理意义是:平衡液体中静水压强沿某一方向的变化率与该方向上单位体积的质量力相等。若某一方向没有质量力的分量,则这一方向上静水压强就不会发生变化,即为常量。为求得平衡液体中点压强的具体表达式,需对欧拉方程进行积分。

均质液体平衡微分方程的另一种表达形式——积分形式。

$$dp = p(Xdx + Ydy + Zdz)$$

上式是否有解析解？在什么情况下才有解析解？这由质量力的性质决定。结论是:作用于液体上的质量力必须是有势力,液体才能保持平衡（重力和惯性力都是有势力）；换句话说,不可压缩液体要维持平衡,只有在有势的质量力作用下才有可能。

把质量力用力势函数来表示，则液体平衡微分方程的积分形式可表示为 $dp=pdU$，积分后可得：$p=pU+C$，其中 C 为积分常数，可由已知的边界条件确定。若液体表面某点的压强为 p_0，相应的力势函数为 U_0，则积分常数 $C=p_0-pU_0$，从而得到不可压缩液体平衡微分方程积分之后的普遍关系式：

$$p=p_0+p(U-U_0)$$

式中，$p(U-U_0)$ 是由液体密度和单位质量力确定的，其 U 的具体表达式当由质量力的性质决定，与 p_0 无关。这就得到结论：平衡液体中，边界上压强 p_0 将等值地传递到液体内部各点，这就是著名的帕斯卡定理。

（五）重力作用下的液体平衡

重力作用下液体平衡方程式有如下两种表达形式：

公式 1　$p=p_0+\gamma h$

式中：p_0 为表面压强，p 表面以下任意一点的压强，h 该点在表面以下的淹没深度。该公式的物理意义是：重力作用下静止液体中任一点的静水压强 p 等于表面压强 p_0 与该点在表面以下单位面积上高度为 h 的液体重量之和。此公式也给出了静水压强的分布规律，即任一点的静水压强是淹没深度 h 的一次函数。同时还可以看出，位于同一淹没深度上的各点具有相等的静水压强值。

在平衡液体中，静水压强是空间位置坐标的函数。我们把液体中压强相等的点组成的面称为等压面。由上式可以看出，重力作用下的等压面就是等淹没深度面，并且这个等压面还是水平面。据此可以得到重力作用下等压面必须具备的充要条件是：①重力作用下的等压面是水平面（必要条件）；②水平面以上或以下是相互贯通的同种液体（充分条件）。这个公式是计算静止液体中点压强的基本公式。

公式 2　$z+\dfrac{p}{\gamma}-z_0+\dfrac{p_0}{\gamma}=C$

式中：z 为静止液体中任一点离开基准面的几何高度，称为位置水头，表示单位重量的液体具有的位能；为静止液体中任一点的压强水头，表示单位重量的液体具有的压能，压能是一种潜在势能，正是有压强的作用才能把容重为 γ 的液体举高一个几何高度 $\dfrac{p}{\gamma}$；

$z+\dfrac{p}{\gamma}$ 称为测压管水头，也表示单位重量的液体具有的势能。该公式表示的物理意义是：①静止液体内部各点的测压管水头维持同一常数；②静止液体内部各点的势能守恒，位能与压能之间相互转化。关于该式的中各项的意义后面还要做进一步的介绍。

（六）作用于曲面上的静水总压力

在实际工程中，常遇到受压面是曲面的情况，比如弧形闸门、桥墩、闸墩、隧道进口等，这些曲面多为二向曲面（柱面）。

1. 曲面静水总压力的水平分力

作用于曲面上的静水总压力的水平分力 P_x 的大小等于曲面向有水的一侧的铅直投面上的静水总压力。二向曲面在 yoz 铅直坐标面上的投影面一般为矩形平面，故可用平面静水总压力求解的图解法或分析法来计算，即 $P_x = \Omega_x b = \gamma h_c A_x$。方向垂直指向受压曲面。作用点通过压强分布图的形心。

2. 曲面静水总压力的垂直分力

作用于曲面上的静水总压力的垂直分力 P_z 的大小等于压力体内的液体重量。方向取决于压力体的虚实，实压力体，P_z 方向向下，虚压力体，P_z 方向向上。作用点通过压力体的体积形心。

3. 压力体的组成及绘制原则

压力体的组成：①曲面本身；②液面或液面的延长面；③曲面的四个周边向液面或液面的延长面所做的铅垂平面。

绘制压力体时，一定是曲面以上至水面（大气压强作用面或测压管液面，即相对压强为零的面）或水面的延长面之间的一块体积，而不管液体位于曲面的哪一侧，也不管压力体内是有水还是无水。压力体的虚实不影响计算曲面静水总压力垂直分力 P_z 的大小，但却影响 P_z 的方向。

4. 曲面静水总压力的合力

求得 P_x 和 P_z 之后，可合成总的作用力。合力大小 $P = \sqrt{P_x^2 + P_z^2}$，方向 $tg\alpha = \dfrac{P_z}{P_x}$，过 P_x 与 P_z 的交点作一与水平方向成 α 角的直线，该直线即为合力作用线，它与曲面的交点即为压力中心 D。

对与三向曲面，除考虑 P_x、P_z 外，尚需考虑 P_y，P_y 的计算方法与 P_x 相同。另外求得三个分力之后，也可合成得到总的作用力。只是需要注意，三向曲面的压力体是由曲面本身、曲面在水面或水面的延长面上的投影面以及从曲面的周边到水面之间的铅垂母线作围成的一块水体。此时，压力体体积的计算就比较复杂。

曲面静水总压力的求解方法，也可用于倾斜平面或折平面上静水总压力的求解。

五、渗流的基本概念

渗流既是水在土壤孔隙中的流动，其运动规律当然与土壤和水的特性有关。

（一）土壤的分类

一切土壤及岩层均能透水，但不同的土壤或岩层的透水能力是不同的，有时甚至相差很大。这主要是由于各种土壤的颗粒组成不同而引起的。此外，在低水头下不透水的材料，在高水头作用下仍可能透水。本章重点研究的土壤中的渗流，故可以根据土壤的透水能力在整个流动区内有无变化对土壤进行分类。

任一点处各个方向的透水能力相同的土壤称为各向同性土壤，否则称为各向异性土壤。

所有各点在同一方向上透水能力都相同的土壤称为均质土壤，否则称为非均质土壤。显然，均质土壤可以是各向同性土壤，也可以是各向异性土壤。

均质且各向同性的土壤就透水能力而言是一种最为简单的土壤。严格说来，只有当土壤由等直径的圆球颗粒组成时，其透水能力才不随空间位置及方向变化，才符合均质及各向同性条件。而实际土壤的情况却非常复杂，为了使问题简化，大多数情况下都假定土壤是均质的各向同性的。

有时渗流区中包括若干透水能力各不相同的土壤，这种土壤称为层状土壤。就其每一层而言，可以当作均质各向同性处理。

当两层土壤的透水能力相差很大时，就可以将透水性很小的土壤近似看作不透水层。

（二）水在土中的存在形式

土是多孔多相的松散颗粒集合体，具有透水性、溶水性、持水性、给水性等水力特性（土壤的水力特性是指与水分的储存和运移有关的性质，即水文地质性质）。因此，水在土中的渗流规律一方面取决于水的物理力学性质，另一方面还要受到土的水力特性的制约。根据分析研究结论，水在土中的存在形式有如下几种类型。

（1）气态水：以水蒸气形式混合于空气之中，存在于土壤孔隙之内。数量很少，一般不考虑。

（2）附着水和薄膜水：受土颗粒分子的引力作用而挟持于土壤之中，很难运移。因此，又称为结合水。

（3）毛细水：指在毛管力作用下形成的可以运移的水，其特点是可以传递静水压强。

（4）重力水：指重力作用下在土壤孔隙中运动的水。作为研究宏观运动的水力学，主要研究的是重力水，仅在个别情况下才研究毛细水和薄膜水。例如，研究极细颗粒土壤中的渗流以及在室内进行渗流观测时，就应该考虑毛细水作用。

土壤按水的存在状态可分为饱和带与非饱和带（又称包气带）。饱和带土壤孔隙全部为水所充满，主要为重力水区，也包括饱和的毛细水区。毛细水区与重力水区的分界面上的压强等于大气压强，此分界面称为潜水面或地下水面。为简单期间，常将潜水面作为饱和带的顶面。非饱和带的土壤孔隙为水和空气所共同充满，其中气态水、附着水、薄膜水、毛细水、重力水都可能存在，其流动规律与饱和带重力水的流动规律不同，非饱和带中除重力外，还有土粒吸力、表面张力等作用，而且液流横断面和渗透性都随含水量的变化而变化。饱和带重力水按其含水层的埋藏条件可分为潜水与承压水。

（三）渗流模型

渗流是水在土壤孔隙中的运动，但由于土壤孔隙的形状、大小及分布情况极为复杂，渗流水质点的运动轨迹也很不规则的，要详细研究渗流在每一孔隙中的运动是非常困难的。况且在工程实际中，也没有必要了解具体孔隙中的渗流情况，只需要了解渗流的宏观平均效果。为此，按照生产实际需要对渗流加以简化，提出了渗流模型的概念。具体可以这样来考虑渗流问题：①不考虑渗流路径的迂回曲折，只考虑它的主要流向；②不考虑土颗粒的存在，认为整个渗流空间全部为液体所充满。即渗流模型是指整个渗流区全部为液体所充满，似乎无土颗粒存在一样，渗流区域就是渗流流场。

显然，渗流模型的实质在于把实际上并不是充满全部空间的液体运动看作是连续空间内的连续介质的运动。这样一来，就符合了连续介质要求，就可以利用已经建立的有关描述液体运动的基本概念及其基本方程。例如在渗流场内就存在着渗流流线、流管、过水断面、断面平均流速、流量等一系列概念，也可将渗流划分为恒定渗流与非恒定渗流、均匀渗流与非均匀渗流、渐变渗流和急变渗流。还可按渗流有无自由表面将渗流划分为有压渗流和无压渗流。总之，前面介绍的研究液体运动的方法和一些基本概念都可直接应用到渗流中来。

但渗流模型毕竟与真实渗流之间有所不同。为使这种假想的渗流模型在水力特性方面和真实渗流相一致，就要求渗流模型必须满足以下几点要求：

（1）对于同一过水断面，渗流模型的流量应等于通过该断面的真实渗流的流量，即流量相等。

（2）渗流模型与真实渗流在相同距离内的水头损失应相等，即阻力相等。

（3）对某一作用面而言，渗流模型与真实渗流的动水压力应相等，即压力相等。

那么，渗流模型与真实渗流的流速是否相等呢？很明显，根据渗流模型的概念及必须满足的要求，在过水断面面积不同的条件下，要使流量相等，则渗流流速一定不等，这是由连续方程所决定的。渗流模型的流速与真实渗流的流速之间的关系为

$$v = nv'$$

式中，为土壤的孔隙率，由于，故，即渗流模型的流速小于真实渗流的流速。以后所研究的渗流流速都是指渗流模型的流速。

（四）无压渗流和有压渗流

无压渗流：位于不透水地基上并且具有自由面（也称为浸润面）的渗流。无压渗流主要求解渗流流量和地下水面线（浸润线）的分析计算。

有压渗流：位于不透水层之间的渗流。有压渗流除计算渗透流量，还要计算水工建筑底板受到的扬压力。

第二节　水利基础

一、水利水电基本知识

（一）水文学基础知识

1. 自然界水的循环及水量平衡

自然界的水，分别存在于以下三个方面：

1）地球表面（地表水）如海洋、河流、湖泊、冰川等。

2）地表以下（地下水）如暗河、暗湖、土壤岩石空隙中的水等。

3）大气中地表的水，由于受到太阳辐射热的作用，会蒸发上升到大气中，与大气中的水分一起，在一定的条件下，又凝结成降水（含降雨、降雪等）回到地表（含陆地、海洋、河流等）。回到地表的水，一部分又蒸发，另一部分则经各级沟涧江河汇入海洋。这种周而复始地运行过程，称为水循环。

2. 自然界的水分循环

降雨到达地表后，一部分雨水沿地表坡面流动，汇注入河道成为地面径流；另一部分雨水渗入地下，它除增加土壤含水量外，还可能有一部分水以渗流方式补给河道，形成地下径流（地面径流与地下径流之和称河川径流）；第三部分水又蒸发上升到大气中。

（1）水循环的过程

1）水的蒸发作用

2）水汽流动

3）凝结与降水过程

4）地表径流、水的下渗及地下径流

（2）水循环的意义

1）联系调节作用

2）迁移交换作用

3）平衡更新作用

4）影响塑造作用

（二）水利水电规划

河川径流调节。

河流的来水是极为不均匀的，所以河川径流存在着一个径流调节的问题。即按人们的需要，利用水库来控制径流并重新分配径流的问题。

1. 河川径流调节的类型

（1）年调节

年调节就是将洪水时期（平常称汛期）用不完的多余水量存蓄在水库中，待枯水期用。年内全部来水量完全按用水要求重新分配而不发生弃水的径流调节，称为完全年调节；发生弃水的年调节称为不完全年调节或季调节。

（2）多年调节

多年调节是把丰水年的多余水量存蓄于水库中，待枯水年时用的一种调节。多年调节由于要求的库容巨大，效益也相对较小，所以比较少见。

（3）日调节

日调节是在一昼夜内把来水按需要进行重新分配的一种调节。例如，水力发电的用水量是随其发电量的大小而变的，因此其用水量是不断变化的（晚上12点以前是高峰，后半夜则是其低谷），对水力发电来讲进行日调节常常是非常必要的。

2. 水库的特征水位及其库容

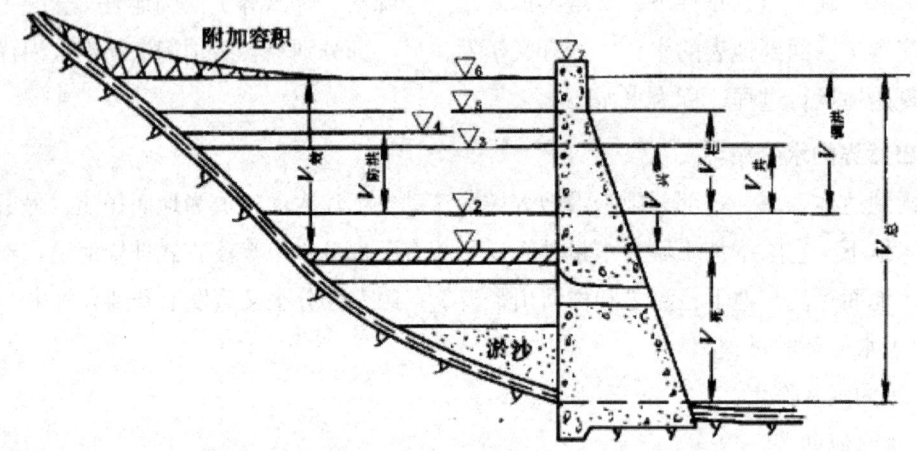

▽1—死水位；▽2—防洪限制水位；▽3—正常蓄水位；▽4—防洪高水位；▽5—设计洪水位；
▽6—校核洪水位；▽7—坝顶高程

（1）水库正常运用情况下，允许库水消落的最低水位称死水位（▽1）

死水位以下的库容称死库容（V死）死库容不参与径流调节，其中的蓄水一般不动用。

（2）水库正常运用情况下，在设计枯水年，为满足兴利要求开始供水时，水库应蓄到的水位称正常蓄水位，又称正常挡水位或设计兴利水位▽3，该水位至死水位间的水库深度称消落深度或工作深度。水库正常蓄水位与死水位间的库容称兴利库容V兴或调节库容V兴与多年平均年径流量之比称库容系数β，一般可进行年调节的水库，其β值约为0.08～0.30。

（3）水库在汛期，允许兴利蓄水的上限水位，称防洪限制水位▽2对汛期的不同时期，可以根据洪水特性和防洪要求的不同，规定出不同的防洪限制水位。对于有防洪要求的水库,一般防洪限制水位低于正常蓄水位▽4,其间的库容是兼作兴利和防洪用的共用库容V共。

(4)遇水库下游防洪对象的设计洪水时,水库应拦蓄洪水以减小下泄流量。这时水库中的最高蓄水位,称为防洪高水位该水位与防洪限制水位间的库容称为防洪库容V防洪。

(5)遇拦河坝的设计洪水和校核洪水时,水库中的相应最高蓄水位,称为设计洪水位▽5和校核洪水位▽6。它们与防洪限制水位间的库容,分别称为拦洪库容V拦和调洪库容V调洪。

(6)校核洪水位以下的全部静库容称为总库容V,总库容是确定工程重要性及工程规模等级的重要指标总库容与死库容之差称有效库容V效。

(三)河流规划

1. 开发治理方针和任务的确定

欲确定拟规划河流的开发治理方针和任务,首先应通过广泛地调查研究,查明流域的自然情况和社会经济情况,以摸清流域特点和国民经济各部门对开发治理该河流的要求,然后才能提出并研究确定编制河流流域规划的方针和任务

(1)对水土流失严重的干旱地区(例如黄土高原)的中小河流,应以水土保持和发展灌溉为重点,兼顾防洪、发电、渔业、供水,同时对治涝防碱、航运等也应结合给以考虑。

(2)对山低坡缓、耕地连片、土地潜力大,但水源缺乏的丘陵山区的河流,应以灌溉为主进行开发:兴建水库蓄水、塘库连串,以充分利用当地径流,或兼由邻近流域引水以补充本流域水源不足的问题;此外,还应因地制宜地开展机电提灌,以解决地势较高区农田的用水问题。

(3)对山高坡陡、河谷窄狭、耕地稀少、落差集中的上游河段,应以发电为主:一方面利用天然落差大的优势,多建引水式中小型水电站;另一方面要选择合宜地点建库发电,以同时收到加大水库以下各引水式电站发电量和解决水库下游的防洪、灌溉、航运、供水等问题的效益。

(4)对于平原地区的河流,应以防洪、治涝防碱、航运为重点,兼顾灌溉、供水、渔业等方面的要求。

2. 制定综合利用规划方案

这种规划方案,从范围来看,包括全流域各部位、各阶段除害兴利的工程措施规划;从专业来看,包括防洪、治涝、灌溉、水土保持、水力发电、供水、航运、渔业、环境保护等的规划;从时间来看,包括近期和远景规划。因此综合利用规划涉及的内容是广泛而复杂的,一般在制定规划时应注意遵循下述原则。

(1)对流域的治理和开发,一定要综合利用、综合治理、综合平衡。力求做到水利、动能和土地资源的综合利用,而且还要力求使每一项工程措施也要综合利用;综合治理是指治山、治水、治沙、治碱等的统一考虑,合理解决,此外还应注意上中下游统一考虑,

大中小工程相结合的问题；综合平衡是指力争做到建筑材料、资金、设备和劳动力的需要与可能之间的综合平衡，以求达到耗费小、效益大、经济效果好。

（2）妥善协调各部门的不同要求。这是规划中的棘手问题。要求各有关部门要有全局观念，规划要明确轻重缓急，以力求使国民经济总的效益最大为原则。

（3）在拟定规划时，要有发展的观点。不仅要看到目前的经济形势，还应预计到将来经济发展的需要。此外，还应看到邻近其他流域国民经济发展的要求。

（4）在流域规划中，一般应以小型工程为基础，大中型工程为骨干。在河流上中下游及其主要支流上，一般应因地制宜地安排若干大中型工程作为控制性的工程，综合解决防洪、发电、灌溉、航运、供水等方面的问题。

二、水工建筑的类型

水利水电工程中，通常需要修建一些建筑物，用来挡水、泄水、输水、排沙等，以便达到防洪、灌溉、发电、供水、航运等的目的。这些建筑物称为水工建筑。

水工建筑依其作用的不同，可以分为：①一般性的水工建筑，这是指服务于水利事业若干个部门的一类建筑物；②专门性的水工建筑，这是指服务于水利事业少数一两个部门的一类建筑物，例如专为发电用的调压井等。

1. 挡水建筑物

（1）坝：坝是一种垂直于水流方向拦挡水流的建筑物，因此亦常称为拦河坝。它是水利水电工程中用的较多、造价也较高的一种建筑物。坝又常分为以下几类。

1）按筑坝材料来分有

当地材料坝，包括土坝、堆石坝、干砌石坝、土石混合坝等。

非当地材料坝，包括混凝土坝、钢筋混凝土坝、浆砌石坝、橡胶坝等。

2）按坝的构造特征来分有

重力坝，这是靠自重来维持稳定的一种坝。

拱坝，这是靠拱形的坝身、把巨大的水平水压力传至河谷两岸的一种坝。

支墩坝，这是把水压力经过挡水面板传至支墩，而后再传至地基的一种坝，如平板坝、连拱坝、大头坝等。

混合结构坝，属于这一种的有拱形重力坝等。

3）按坝顶是否过水来分有

溢流坝，又称滚水坝；非溢流坝。

4）按坝的任务来分有

蓄水坝，其主要任务是形成水库以便拦蓄径流；

引水坝，亦常称为壅水坝，其主要任务是抬高水位以便引取河水（或改善航道）。

2. 水闸

水闸是一种主要靠其闸门来挡水的建筑物，常简称为闸，也有称之为活动坝的。水闸又常分为以下几种类型。

1）按泄水条件来分有：单向泄水闸、可逆泄水闸；

2）按闸的任务来分有：蓄水闸、引水闸、进水闸、分洪闸、节制闸、排水闸、退水闸、挡潮闸等。

3）堤

堤是指平行于水流方向挡水的一种建筑物。修建在湖边防止湖水漫溢的叫湖堤；修建在海边和河口两岸防止土地被潮水淹没的叫海塘。

3. 泄水建筑物

泄水建筑物是用来宣泄水库、渠道、前池等中之多余水量，以保证其安全的一类建筑物。例如河岸式溢洪道、泄洪隧洞等。

4. 输水建筑物

输水建筑物是用以把水从一处输引到另一处的一类建筑物。例如引水隧洞、放水涵管、渠道及渠系建筑物等。

5. 取水建筑物

取水建筑物亦常称引水建筑物。因其常位于渠道的首部，故也常称渠首建筑物或进水口。它是一种把水库、河渠、湖泊等与输水建筑物联系起来的一类建筑物。例如取水塔、渠首进水闸及冲沙闸等。

6. 整治建筑物

整治建筑物是用以改善水流条件、保护岸坡及其他建筑物安全的一类建筑物。例如顺坝、丁坝、护底等。

有些水工建筑所起的作用并不是单一的。例如，溢流坝既是挡水建筑物又是泄水建筑物，水闸既可以挡水又可以泄水还可以用作取水。

7. 水工建筑的特点

（1）较高的挡水建筑物承受着巨大的水平推力和向上作用的扬压力的作用。因此，要求这类水工建筑应具有相应的抗推能力和抗浮能力。

（2）由于建筑物上下游或内外有水位差，所以在地基和建筑物内部，将产生渗透水流，并因此而产生渗透压力和渗透变形（包括溶蚀、管涌、流土等）。

（3）通过水工建筑的水流，具有巨大的能量。例如，水位差50m。

（4）必须要进行施工导流（即让河水临时改道）才能进行河道水下部分的施工。

（5）水工建筑的基础很多都是位于地下水位以下的，因此其基坑开挖常常是比较困难的，特别是需要开挖地下水位以下的均匀砂层时。

（6）水工建筑的工程量大都比较浩大。

（7）水工建筑的型式、尺寸和工作条件，与建筑物所在地区的地形、地质、水文和运用条件等有着密切的关系。

（8）由于水工建筑，特别是大中型的挡水建筑物，施加给地基以巨大的荷载（水库的水压力甚至大到可以诱发地震），而且还伴有水的不利作用（渗透等），所以一般都要求进行大量的地质勘探工作。

（9）水工建筑大多是空间块体结构。

（10）混凝土和浆砌石的水工建筑，由于水泥水化发热等将引起温度应力。

8. 其他几个特点

1）水工建筑受有风浪和冰的作用；

2）地震时水工建筑将受到地震水荷载和地震土荷载及地震惯性力等的作用；

3）渗水会溶滤混凝土中的游离石灰质及地基岩体中的可溶盐，导致降低它们的力学性能和抗渗抗冻性能；

4）混凝土和岩石会遭到冻融循环的作用，而降低强度或遭受破坏；

5）水对金属和木材有腐蚀作用。有些水对混凝土也有破坏作用。

三、水利工程建设的必要性

（一）水利建设的必要性

由于我国特殊的地理位置及人口分布，与其他国家相比，我国的水情具有特殊性，大致有以下四个特点：一是水资源时空分布不均，我国水资源总量2.84亿立方米，居世界第六位。从水资源时间分布来看，降水年内和年际变化大，60%~80%集中在汛期，地表径流年际间干枯变化一般相差2~6倍。最大达10倍以上。与降水年内均匀分布的国家相比，我国水资源时间年内分布严重不均。导致我国水资源开发利用难度大，任务重；二是河流水系复杂，南北差异大。由于我国地势是呈三阶梯分布，地形复杂，水系更加复杂。按河流水系划分可以把我国的重要河流划分为长江、黄河、淮河、海河等几大水系；三是我国地处季风区，旱涝灾害频发，雨热同期。经常有短期的或长期的暴雨发生。我国主要的大城市，重要的基础设施和粮食生产区大都分布在江河两岸。随着人口的增加和财富的集聚，对防洪保安的要求也越来越高；四是我国水土流失严重，水生态环境脆弱。由于特殊的气候与地形，加之人口生产集中。我国水土流失面积占国土面积的三分之一以上，是世界上水土流失最为严重的国家。

综上所述，人多水少，水资源时空分布不均，水环境恶劣是我国的基本水情。而正是这些特点决定了我国治水任务的艰巨与冗杂。

（二）中国水利建设现状

建国以前，我国江河大都处于"自由奔腾"的无控制状态，水资源开发利用水平低下。

水利工程残缺不全。新中国成立以后，围绕防洪，供水，灌溉，除害兴利，开展了大规模的水利建设活动。初步形成了大中小结合的水利工程体系，其中修堤建库，抗洪减灾，保障人民的生命财产安全、社会稳定是发挥的最大作用。随着国家经济的不断发展，水利建设的目的与作用也更加多元化。后来发展的农业水利工程，解决了广大人民的温饱问题。同期修建的大批输水利程，为城市生活及城市化建设提供了充足的水源。更重要的是，我国已建成的大中小型水电站以及各级水利枢纽提供了大量的水能资源，我国水利水电工程的迅猛发展，是水电成了我国能源消耗的重要组成部分，而且比列还将会进一步增加。20世纪60年来，全国水电装机容量已达2.49亿千瓦。水电的大开发不仅提供了重要的能源，而且有助于缓解燃煤引起的空气污染问题。同时也促进了航运、旅游、水产的大发展。

（三）水利水电工程建设的影响

1. 全国许多大中型水电工程移民迁建工作从一开始就大大滞后于主体工程的建设进度，成为建设截流、下闸蓄水等阶段性目标完成的制约因素，同时造成大量移民过度搬迁的情况。新中国成立以来，我国累计建设了各类水利水电工程8.6万余座，移民近2400万人次。移民问题的处理上具有被动型、时限性、区域性以及补偿性的特点。一旦处理不好，很有可能引发新的社会问题，从而导致水利工程建设的滞后。

2. 水利水电工程建设是一种对自然的改造，既是改造，难免会造成影响。包括对河道、气候、水文、地质、土壤、水体、生物种群在内的各个方面，水利水电工程建设都会产生影响。

（1）当大型水利工程建成后，原先的陆地变成了水体或湿地，而在一般情况下，地区性气候状况主要是受大气环流所控制，这就导致局部地表空气变得较为湿润，对局部小气候会产生影响，其中对降雨量、降雨时间和空间的分布有显著的影响。其次水利建设对水文也有消极的影响，水库的修建改变了下游河道的流量过程，从而对周围的环境造成了影响。水库不仅存蓄汛期洪水，而且还截流非汛期的基流。引起周围地下水位下降。

（2）建成水库后，水库泥沙冲淤变化会对上下游环境与生态产生影响，从而造成水库周边及河流两岸的土地次生盐碱化。

（3）水坝与水库的建成容易改变地层的受力结构，从而引发地质灾害，如滑坡、泥石流等。甚至一些巨型水坝的建成还会触发地震。

（4）大坝建成会对洄游的鱼类造成的影响是人们极为关注的话题，水库淹没和永久性的工程对陆地植物和动物都会造成直接破坏。此外，水利设施的建成切断了洄游性鱼类的洄游通道，影响了鱼类的生长，繁殖和存活。

（5）坝库的安全性影响，水利建成的安全因素不得不考虑，尤其是堤坝的安全，当遇到地质灾害时，堤坝的牢固程度直接影响到下游人民的生产生活安全。

（四）我国水利建设的必要性

1. 能源结构调整后。"科学——绿色——低碳"的能源战略对水利水电建设有着巨大的驱动力。水电是一种清洁能源，我国水能资源蕴藏量为6.89亿千瓦，可开发量为4.93亿千瓦，占世界的20.25%，年平均总发电量为2.26万亿千瓦时，居世界首位。西部可开发量占全国的82%，但已开发的不足10%，足以看出我国的水能资源还具有巨大的潜力，尤其是在当前面临的二氧化碳减排任务以及逐步取缔火电这一污染严重的能源形式。水电的开发无疑填补了这一空缺。

2. 多变的气候所造成的旱涝灾害频发有待解决。近年来，我国大部分地区洪涝、干旱灾害频发，给农业生产，人民生活的安全是一个极大的威胁。造成了农村庄稼大量减产，更是造成了人员的伤亡。充分说明了农田水利建设滞后仍是影响我国农业稳定发展和国家粮食安全的最大硬伤，基础水利设施的不健全也仍是我国城乡建设的主要瓶颈。

（五）新水利理论

20世纪我国的水利建设是以"兴利""除害"为目标，大量兴建大坝、堤防、闸涵、渠道、机井等水利工程，以满足防洪、发电、城市供水、灌溉、航运、水产等多方面的要求。但是大型水利工程的建设必然要改变流域水循环的状况，出现了许多始料不及的问题。

实现我国的水利现代化要有新的水利理论指导，新水利理论应当充分体现现代的观念、技术和现代的管理理论。在以前的文章中我把新水利理论称之为"大水利"，因为与传统的水利理论比较，现代水利的工作内容扩大了许多。

传统的水利理论是20世纪初的产物，其指导思想是以改造自然为主、以工程建设为主、理论基础以力学为主。在这种理论的指导下，水利建设过分地干扰了流域的水循环。

新水利理论的形成要在传统水利理论的基础上，引进21世纪的新观念，综合考虑技术、经济、环境、生态、社会等对水系影响较大的因素，重新定位水利在流域可持续发展中的地位和建设目标。

新水利理论的一个重要进步是更加重视流域的概念。传统的水利理论虽然也提出了流域的概念，但是只注意到流域的物理特征，即由降雨和地形决定的产汇流特征，比较多的是研究流域的水文变化规律。而新水利理论除了流域的物理特征之外，还注意研究流域的自然特征和流域的社会特征。

流域的自然特征要从天—地—生大系统来考察流域，即把流域作为天—地—生系统的基本单元，认为流域生态系统的基本形态由流域的天象、地象条件所决定。

流域的社会特征是指流域内的自然条件与社会环境之间是互相影响的，即流域社会的发展受流域的自然条件制约，而流域的生态系统又受人类活动的影响，因而社会的可持续发展必须以流域为单位。

按照大水利的理论，流域规划要全面地考虑流域的水文、自然和社会特征，即"天时""地利""人和"，以谋求流域内社会的可持续发展为规划目标。

尽管水利水电工程建设存在诸多问题，但水利建设的目的正是促进人与自然更加和谐的相处，也是人类对自然友好的利用，但偏激片面地对水利水电工程建设持全盘否定的态度也是万万不可取的,应该正确认识到,当前的水利水电建设不可避免地在一定程度上改变了自然面貌和生态环境,使已经形成的平衡状态受到干扰和破坏。但我国目前的所面临的能源问题、灾害防治问题昭示着发展水电的必要性,只要我们把握因势利导、因地制宜的原则,合理规划,周全设计,精心施工。加强与生态学、气候学等学科的合作,努力使水利水电工程更加和谐地融入大自然,把水利事业做成国人心中的造福事业。

四、水利枢纽及其特性

为了综合利用水利资源,常常需要把几种不同类型的水工建筑修建在一起,协同工作,用来控制水流(兼收经济及施工和管理之便),这些水工建筑的综合体称为水利枢纽。

水利枢纽依其主要功用来分,有蓄水枢纽、取水枢纽等。

依其主要服务部门来分,有发电枢纽、灌溉取水枢纽、综合利用水利枢纽。

依其拦河坝建筑材料的不同来分,有当地材料坝枢纽和非当地材料坝枢纽。

依其水头的大小来分,有高、中、低水头水利枢纽。

(一)水库对周围环境的影响

1. 库岸的崩落和滑塌

水库蓄水后,抬高了河道水位和地下水位,易使库岸充水饱和,特别是若逢连阴雨或库水位骤然较大幅度降落时,常会发生库岸崩落和滑塌现象。这一方面毁坏了两岸农田及建筑物,另一方面岩土滑落在水库内也减小了库容。

意大利1961年建成了一座坝高262m的瓦依昂拱坝(库容1.69亿m^3)。1963年时,由于库岸发生大滑坡,致在不到一分钟内有近3亿m^3的土石方涌入库内,使大量库水挤出漫坝。倾泻而下的水体,以约150m的浪高冲向下游,致使下游的几个小市镇在七分钟内遭到了毁灭性的破坏。

2. 水库的淤积

河川水流流入水库后,流速逐渐减小,水流挟带的泥沙便由粗到细地逐渐沉积于库中(库首沉积的为较粗的泥沙)。

黄河三门峡水库,建成蓄水运用不几年,潼关处的河床便被淤积抬高了5.5m,使陕西关中受到了很大的危害,并波及了西安市。

多沙河流上,水库的淤积速度是很快的。对于这类水库,不能采用常规的"拦蓄洪水"运用方式。应该采用"蓄清排浑"的水沙调节运用方式,其要点是:

(1)利用河流来水过程线与来沙过程线不一致的特性,采用避开沙峰期来拦蓄洪水的运用方式。

(2)利用异重流排沙。这是在水库已蓄水情况下,河道来洪水时的一种排沙方法。

(3)高渠泄水拉淤。

3. 水库对上游的其他影响

（1）大型水库就是一座人工湖。可以改善周围地区的航运、灌溉、渔业、供水等条件，还可以美化周围的环境，调节当地的气候条件，促使其发展为旅游胜地和鱼 m 之乡。

（2）水库蓄水后，将会直接淹没位于库区内的农田、矿藏、森林。

（3）修建水库可以显著地抬高该处的河床水位及地下水位。地下水位的抬高将可能引起森林死亡、农作物受涝、农田发生沼泽化或盐碱化，形成塌岸，影响已有建筑物的沉陷，使矿井积水、破坏古迹等。

（4）水库沿岸以及回水边缘地带，如果有可能形成广阔的 1.5m 水深以下的浅水区和死水区时，则将恶化那里的卫生防疫条件。

4. 水库对下游的其他影响

（1）水库建成后，下游可以收到减小洪水、改善航运、发展灌溉。

（2）在电力系统中，担负峰荷的大型水电站，其下泄流量变化较大。

（3）水库下泄水流有可能存在折冲水流现象，这将会危及下游河岸的安全。

（4）由南向北流的那些我国北方的河段，可能形成冰坝或冰塞，阻碍河水下泄，抬高河床水位造成凌汛。

（5）建库后一旦垮坝，下泄的溃坝流量将是很大。

5. 其他

水库在开始蓄水前，除应做好迁出移民、厂矿企业及预定的文物古迹等外，尚应做好下列清理工作。

（1）清理会污染库水的物质，例如可溶盐矿、屠宰场、患炭疽病的牲畜埋葬场、化工厂和医院的一些物质等。

（2）清理妨碍下网捕鱼的船舶航行的障碍物，例如树木、电线杆等。

五、水资源保护的重要意义

随着人口的增长和工业的发展，废物和污水迅猛地增长起来。由于乱排污物的简便性，使得环境和水资源遭受污染的问题日益变得严重起来。

近年来，我国水资源受污染的问题也变得日益严重起来。

在受污染水资源的"报复"下，人们开始认识到水资源保护的重要性。

水资源保护问题不仅迫切，而且只要重视和认真防治也是可以取得显著效果的。

（一）水质污染物

可造成水质污染的物质很多。可以把其分为物理的、化学的和生物的，也可以按污染物的性质把其分为以下几类。

1. 漂浮的油脂类物质

这类物质主要来自油船、炼油厂及其他工业废水。据估计每年进入海洋的石油就有几百万吨。油脂举物质在水表面产生难看的薄膜，使水产生难嗅的气味，而且危害鱼类、海鸟和其他生物（油膜影响水的通气性和水生植物的光合作用）。

2. 耗氧性有机物

这类物质包括蛋白质、木质素及其他各种碳水化合物等。

这类物质在氧化分解时会消耗水中的溶解氧，因而会影响鱼类和水生生物的生长。当溶解氧被耗尽时，水生生物将无法生存，而且这类物质在嫌氧条件下进行分解，将产生有毒的甲烷、氨、硫化氢等，而使水变黑变臭。

有机物质分解所产生的养分，可使水体形成富营养化，其结果是藻类水草大量生长，严重时将导致河湖的淤塞。

3. 工业废热水

废热水是工业企业用于冷却的废水，主要来自发电厂、焦化厂、钢铁厂等。

废热水会使水体水温升高，这将影响鱼类及水生生物的生长。此外，水体水温升高将导致一方面溶解氧减少，另一方面使有机物分解加快、细菌活动性增高。

4. 致病微生物

屠宰场、洗毛厂、制革厂、生物制品厂、医疗单位及生活污水常含有各种病毒、细菌及原生动物。

5. 有毒化学品

农药施用于农田后，经雨水的淋洗作用等可使其汇集于水体之中而污染水源。

其他的有毒化学品也可通过洗刷容器、保管运输不善等而造成水体污染。

6. 重金属

重金属指比重达4以上的金属，如汞、铜、铅、锌、锅等。重金属有积累浓缩于人体、动植物体内的倾向。当其积累至一定程度后，就会危害动植物。

7. 可溶性盐类及酸、碱

含盐量大的水俗称硬水，硬水不适于工农业使用。例如，影响纺织工业的染色，啤酒的酿造、洗涤的效果等。

水的酸碱含量会影响鱼类的生存、金属船舱及管道的锈蚀、食品的质量、农作物的生长发育等。

（二）水资源污染的防治

1. 地表水污染的防止

（1）在饮用水水源地、风景名胜区水体、重要渔业水体和有特殊价值的水体保护区内，规定不得新建排污口。已建排污口，如其排放污染物超标准的应当治理，难以治好的应当搬迁。

（2）污物排放单位因事故发生排放超常污染物时，必须采用应急措施并通报受害地区，报告环保部门，接受调查处理。

（3）禁止向水体排放油类、酸液、碱液及剧毒废液，禁止在水源地清洗装过油类及有毒污染物的车辆和容器。

（4）禁止将含有汞、锅、砷、铬、铅、氰化物、黄磷等的可溶性剧毒废液向水体排放。其存放场所，必须采取防水、防渗漏、防流失措施。

（5）禁止在江河、湖泊、水库最高水位线以下的滩地和岸坡堆放固体废弃物和其他污染物（含有放射性的物质）。

（6）向水体排放含病原体的污水及废热水，应先于处理。

（7）使用农药应当符合有关安全使用的规定。利用工业废水和城市污水进行灌溉，应防止污染土壤、地下水和农产品。

（8）船舶排放含油污水、生活污水，应符合船舶污染物排放标准，并不得向水体倾倒垃圾。船舶要采取措施防止其所载油类及其他货物的溢流、渗漏和落水。

（三）地下水污染的防止

（1）禁止利用渗井、渗坑、裂隙和溶洞排放污水和其他废弃物（设有良好隔渗层者例外）。

（2）在开采多层地下水时，如各含水层的水质差异大时宜分层开采，不得混合开采。

（3）兴建地下工程或进行地下采矿等活动时，应采取防护措施，防止地下水受到污染。

第三节　我国水利建设现状、问题及对策

一、我国的基本水情及水利建设现状

（一）我国的基本水情

我国南北跨度大、地势西高东低，大多地处季风气候区，加之人口众多，与其他国家相比，我国的水情具有特殊性，主要表现在以下四个方面：

1.水资源时空分布不均，人均占有量少。根据最新的水资源调查评价成果，我国水资源总量2.84万亿立方米，居世界第6位。但人均水资源占有量约2100立方米，仅为世界平均水平的28%；耕地亩均水资源占有量1400立方米，约为世界平均水平的一半。从水资源时间分布来看，降水年内和年际变化大，60%～80%主要集中在汛期，地表径流年际间丰枯变化一般相差2～6倍，最大达10倍以上；而欧洲的一些国家降水年内分布

比较均匀，比如英国秋季降水最多，占全年的30%，春季降水最少，也占全年的20%，丰枯变化不大。从水资源空间分布来看，北方地区国土面积、耕地、人口分别占全国的64%、60%和46%，而水资源量仅占全国的19%，其中黄河、淮河、海河流域GDP约占全国的1/3，而水资源量仅占全国的7%，是我国水资源供需矛盾最为尖锐的地区。由于气候变化和人类活动的影响，自20世纪80年代以来，我国水资源情势发生明显变化，北方黄河、淮河、海河、辽河流域水资源总量减少13%，其中海河流域减少25%。从总体看，我国水资源禀赋条件并不优越，尤其是水资源时空分布不均，导致我国水资源开发利用难度大、任务重。

2. 河流水系复杂，南北差异大。我国地势从西到东呈三级阶梯分布，山丘高原占国土面积的69%，地形复杂。我国江河众多、水系复杂，流域面积在100平方公里以上的河流有5万多条，按照河流水系划分，分为长江、黄河、淮河、海河、松花江、辽河、珠江等七大江河干流及其支流，以及主要分布在西北地区的内陆河流、东南沿海地区的独流入海河流和分布在边境地区的跨国界河流，构成了我国河流水系的基本框架。河流水系南北方差异大，南方地区河网密度较大，水量相对丰沛，一般常年有水；北方地区河流水量较少，许多为季节性河流，含沙量高。河流上游地区河道较窄、比降大，冲刷严重；中下游地区河道较为平缓，一些河段淤积严重，有的甚至成为地上河，比如黄河中下游河床高出两岸地面，最高达13m。这些特点，加之人口众多、人水关系复杂，决定了我国江河治理难度大。

3. 地处季风气候区，暴雨洪水频发。受季风气候影响，我国大部分地区夏季湿热多雨、雨热同期，不仅短历时、高强度的局地暴雨频繁发生，而且长历时、大范围的全流域降雨也时有发生，几乎每年都会发生不同程度的洪涝灾害。比如，1954年和1998年，长江流域梅雨期内连续出现9次和11次大面积暴雨，形成全流域大洪水；1975年8月，受台风影响，河南驻马店林庄6小时降雨量高达830毫m，超过当时的世界纪录，造成特大洪水，导致板桥、石漫滩两座大型水库垮坝。我国的重要城市、重要基础设施和粮食主产区主要分布在江河沿岸，仅七大江河防洪保护区内就居住着全国1/3的人口，拥有22%的耕地，约一半的经济总量。随着人口的增长和财富的积聚，对防洪保安的要求越来越高，防洪任务更加繁重。

4. 水土流失严重，水生态环境脆弱。由于特殊的气候和地形地貌条件，特别是山地多，降雨集中，加之人口众多和不合理的生产建设活动影响，我国是世界上水土流失最严重的国家之一，水土流失面积达356万平方公里，占国土面积的1/3以上，土壤侵蚀量约占全球的20%。从分布来看，主要集中在西部地区，水土流失面积297万平方公里，占全国的83%。从土壤侵蚀来源来看，坡耕地和侵蚀沟是水土流失的主要来源地，3.6亿亩坡耕地的土壤侵蚀量占全国的33%，侵蚀沟水土流失量约占全国的40%。此外，我国约有39%的国土面积为干旱半干旱区，降雨少，蒸发大，植被盖度低，特别是西北干旱区，降水极少，生态环境十分脆弱。比如塔里木河、黑河、石羊河等生态脆弱河流，对人类活动干扰十分敏感，遭受破坏恢复难度大。

（二）我国水利建设现状

新中国成立之初，我国大多数江河处于无控制或控制程度很低的自然状态，水资源开发利用水平低下，农田灌排设施极度缺乏，水利工程残破不全。60多年来，围绕防洪、供水、灌溉等，除害兴利，开展了大规模的水利建设，初步形成了大中小微结合的水利工程体系，水利面貌发生了根本性变化。

1. 大江大河干流防洪减灾体系基本形成。七大江河基本形成了以骨干枢纽、河道堤防、蓄滞洪区等工程措施，与水文监测、预警预报、防汛调度指挥等非工程措施相结合的大江大河干流防洪减灾体系，其他江河治理步伐也明显加快。目前，全国已建堤防29万公里，是新中国成立之初的7倍；水库从新中国成立前的1200多座增加到8.72万座，总库容从约200亿立方米增加到7064亿立方米，调蓄能力不断提高。大江大河重要河段基本具备防御新中国成立以来发生最大洪水的能力，重要城市防洪标准达到100～200年一遇。

2. 水资源配置格局逐步完善。通过兴建水库等蓄水工程，解决水资源时间分布不均问题；通过跨流域和跨区域引调水工程，解决水资源空间分布不均问题。目前，我国初步形成了蓄引提调相结合的水资源配置体系。例如，密云水库、潘家口水库的建设为北京和天津市提供了重要水源，辽宁大伙房输水工程、引黄济青工程的兴建，缓解了辽宁中部城市群和青岛市的供水紧张局面。随着南水北调工程的建设，我国"四横三纵、南北调配、东西互济"的水资源配置格局将逐步形成。全国水利工程年供水能力较新中国成立初增加6倍多，城乡供水能力大幅度提高，中等干旱年份可以基本保证城乡供水安全。

3. 农田灌排体系初步建立。新中国成立以来，特别是20世纪50～70年代，开展了大规模的农田水利建设，大力发展灌溉面积，提高低洼易涝地区的排涝能力，农田灌排体系初步建立。全国农田有效灌溉面积由新中国成立初期的2.4亿亩增加到目前的8.89亿亩，占全国耕地面积的48.7%，其中建成万亩以上灌区5800多处，有效灌溉面积居世界首位。通过实施灌区续建配套与节水改造，发展节水灌溉，反映灌溉用水总体效率的农业灌溉用水有效利用系数，从新中国成立初期的0.3提高到0.5。农田水利建设极大地提高了农业综合生产能力，以不到全国耕地面积一半的灌溉农田生产了全国75%的粮食和90%以上的经济作物，为保障国家粮食安全做出了重大贡献。

4. 水土资源保护能力得到提高。在水土流失防治方面，以小流域为单元，山水田林路村统筹，采取工程措施、生物措施和农业技术措施进行综合治理，对长江、黄河上中游等水土流失严重地区实施了重点治理；充分利用大自然的自我修复能力，在重点区域实施封育保护。已累计治理水土流失面积105万平方公里，年均减少土壤侵蚀量15亿吨。在生态脆弱河流治理方面，通过加强水资源统一管理和调度、加大节水力度、保护涵养水源等综合措施，实现黄河连续11年不断流，塔里木河、黑河、石羊河、白洋淀等河湖的生态环境得到一定程度的改善。在水资源保护方面，建立了以水功能区和入河排污口监督管理为主要内容的水资源保护制度，以"三河三湖"、南水北调水源区、饮用水水源地、地下水严重超采区为重点,加强了水资源保护工作,部分地区水环境恶化的趋势得到初步遏制。

二、我国水利发展存在的主要问题

我国水利发展虽然取得了很大成效,但与经济社会可持续发展的要求相比,还存在不小差距,有些问题还十分突出,主要表现在以下六个方面:

(一)洪涝灾害频繁仍然是中华民族的心腹大患

洪涝灾害是我国发生最为频繁、灾害损失最重、死亡人数最多的自然灾害之一。据史料记载,公元前206~公元1949年,2155年间,平均每两年就发生一次较大水灾,一些大洪水造成死亡人数达到几万甚至几十万。新中国成立以来,仅长江、黄河等大江大河发生较大洪水50多次,造成严重经济损失和大量人员伤亡。据统计,近20年来,洪涝灾害导致的直接经济损失高达2.58万亿元,约占同期GDP的1.5%,而美国仅占0.22%。随着全球气候变化和极端天气事件的增多,局地暴雨洪水呈多发、频发、重发趋势,流域性大洪水发生概率也在增大,而我国防洪体系中还有许多薄弱环节,一旦发生大洪水,对经济社会发展将造成极大的冲击。

(二)水资源供需矛盾突出仍然是可持续发展的主要瓶颈

我国是一个水资源短缺国家,特别是随着工业化、城镇化和农业现代化的加快推进,水资源供需矛盾将日益突出。一是水资源需求量大。全国用水总量已近6000亿m^3,其中农业用水约占62%。为保证十几亿人的吃饭问题,我国灌溉农业的特点,决定了以农业为主的用水结构将长期存在。根据对今后20年用水需求预测,在强化节水的前提下,水资源需求仍将在较长的一段时期内持续增长,特别是工业和城镇用水将增长较快。二是水资源供给能力不足。根据全国水资源综合规划成果,现状多年平均缺水量为536亿m^3,工程性、资源性、水质性缺水并存,特别是北方地区缺水严重。目前,我国人均用水量约为440m^3,仅为发达国家的40%左右,约为世界平均水平的2/3,供水能力明显不足。三是用水方式粗放。我国单方水粮食产量不足1.2公斤,而世界先进水平已达2~2.4公斤;万元工业增加值用水量约116m^3,为发达国家的2~3倍;农业灌溉用水有效利用系数只有0.5,远低于0.7~0.8的世界先进水平。我国正处在快速发展期,用水需求呈刚性增长,加之用水效率还不高,水资源对经济社会发展的约束将更加凸显。

(三)农田水利建设滞后仍然是影响农业稳定发展和国家粮食安全的最大硬伤

我国的农业是灌溉农业,粮食生产对农田水利的依存度高。目前,农田水利建设严重滞后。一是老化失修严重。现有的灌溉排水设施大多建于20世纪50~70年代,由于管护经费短缺,长期缺乏维修养护,工程坏损率高,效益降低,大型灌区的骨干建筑物坏损率近40%，因水利设施老化损坏年均减少有效灌溉面积约300万亩。二是配套不全、标准不高。大型灌区田间工程配套率仅约50%，不少低洼易涝地区排涝标准不足3年一遇，灌溉面积中有1/3是中低产田，旱涝保收田面积仅占现有耕地面积的23%。三是灌溉规模不足。我国现有耕地中，半数以上仍为没有灌溉设施的"望天田"，还有一些水土资源条件相对较好、适合发展灌溉的地区，由于投入不足，农业生产的潜力没有得到充分发挥。农田水利设施薄弱，导致我国农业生产抗御旱涝灾害的能力较低，近10年来，全国年均旱涝受灾面积5.1亿亩，约占耕地面积的28%。加之受全球气候变化影响，发生更大范围、更长时间持续旱涝灾害的概率加大，农业稳定发展和国家粮食安全面临较大风险。

（四）水利设施薄弱仍然是国家基础设施的明显短板

党和国家历来十分重视水利建设，60多年来，水利基础设施得到了明显改善，但与交通、电力、通信等其他基础设施相比，水利发展相对滞后，是国家基础设施的明显短板。在防洪工程体系方面，仍然存在诸多突出薄弱环节。中小河流防洪标准低，全国近万条中小河流未进行有效治理，目前大多只能防御3~5年一遇洪水，有的甚至没有设防，达不到国家规定的10~20年一遇以上防洪标准。小型水库病险率高，特别是小型水库病险率更高，病险水库数量高达4.1万多座。山洪灾害防御能力弱，我国山洪灾害重点防治区面积约97万平方公里，涉及人口1.3亿人，绝大多数灾害隐患点尚缺乏监测预警设施，也未进行治理。蓄滞洪区建设滞后，全国大江大河98处蓄滞洪区内居住着1600多万人，许多蓄滞洪区围堤标准低，缺少进退洪工程和避洪安全设施，难以及时有效启用。在水资源配置工程体系方面，我国天然径流与用水过程不匹配的特点，决定了需要建设大量的水库工程来调蓄径流。但目前我国水库调蓄能力不足，且地区间不平衡，人均水库库容仅为世界平均水平的一半，特别是西南地区水资源开发利用率仅11.2%，工程性缺水问题严重。我国人口、耕地与水资源不匹配的特点，决定了必须通过兴建必要的跨流域、跨区域水资源调配工程，解决资源性缺水地区水资源承载能力不足的问题，但目前全国和区域的水资源配置体系尚不完善，供水安全保障程度不高。许多城市供水水源单一，缺乏应急备用水源，应对特殊干旱或供水突发事件能力弱，存在潜在的供水安全风险。

（五）水资源缺乏有效保护仍然是国家生态安全的严重威胁

由于一些地方不合理的开发利用，缺乏对水资源的有效保护，导致水生态环境恶化，对国家生态安全造成威胁。一是水污染问题突出。据2009年全国水资源公报，监测评价的16.1万公里河长中，有6.6万公里水质劣于三类。二是河湖生态状况堪忧。据全国水资源调查评价，经济社会用水挤占河湖生态环境用水量年均达130多亿m^3，相当于河湖基本生态环境用水量的20%~40%，导致河湖水生态严重退化，特别是北方干旱缺水地区尤为突出。河道断流、湖泊萎缩现象比较严重，与20世纪50年代相比，全国湖泊面积减少了1.49万平方公里，约占总面积的15%。三是地下水超采严重。目前，全国已形成地下水超采区 400 多个，总面积近 19 万平方公里，全国地下水年均超采量 215 亿 m^3，相当于地下水开采量的 20%。长期地下水超采，导致一些地区发生地面沉降、海水入侵等严重的环境地质问题。

（六）水利发展体制机制不顺仍然是影响水利可持续发展的重要制约

目前制约水利可持续发展的体制机制障碍仍然不少，突出表现在水利投入机制、水资源管理等方面。一是水利投入稳定增长机制尚未建立。我国治水任务繁重，投资需求巨大，由于没有建立稳定增长的投入机制，长期存在较大投资缺口。一方面，水利在公共财政支出中的比重还不高，波动性较大，1998 年以来，中央预算内固定资产投资中，年均水利投资 367 亿元，所占比重在 14%～24% 之间波动。另一方面，水利公益性强，又缺乏金融政策支持，融资能力弱，社会投入较少。此外，农村义务工和劳动积累工政策取消后，群众投工投劳锐减，新的投入机制还没有建立起来，对农田水利建设影响很大。二是水资源管理制度体系还不健全。目前我国的水资源管理制度体系与严峻的水资源形势还不适应，流域、城乡水资源统一管理的体制还不健全，水资源保护和水污染防治协调机制还不顺，水资源管理责任机制和考核制度还未建立，对水资源开发利用节约保护实行有效监管的难度较大。三是水利工程良性运行机制仍不完善。2002 年以来，国有大中型水利工程管理体制改革取得明显成效，良性运行机制初步建立，但一些地区特别是中西部地区公益性水利工程管理单位基本支出和维修养护经费还不能足额到位，许多农村集体所有的小型水利工程还存在没有管理人员、缺乏管护经费的问题，制约了水利工程的良性运行，影响了工程效益的充分发挥。

三、加快水利发展的对策措施

今年中央一号文件明确提出"把水利作为国家基础设施建设的优先领域，把农田水利作为农村基础设施建设的重点任务，把严格水资源管理作为加快转变经济发展方式的战略举措"，实现水利跨越式发展。今后一段时间，应按照科学发展的要求，推进传统水利向现代水利、可持续发展水利转变，大力发展民生水利，突出加强重点薄弱环节建设，强化水资源管理，深化水利改革，保障国家防洪安全、供水安全、粮食安全和生态安全，以水资源的可持续利用支撑经济社会可持续发展。

（一）突出防洪重点薄弱环节建设，保障防洪安全

在继续加强大江大河大湖治理的同时，加快推进防洪重点薄弱环节建设，不断完善我国防洪减灾体系。

1. 加快推进中小河流治理。我国中小河流治理任务繁重，应根据江河防洪规划，按照轻重缓急，加快治理。流域面积 3000 平方公里以上的大江大河主要支流、独流入海河流和内陆河流，对流域和区域防洪影响较大，应进行系统治理，提高整体防洪能力。流域面

积在 200～3000 平方公里的中小河流数量众多，系统治理投资巨大，近期应选择洪涝灾害易发、保护区人口密集、保护对象重要的河段进行重点治理，使治理河段达到国家规定的防洪标准。

2. 尽快消除水库安全隐患。水库大坝安全事关人民群众生命财产安全，必须尽快消除安全隐患。近年来，国家投入大量资金，基本完成了大中型病险水库除险加固。当前，应重点对面广量大的小型病险水库进行除险加固，力争用五年时间基本完成除险加固任务。同时，应特别重视水库的管护，明确责任，落实管护人员和经费，防止因管理不善、维修养护不到位再次成为病险水库。

3. 提高山洪灾害防御能力。山洪灾害易发区分布范围广，灾害突发性强、破坏性大。应按照以防为主、防治结合的原则，根据全国山洪灾害防治规划，尽快在山洪灾害易发地区建成监测预警系统和群测群防体系，提高预警预报能力，做到转移避让及时；对山洪灾害重点防治区中灾害发生风险较高、居民集中且有治理条件的山洪沟逐步开展治理，因地制宜地采取各种工程措施消除安全隐患；对于危害程度高、治理难度大的地区，应结合生态移民和新农村建设，实施搬迁避让。

4. 搞好重点蓄滞洪区建设。为确保蓄滞洪区及时、有效运用，应加快使用频繁、洪水风险较高、防洪作用突出的蓄滞洪区建设。近期重点是加快淮河行蓄洪区、长江和海河重要蓄滞洪区建设，通过围堤加固、进退洪工程和避洪安全设施建设，改善蓄滞洪区运用条件；同时，在有条件的地区，积极引导和鼓励居民外迁。逐步建成较为完备的防洪工程体系和生命财产安全保障体系，实现洪水"分得进、蓄得住、退得出"，为蓄滞洪区内群众致富奔小康创造条件。

在加快防洪工程建设的同时，应高度重视防洪非工程措施建设，完善水文监测体系和防汛指挥系统，提高洪水预警预报和指挥调度能力；加强河湖管理，防止侵占河湖、缩小洪水调蓄和宣泄空间，避免人为增加洪水风险；在确保防洪安全的前提下，科学调度，合理利用洪水资源，增加水资源可利用量，改善水生态环境。

（二）加强水资源配置工程建设，保障供水安全

当前，应针对我国水资源供需矛盾突出的问题，在强化节水的前提下，通过加强水资源配置工程建设，提高水资源在时间和空间上的调配能力，保障经济社会发展用水需求。

1. 尽快形成国家水资源配置格局。去年 10 月，国务院批复的《全国水资源综合规划》，进一步确立了我国"四横三纵"的水资源配置总体格局。当前，应抓紧完成南水北调东、中线一期工程建设，争取早日发挥效益；同时，应积极推进南水北调东中线后续工程和西线工程前期论证工作，深入研究有关重大技术问题，为尽快形成国家水资源配置格局、提高北方地区水资源承载能力奠定基础。

2. 完善重点区域水资源调配体系。根据国家总体发展战略和区域经济发展布局，建设一批支撑重点区域发展的水资源调配工程。对于西南等工程性缺水地区，积极有序地推进

水库建设，大中小微、蓄引提调相结合，提高水资源调配能力。对于资源性缺水地区，要在充分考虑当地水资源条件和大力节水的前提下，合理建设跨流域、跨区域调水工程，促进区域经济社会发展与水资源承载能力相协调。同时，应强化流域水量统一调度，实现水资源的科学管理、合理配置、高效利用和有效保护。

3. 加快抗旱应急备用水源建设。近年来，我国干旱呈多发、频发趋势，2010年西南地区发生特大干旱，今年我国北方冬麦区又发生大范围严重干旱，高峰时冬麦区作物受旱面积达到1.1亿亩，328万人因旱饮水困难，对经济社会发展造成了很大影响。面对严重干旱，水利部门加强了水源调度和技术服务与指导等措施，确保了群众饮水安全、扩大了抗旱浇灌面积，最大限度地减轻了灾害损失。为更好地应对干旱，应抓紧制定抗旱规划，统筹常规水源和抗旱水源建设，特别要加快干旱易发区、粮食主产区以及城镇密集区的抗旱应急备用水源建设，做好地下水涵养和储备，提高应对特大干旱、连续干旱和突发性供水安全事件的能力。同时，要加大再生水、海水等非常规水源的利用。

4. 继续推进农村饮水安全工程建设。近年来，国家对农村饮水安全问题高度关注，已累计解决了2.2亿农村居民的饮水安全问题。但我国农村饮水安全工程的覆盖范围还不全，加之现有工程许多是分散供水，工程标准低，以及水源条件变化等原因，农村饮水安全问题仍然很突出。2006年，全国人大将解决宁夏中部干旱带农村饮水安全问题列为重点建议，水利部会同国家有关部门制定工作方案，积极落实资金，75.8万农村居民的饮水安全问题计划在2007年年底前全部解决。应继续加快农村饮水安全工程建设，有条件的地方应积极推进集中式供水，能与城镇供水管网相连的，实行城乡一体化供水，提高供水保证率，尽快让广大农村居民喝上干净水、放心水。

（三）大兴农田水利建设，保障粮食安全

我国农田水利建设的重点是稳定现有灌溉面积，对灌排设施进行配套改造，提高工程标准，建设旱涝保收农田。同时，大力推进农业高效节水，在有条件的地方结合水源工程建设，扩大灌溉面积。

1. 巩固改善现有灌排设施条件。一方面应重点对大中型灌区进行续建配套与节水改造，恢复和改善灌区骨干渠系的输配水能力，提高灌溉保证率和排涝标准；另一方面应加大田间工程建设力度，对灌区末级渠系进行节水改造，完善田间灌排系统，解决灌区最后一公里的问题，逐步扩大旱涝保收高标准农田的面积。

2. 大力推进农业高效节水灌溉。我国农业用水量大、用水粗放，有很大的节水潜力，应把农业节水作为国家战略。农业高效节水灌溉经过10多年的试点，技术已相当成熟，应科学编制规划，加大高效节水技术的综合集成和推广，因地制宜发展管道输水、喷灌和微灌等先进的高效节水灌溉，优先在水资源短缺地区、生态脆弱地区和粮食主产区集中连片实施，提高用水效率和效益。同时，各级政府应加大农业高效节水的投入，建立一整套促进农业高效节水的产业支持、技术服务、财政补贴等政策措施，推进农业高效节水灌溉

良性发展。

3. 科学合理发展农田灌溉面积。据有关研究成果,我国农田有效灌溉面积发展空间有限。应充分考虑水土资源条件,在国家千亿斤粮食产能规划确定的粮食生产核心区和后备产区,结合水源工程建设,因地制宜发展灌区,科学合理地扩大灌溉面积。同时在西南等山丘区,结合"五小"水利工程建设,发展和改善灌溉面积,提高农业供水保证率。

4. 加强牧区水利建设。大力发展畜牧业是保障国家粮食安全的重要补充,建设灌溉草场和高效节水饲草料地是解决过度放牧、保护草原生态的有效措施。据测算,1亩高效节水灌溉饲草料地的产草能力相当于20~50亩天然草原的产草能力。应根据水资源条件,在内蒙古、新疆、青藏高原等牧区发展高效节水灌溉饲草料地,积极推进以灌溉草场建设为主的牧区水利工程建设,提高草场载畜能力,改善农牧民生活生产条件,保护草原生态环境。

(四) 推进水土资源保护,保障生态安全

水土资源保护对维持良好的水生态系统具有十分重要的作用。针对我国经济社会发展进程中出现的水生态环境问题,应重点从水土流失综合防治、生态脆弱河湖治理修复、地下水保护等方面,开展水生态保护和治理修复。

1. 加强水土流失防治。首先要立足于防,对重要的生态保护区、水源涵养区、江河源头和山洪地质灾害易发区,严格控制开发建设活动;在容易发生水土流失的其他区域开办生产建设项目,要全面落实水土保持"三同时"制度。其次是治理和修复,对已经形成严重水土流失的地区,以小流域为单元进行综合治理,重点开展坡耕地、侵蚀沟综合整治,从源头上控制水土流失。同时,应充分发挥大自然自我修复能力,在人口密度小、降雨条件适宜、水土流失比较轻微地区,采取封禁保护等措施,促进大范围生态恢复和改善。

2. 推进生态脆弱河湖修复。目前我国水资源过度开发、生态脆弱的河湖还较多,在治理中应充分借鉴塔里木河、黑河、石羊河等流域治理经验,以水资源承载能力为约束,防止无序开发水资源和盲目扩大灌溉面积,严格控制新增用水;对开发过度地区,要通过大力发展农业高效节水、调整种植结构、合理压缩灌溉面积等措施,提高用水效率和效益,合理调配水资源,逐步把挤占的生态环境用水退出来;在流域水资源统一调度和管理中,应充分考虑河流生态需求,保障基本生态环境用水。

3. 实施地下水超采区治理。地下水补给周期长、更新缓慢,一旦遭受破坏恢复困难,同时地下水也是重要的战略资源和抗旱应急水源,须特别加强涵养和保护。应尽快建立地下水监测网络,动态掌握地下水状况。划定限采区和禁采区范围,严格控制地下水开采,防止超采区的进一步扩大和出现新的地下水超采区。加大超采区治理力度,特别是对南水北调东中线受水区、地面沉降区、滨海海水入侵区等重点地区,应尽快制订地下水压采计划,通过节约用水和替代水源建设,压减地下水开采量;有条件的地区,应利用雨洪水、再生水等回灌地下水。

4.高度重视水利工程建设对生态环境的影响。今后一个时期，水利建设规模大、类型多，不仅有重点骨干工程，也有面广量大的中小型工程。水利工程建设与生态环境关系密切，在规划编制、项目论证、工程建设以及运行调度等各个环节，都应高度重视对生态环境的保护。在水库建设中，要加强对工程建设方案的比选和优化，尽量减少水库移民和占用耕地，科学制定调度方案，合理配置河道生态基流，最大限度地降低工程对生态环境的不利影响；在河道治理中，应处理好防洪与生态的关系，尽量保持河流的自然形态，注重加强河湖水系的连通，促进水体流动，维护河流健康。

（五）实行以水权为基础的最严格水资源管理制度，保障水资源可持续利用

在全球气候变化和大规模经济开发双重因素的作用下，我国水资源短缺形势更趋严峻，水生态环境压力日益增大。为有效解决水资源过度开发、无序开发、用水浪费、水污染严重等突出问题，必须实行最严格的水资源管理制度，确立水资源开发利用控制、用水效率控制、水功能区限制纳污"三条红线"，改变不合理的水资源开发利用方式，从供水管理向需水管理转变，建设节水型社会，保障水资源可持续利用。

1.建立用水总量控制制度。目前，我国用水总量已近6000亿m^3，北方一些地区用水量已经超过了当地水资源承载能力。全国水资源综合规划提出，到2030年，我国用水高峰时总量力争控制在7000亿m^3以内。这一指标是按照可持续发展的要求，综合考虑了我国的水资源条件和经济社会发展、生态环境保护的用水需求确定的，是我国用水总量控制的红线。当前，应按照国家水权制度建设的要求，制定江河水量分配方案，将用水总量逐级分配到各个行政区，明晰初始水权。同时，也要发挥市场配置资源的作用，探索建立水市场，促进水权有序流转。

2.建立用水效率控制制度。首先应分地区、分行业制定一整套科学合理的用水定额指标体系。目前，我国许多地区虽然制定了一些用水定额指标，但指标体系还不完整，有的定额过宽、过松，难以起到促进提高用水效率的作用。用水定额应根据当地的水资源条件和经济社会发展水平，按照节能减排的要求，综合研究确定。其次，应加强用水定额管理。把用水户定额执行情况作为节水考核的重要依据，建立奖惩制度。应实行严格的用水器具市场准入制度，逐步淘汰不满足用水定额要求的生活生产设施和工艺技术。同时，充分发挥价格杠杆作用，实行超定额用水累进加价制度，鼓励用水户通过技术改造等措施节约用水，提高用水效率。

3.建立水功能区限制纳污制度。我国《水法》明确规定，要"按照水功能区对水质的要求和水体的自然净化能力，核定该水域的纳污能力"。目前，我国一些河湖的入河污染物总量已超出其纳污能力，水污染严重。全国31个省级行政区均已划定了水功能区，初步提出了水域纳污能力和限制排污总量意见。当前要按照《水法》规定，履行相关审批程序，明确水功能区限制纳污红线，建立一整套水功能区限制纳污的管理制度，严格监督管理。对于现状入河污染物总量已突破水功能区纳污能力的地区，要特别加强水污染治理，

下大力气削减污染物排放量，严格限制审批新增取水和入河排污口。

4.建立水资源管理责任和考核制度。落实最严格的水资源管理制度，关键在于明确责任主体，建立有效的考核评价办法。要把水资源管理责任落实到县级以上地方政府主要负责人，实行严格的问责制。将水资源开发利用、节约保护的主要控制性指标纳入各地经济社会发展综合评价体系，严格考核，考核结果作为地方政府相关领导干部综合考核评价的重要依据。应重视完善水量水质监测体系，提高监控能力，做到主要控制指标可监测、可评价、可考核，为实施最严格的水资源管理提供技术支撑。

（六）建立水利投入稳定增长机制，保障水利跨越式发展

根据水利建设的目标任务，初步测算，今后10年全国水利建设投资需求约为4万亿元，年均为4000亿元，而2010年全国水利实际投入约2000亿元，与需求相比，投资缺口较大。目前，水利投资来源主要有国家预算内固定资产投资、财政专项资金、水利建设基金以及银行贷款等，以财政性资金为主。

今年中央一号文件提出，要建立水利投入稳定增长机制，今后10年全社会水利年平均投入比2010年高出一倍。由于水利具有很强的公益性、基础性和战略性，因此，应抓紧建立以政府公共财政投入为主，社会投入为补充的水利投入稳定增长机制。一是稳定和提高水利在国家固定资产投资中的比重。目前，中央预算内固定资产投资中水利的比重约为18%，要满足未来10年江河治理、水资源配置等重大工程建设需要，应进一步提高水利所占比重。二是大幅度增加财政专项水利资金规模。近年来，为支持中小型水利工程建设，中央财政专项水利资金规模逐年增加，2010年达到258亿元。为加快农田水利等中小型水利工程建设，中央和省级财政用于水利的专项资金应在2010年基础上，至少翻一番。三是进一步充实和完善水利建设基金。国务院已同意将水利建设基金延长至2020年。但目前中央水利建设基金规模不到40亿元，地方水利建设基金征收地区间差异很大，最多的省份已超过70亿元，最少的省份尚不足1000万元。应进一步拓宽征收渠道，扩大征收规模。四是落实好从土地出让收益中提取10%用于农田水利建设的政策。据统计，2008年土地出让收入中，东部地区占66.7%，中西部地区仅占33.3%，且主要集中在大中城市，而农田水利建设资金的需求东部占30%，中西部占70%，存在土地出让收益与农田水利建设资金需求不匹配的结构性矛盾。需要研究提出中央和省级统筹使用部分土地出让收益用于农田水利建设的具体办法，重点向粮食主产区、贫困地区和农田水利建设任务重的地区倾斜。同时，应按照中央一号文件的精神，细化水利建设金融支持、吸引社会资金的政策措施，拓宽水利投融资渠道。此外，针对今后十年水利投入大、项目数量多、分布范围广的特点，应特别加大对水利建设资金的监督管理，确保资金安全和使用效益。

依法治水是加快水利改革发展的重要保障。全国人大十分重视水法治建设，颁布实施了《水法》《防洪法》《水土保持法》《水污染防治法》等4部水法律，国务院也出台了一批水行政法规，构建了我国水法规的基本框架，为依法治水提供了法律依据。但目前节

约用水、地下水管理、农田水利、流域综合管理等方面还没有专门的法律法规。建议进一步加强水法规建设，不断完善水法规体系。同时，应继续加快水利工程管理体制改革，建立工程良性运行机制；健全基层水利服务体系，适应日益繁重的农村水利建设和管理的需要；积极推进水价改革，建立反映水资源稀缺程度、兼顾社会可承受能力和社会公平的水价形成机制，对农业水价，探索建立政府与农民共同负担农业供水成本的机制；推动水利科技创新，力求在水利重大学科理论、关键技术等方面取得新的突破，提高我国水利科技水平。

我国人多水少、水资源时空分布不均的基本国情水情，在今后相当长的一段时期不会改变，随着经济社会的快速发展和全球气候变化的影响，水安全问题将更加突出。目前水利基础设施建设仍然滞后，不能满足经济社会又好又快发展的需要，是国家基础设施的明显短板。应该把水利发展作为一项重大而紧迫的任务，加大投入、加快建设，深化改革、强化管理，不断增强水旱灾害综合防御能力、水资源合理配置和高效利用能力、水土资源保护和河湖健康保障能力以及水利社会管理和公共服务能力，为经济社会可持续发展提供有力保障。

第二章 河道、堤防及水土保持

河流在自然状态下，其河道不断的演变，为控制其演变过程，使它向有利方面发展，需要对河道进行整治。为此，要修建一系列的河道整治工程，简称治河工程。

第一节 河流概述

一、河流特征

构成河流的要素和特征分述如下：

1. 干流、支流和水系

降水经过地面和地下向河流补给水源，由于重力作用，上有水流不断切割和冲蚀河床，使河床逐渐扩大。这样，使最初的小沟变成小溪、小河，最后汇聚为大江大河。

直接流入海洋或内陆湖泊的河流称为干流。汇入干流的河流称为一级支流；汇入一级支流的为二级支流，以此类推。干流及其支流构成了脉络相通经常有水的河流系统称为水系或河溪，如果包括不经常有水流的小沟在内，则称为河网。水系通常用干流的河名来称呼，如长江水系、黄河水系、珠江水系等。在研究某一支流或某一地区的问题时，也可用支流河名或湖泊来称呼，如汉江水系，洞庭湖水系等。

2. 河床

河流沿途经过的河道叫作河床，亦称河谷。一般上游为峡谷，中游有滩地，下游位于冲基层上。

谷底最深处的连线称为深泓线。在枯水期和中水期水流经过的河床称为基本河床。在洪水期浸溢到两岸浸滩所形成的河床称为洪水河床。

3. 河流的分段

一般河流按照河谷和河床情况、冲刷和淤积的程度、流速和流量的大小以及水情变化等特点，分为河源、上游、中游、下游和河口等五段。

（1）河源，河流的源头亦即河流开始的地方。河流的源头有的是地下水，有的是冰川或融雪，亦有的是沼泽或湖泊，所以河源是一块局部地区。

（2）上游，位于河流的上段，直接联结河源。这段的特点是落差大、水流急、下切河床力强，洪水涨落比较急剧。

（3）中游，位于河流的中段，流量一般比上游大，河床坡度较平缓。河岸两侧常有滩地出现，河道亦渐呈缓和曲线，冲刷和淤积比较显著。

（4）下游，位于河流最下一段，其特点是河床坡度平缓，流速小、流量大，河床大部分处在淤积状态。河道蜿蜒曲折，到处出现沙滩、沙洲。

（5）河口，是河流流入海洋、湖泊或其他河流的地方。有的河流消失在沙漠里，没有河口，称为瞎尾河。一般河口是一个比较明显的固定点，比河源明显，因而沿河流长度都从河口算起。由于河口突然扩大、流速大减，水流中的泥沙就大量沉积，形成沙洲或河口三角洲。

4. 河流的基本特性

（1）河流的长度即是从河源到河口的距离，由于河流蜿蜒弯曲，不易直接测量。一般是在实测的河道地形图上按比例尺沿路线量出。可行驶机船的河流，亦可用机船行驶的速度及航行的时间求得。

（2）河流的纵断面指沿河流鑫线的断面。测出籍线上河底一些地形变化转折点的高程，以河长为横坐标，高程为纵坐标，绘出纵断面图。纵断面图表示出河流的纵坡和落差的沿程分布，这是推算水流特性和估计水能资源的主要依据。

（3）河流的横断面这是指与水流方向相垂直的断面，上面的界限是水位线。断面面积随着水位不断变化。经常过水的断面称为过水断面；洪水位时的断面称为洪水断面或大断面。横断面根据形状的不同分为单式断面，即中心两侧较对称而又较规整的断面，复式断面，即中心两侧不对称而又不规整的断面。

河流的纵横断面，由于冲刷和淤积都是不断变化的。

（4）河流坡降，任一河段的落差（该段河底或水面的上、下两端的高程差）与河段长度的比，称为坡降或比降，可用下式表示：

$$I = (H_上 - H_下)/L = \Delta H / L$$

式中 I——河底或睡眠坡降，以千分率计；

$H_上$、$H_下$——分别为河床上端和下端的水位，以 m 计；

ΔH——河底或水面的落差，以 m 计，由河底落差算得为河底坡降，由水面落差算得的为水面坡降；当水流为均匀流时，两者相同。

L——河床长度，以公里计。

河流坡降自河源至河口逐渐减小，是因河床先被侵蚀后被淤积所致。相对来说，因河底比较稳定，坡降比水面稳定，而水位变化大，使水面坡降变化亦大。河口因受潮汐影响，坡降变化更大，有时会出现负值，海水就会倒灌进入河口。

二、流域

流域是河流的集水区域,根据出流断面来确定流域的大小。如图2-1-1所示,出流断面为Ⅰ时,其相应流域面积为A(有斜线部分),出流断面为Ⅱ时,其相应流域面积为A和B,即虚线所包围的全部区域。

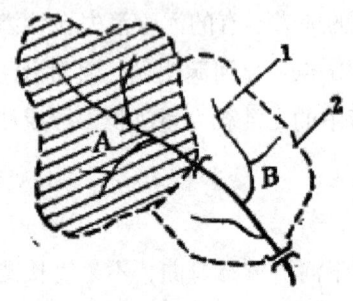 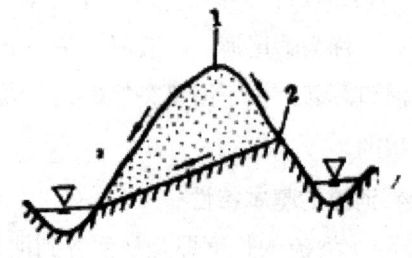

1—河道;2—分水界 　　　　　　　　1—地面分水线;2—地下分水线

　　图2-1-1　流域示意图　　　　　　图2-1-2　分水线示意图

1. 流域的分水岭

流域的边界称为分水岭、分水线或分水界。分水岭通常位于流域四周的山脊线上,有山岭的地形很容易划分。如秦岭是黄河与长江的分水岭,秦岭以北发生的径流汇入黄河,秦岭以南的径流则汇入长江。但两个流域的分界不一定是山岭,有的是较平坦的地区或湖泊、沼泽甚或河堤。像辽河和松花江的流域分界是公主岭一带地区,淮河和海河的流域分水线是黄河大堤,这时应称分水线或分水界。

注于河流的水量除地面径流以外,还有地下径流,因而划分流域既要考虑地面分水线亦要考虑地下分水线,而两者不一定是重合的,这是因为地面起伏不一定与地质构造吻合(图2-1-2)。

至于喀斯特地区(即石灰岩溶洞地区或简称岩溶地区),如广西、云南、贵州、四川一带,很多地下伏流变成地下河,则其地下分水线与地面分水线的差别可能很大。地面分水线与地下分水线相重合的流域称为闭合流域,否则称为非闭合流域。

2. 流域面积

流域的分水线和出流断面所包围的面积称为流域面积,其单位为平方公里。流域既是叫河流供水的区域,如其他条件相同,流域面积的大小就可决定径流的多少,所以一般河流的水量是从河源到河口越往下游越丰沛。但流域的条件总会或多或少有差异,所以分析河流径流的沿程变化,必须考虑各种影响因素。例如黄河从河源到兰州一段,水量就是随流域增加而增加的;兰州到青炯峡一段,水量没有什么变化;青桐峡到包头一段,水量反而减少了,这是因为这段是干燥地区,沿程没有水量补给,反而有大量河水渗入地下或为灌溉所利用;包头至陕州一段水量又增加了。

流域面积一般是按地形图上的分水线包围的面积,用求积仪或数方格法求出。

分析流域的自然因素包括自然地理因素(包括流域形状、地形、地质、土壤、植被等)和水文气象因素(降水、蒸发、径流等)的综合影响。

三、水位与流量

河流随着水源的丰枯而涨落。一般地说多雨的夏季,河水高涨,干旱的冬季,河水低沙落。这样反复的变化是河流的根本特性。在水文学上研究这个特性主要有两个标志:水位和流量。水位就是在河边上设立一个水尺或一系列水尺,水尺反映出河水面的变化。水尺的读数便是观测时的水面高度,称为水位。按具体情况确定观测的时间,既可定期观测亦可非定期观测。

水尺的观测是一个点的记录,若想把一个流域或一个水系的各测站水位读数的关系统一起来,便须有一共同的高程零点的基面(绝对基面),我国以大连、大沽、废黄河口、吴淞口作为统、珠江口等作为各地区的基面。1956年我国规定以黄海(青岛)的多年平均海平面一的高程零点基面,称为黄海绝对基面。以往惯于用附近海的基面,如海河水系用大沽基面,长江水系用吴淞口基面,应当统一改用黄海基面(各基面互有差别)。

高于这个基面的高度叫海拔或海拔高度。如说某地的海拔是100m,就是说该地高于平均海平面100m。有了这个标准,便可把一个流域或一个水系的水位观测值统一起来,从而找出它们互相的高低关系。全国大地测量机构在各地设立了一系列的高程(海拔)点。测出附近高程点与水尺零点的高差,从水尺读数便可得知以黄海基面为零点的高程值(或海拔值)。如附近高程点为101.35m,水尺零点与它的高差是37.51m,那么水尺零点的高程或海拔是138.86m。若水尺读数是1.64m,则高程是140.50m。水利工程有时因未能与国家统一高程点发生联系,就用假定高程作为水尺零点,如暂设水尺零点为100m等(但海拔不能假定)。若使用假定高程,必须附有说明。

对水位进行一定时期(如全年观测或汛期观测)的观测,便可用纵坐标为水位,横坐标为时间,绘出水位过程线。

一定的水位有一定的相应水量通过,单位时间通过的水量称为流量。换句话说,流量是单位时间内(通常用秒)通过河流某点的水量。大江大河的流量非常庞大,直接测定流量是不可能的,即使中小河流因其河床不规则也不易直接测出。大家知道,流量是水的速度和过水断面的乘积。水的速度叫流速,单位为"m/秒"。过水断面的单位是"m^2"或"m"。两者相乘的单位是"m^3/秒"。所以流量的单位就是每秒时段通过若干 m^3 的水量。上述三者的关系可用下式表示:

$$Q=AV$$

式中：Q——流量（m^3/s）

A——过水断面（m^2）

V——流速（m/s）

测定流速使用流速仪。它测出的结果是一个点的流速，而河床断面各点的流速差别颇大。一般说来，靠近河床底部或边缘的较小；离水面较近又靠近断面中心的较大。这就需要在一个断面内多测几点。在较大的河流用几条测速垂线，每条测线设五个测点、三个测点或两个测点不等，这要根据精度要求和河床大小、形状来定。对中小河流有时用浮标来测流，浮标只能测出表面流速，要乘上系数 0.85，作为浮标所在测速垂线的平均流速。断面是用几条测深垂线求出其面积。

四、泥沙

江河水流中总是或多或少地含有泥沙。由于流域内的水文气象条件、地形、地质、土壤、植被以及河道坡降等特性不同，河流所含泥沙的数量及其颗粒大小也不同。即使在同一河流上，不同地点和不同时期所挟带的泥沙亦不相同。

河流所挟带的泥沙将产生如下影响：河道演变，淤高河床使洪水泛滥；淤积水库，减少库容；危害港口和航道；闸前淤积，给启动闸门造成困难。总之，它给水利工程的设计和运用带来许多复杂的问题。就引水来说，含沙量大的水源对工业和都市给水、灌溉用水是不利的，也增加水质处理和渠道清淤的工作量。

河流泥沙在水流中有被水流冲浮而随水流前进的作用，亦有因其自重向下沉积的作用。在水文上按泥沙的运动方式分类如下：

（1）悬移质，颗粒细小悬浮于水中并随水流运动的泥沙称为悬移质。

（2）推移质，颗粒较粗的泥沙，在水流作用下沿河床滚动或滑动的称为推移质。

（3）河床质，颗粒更大的泥沙，不随水流移动的称为河床质。

上述的分类，只是在一定的流速下相对的说法。当流速加大时，推移质可能悬浮流动而成悬移质；当流速减小时，悬移质则将下沉河底面成推移质或淤积在河床上，河床质的粗大颗粒当山洪暴发时就可能变成推移质而下移。

泥沙的水文测验，一般是测定悬移质，推移质亦可用采样器测验，但精度较差。现介绍几个有关泥沙的常用术语：

（1）含沙量，即单位体积水内所含的干沙重量，以"kg/m^3"或"g/m^3"来表示，以前亦用干泥沙的重量与浑水同体积的清水重的百分比为单位。

（2）输砂率，即单位时间内通过测流断面的泥沙量，以"kg/s"或"t/s"来表示。

（3）输沙量，即某时段（日、月、年等）内通过测流断面的泥沙总量。

水流的流速和流向随时在变化，泥沙来源也时多时少，因而水流内各处含沙量也随时间不断变化，这种现象称为泥沙的脉动现象。测定含沙量时要消除这种不稳定的脉动现象的影响，所以要有足够的施测历时和足够的测次。含沙量除有上述特点外，在断面（空间）上的分布也是不均匀的。一般说来，含沙量多少和颗粒大小在垂线上的分布是从水面向底部逐增。在近河底和河底处又加上推移质的泥沙，含沙量显著增加。泥沙在断面的横向分布也不均匀，但差别不如垂线上的分布显著。

第二节　河道整治

任何一条河流，河床与水流常因相互作用而变化，即随着流量、流速的变化，河床也经常变化；反过来河床变化亦促使水流发生变化。由于河床变化剧烈，对河流的利用将发生不利的影响，如对防洪、航运、引水等均有显著影响。

在进行整治时，必须熟习水情，因势利导，可以通过人工整治，加固河床，避免对河床某一河段的冲刷和淤积；但是河流泥沙不断运动，在一定条件下，仍将在某一河段内淤积；而在另一种条件下，还要冲刷。这就是说河道演变不停地进行，河道整治也不能一劳永逸，必须随时对河床演变进行观测和研究，随时改进整治方法。

河道整治的目的是为综合利用河流，如过水通畅，航行与放木无阻，引水方便，维持生态平衡，不使拦河建筑物，如拦河坝、水闸和桥梁基础受到冲刷，以及不使河床浸蚀影响沿河城市、工矿企业和农田。根据利用河流任务的不同，在综合治理中亦有主次之分。如某一河段是以改善航运或放木为主；另一河段是保护城镇为主等。

一、泥沙运动和河床演变的基本规律

1. 沙的起动速度

当水的流速很小时，河底泥沙处于静止状态，当流速大过某一定值时，泥沙开始动。促成泥沙起动的流速称为起动流速。河道中非黏性土壤的泥沙容易起动，其起动速度与泥沙颗粒大小有关，黏性土壤的泥沙起动较难，其起动速度与泥沙颗粒大小关系不大。

2. 河床推移质

多为颗粒较大的沙砾或大小卵石。推移质的运动与流速的关系较为明显，推移质输沙率大约与流速四次方成正比。例如流速增加一倍，则输沙率增加十五倍。

3. 水流挟沙力

当水流具有一定的流速和水深，对一定粒径的悬移质泥沙就有一定限度的含沙量。处在饱和状态的含沙量称为水流挟沙力，通常以"公斤$/m^3$"来表示。水流挟沙力约与流速的三次方成正比，即流速增加一倍，水流挟沙率约增加七倍。

二、平原河流的特性

由于河床坡降平缓、流速小，水流挟沙能力低，平原河流一般易遭淤积。特别是多泥沙的河流在两岸堤防范围内，河床不断被淤垫，甚至高出两岸田野，黄河中、下游段便是明显的例子。平原河流的洪、枯水位变化幅度较小，但河宽变化较大。

由于平原河流位于易被冲刷的冲积平原上，河床易受冲刷，而又在河床中反复进行淤积和冲刷，所以河床不稳定。每条河流的流量、河床的坡降和地质条件等的差别很大，所以每条河流的演变颇不一致，即使同一河流各河段亦不相同。根据河床形态和演变的不同，可将平原河道分为顺直（或微弯）河段、弯曲河段和游荡河段。

1. 顺直一（或微弯）河段

这类河段的河道比较顺直，两岸有犬牙交错的边滩，边滩的对岸为深槽，上下深槽之间为浅滩（图 2-2-1）。边滩在水流作用下，逐渐向下游移动。如河岸不易被冲刷或有护岸工程，则河岸不发生变化或变化甚微。边滩向下移动，原来边滩的所在地点逐渐变成深槽，而原来深槽则逐渐变为边滩。这种演变，给河流引水和航道带来极大的不利影响。例如由于边滩的下移使原设在深槽的引水口（自流引水或扬水）被淤积，也使航道不稳定。豁线不断地变化，影响航标甚至影响码头的使用。在演变过程中，除边滩和深槽相互易位外，亦会使河道慢慢展宽，边滩随着逐渐增大。这样，枯水时水流不畅，水深不足，洪水时往往在边滩与河岸相交处冲开新的河汊，使原来的边滩可能变成江心洲，像长江在宜昌的葛洲坝等。

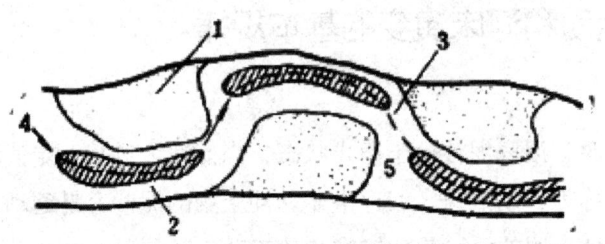

图 2-2-1 顺直河段平面图

1—边滩；2—深槽；3—豁线；4—流向；5—浅滩段

2. 弯曲河段

这类河段的特点是蜿蜒曲折，深槽一般是在凹岸，边滩在凸岸，弯道之间有较短的浅滩相接。因冲积的演变，河道愈来愈弯曲，最后形成河环状的河道。

连接河环的起点和终点的微弯直线地段称为颈部。通过某次洪水，水流可能在顶部冲成过水通道，这叫自然裁弯。裁弯后的新河道由于流程缩短，促使坡降和流速增大，从而挟沙能力也大，于是又逐渐发展成为新的河道。原半河环状的河道，由于坡降较小，流速慢，水流挟沙能力较低，河环的起、终点一带将被淤积，河道荒废，成为弯曲的不过水的废河道，称为轭湖，裁弯取直的新河道又逐渐向弯曲状发展，重复上述的演变过程。长江荆江段沙滩子的自然裁弯便是一个例子。

弯曲河段水深较大，深槽与边滩也比较固定，便于设置引水口和筑道，但过于夸曲的河段，由于洪水顶冲，也给防洪和船只操作带来不利的影响，需要整治。

3. 游荡性河段

这种河道一般河床宽浅，浅滩和汊道相互交错，水流急，挟沙多，河床不断变化，主流摆动不定。这类河道对防洪、航运及设置引水口皆有不利影响。

三、河道整治的基本方法

河道整治就是利用整治建筑物，按照设计咬住，保护河床、河岸免受冲刷或者防治某段不被泥沙淤积，还有为达到某种目的，整治过于弯曲的河段，在颈部开挖引河，通称裁弯工程。

1. 加固凹岸

为了防治凹岸被冲刷，避免崩岸发展，保护沿江城镇、工矿企业和农田，在必要地段修建护岸工程。现以长江的护岸工程为例。长江自宜昌以下为中下游，流经北、湖南、江西、安徽、江苏五省和上海市，注入东海，全长 1850 公里，整个长江中下游由不同类型的河段组成。宜昌至枝城为长江出映向平原河流过渡的河段，河床由基岩、石和中细沙组成，两岸有低山、丘陇、阶地控制，河床比较稳定。其中江口段，其中江口以上河段与枝城至宜昌段相近，河床亦比较稳定；江口以下进入江汉平原，河道变化大。藕池口以上称上荆江，为弯曲性河段；藕池口以下称下荆江，为蜿蜒性河段。上荆江两岸均为冲积土层组成；下荆江南岸为丘陵地区，北岸为冲积平原。从城陵矶至江阴主要为分汊性河段，其中九江以上两岸受山矶、节点控制较多，九江以下南岸受到较多的节点控制，北岸为广阔的冲积平原。江阴以下为洲滩密布、多汊入海的河口段。在上述各种河段中，崩岸是河道演变的主要形式之一。

护岸工程改变了河床的边界条件，不同类型的护岸工程对水流有不同的作用，并可反映出不同护岸效果及其适用条件。按护岸工程对水流的作用，大致可分为以下三种：

（1）平顺护岸工程，将护岸材料直接铺设在岸坡上，以保护岸坡免受水流淘刷而崩塌。这种类型有抛石、沉排、沉枕、沉笼和沉软体排等几种结构形式。这种护岸对水流的反作用较护岸前影响最小，主要保护岸坡不被冲刷。

（2）矶头群护岸工程，在护岸治导线上布置若干矶头，以起挑托水流的作用，从而防止水域对河岸的冲刷。所谓矶头，就是在岸边用抛投块石，筑成的若干石堆。为防止水流对矶头本身的冲刷，在矶头迎水处附近以抛石、沉排或沉枕来保护矶脚。这种形式对水流的反作用较护岸有显著增加。

（3）丁坝护岸工程，丁坝是在导治线上用堆石或木笼筑成的垂直或上、下倾斜于岸边的结构物，比矶头离岸边远，有挑流作用，对水流的反作用最强。

护岸工程因是河道整治的组成部分，其规划和实施必须服从整治的全面规划。对于尚未制定整治规划的河段，在进行护岸工程设计时，要详细调查沿江城镇和工农业生产的现状，搜集各部门对河道整治的意见，根据河床演变发展的趋势，进行全面设计。在制定护岸设计时，必须掌握河床演变的规律，对河流上下游、左右岸要统筹兼顾，综合考虑各方面的因素，不能兴一利生一弊。

对于必须确保的重要堤防险工险段，要及时进行抢护；对于控制河势有决定性作用的关键工程，应及时守护。

对护岸工程，每次洪水后，要进行观察，做好维修工作。

2. 约束水流，固定河道

在枯水季节，为维持通航所需要的水深，需要利用顺坝与丁坝约束水流在固定的河道内。顺坝沿治导线而筑，亦名导流坝，导引水流在拟定的河道内流动。丁坝挑出水流不使水流在较宽的河道内运行。

四川的嘉陵江，为维持枯水季通航，常采用顺坝与丁坝的方式。因为这种工程在洪水季节易被水流冲毁，因此，多采用抛石筑成，洪水过后再加以整修。

3. 裁弯取直

对过于弯曲的河段，有时采用裁弯取直的方式，就是在弯道的颈部开挖一条引河。引河轴线的首尾两端与上下游的谿线衔接。为节省土方量，一般在引河的轴线处只开挖一条能过水的导沟，过水后借水流的冲用、方冲成合格的河道。水流进入引河，原河道逐渐淤塞，这和自然裁弯类似。裁弯的优点是：降低洪水位，水流畅通，缩短航程，便于船只操作，如弯道顶部指向城镇、工矿企业、铁路公路等，可以防止被冲刷的危险。但裁弯后也带来了一系列后果，如裁弯后上游水位下降，对上游的枯水航深可能有不利影响，对下游可能发生淤积，造成下游浅滩，也可能带来冲刷。

4. 河口及海岸的整治

当水流注入海洋时，由于流速减缓，大量泥沙落淤，河床不断上升，同时河口不断延伸，往往形成河汊众多的扇形三角洲河口，如黄河的河口等；但在海潮较强的地方，由于海潮对河口的冲刷作用，形成喇叭形河口，如钱塘江河口等。促使两种不同河口的形成还有其他因素，如地质情况、海滨深浅、海流强弱等。当河口外海滨较浅，海流较弱，则容易形成三角洲河；相反则容易形成喇叭口河口。

整治河口的目的：①海潮上涨或大风袭击抬高海滨水位时，防止海水淹没河流两岸的城镇和农田以及防止海潮出入和海浪对河岸的破坏作用；②加大航深，保证船只在一河口自由出入。

为达到前一目的，需要在河口两岸修建有足够高摩的坚固绳防和护岸工程，总称为海塘工程。海塘工程有时也延伸至河月以外的海岸，如江苏省的海塘工程。"海塘因御海潮巨浪，迎水边坡及顶部要用巨石或混凝土块保护，加固河岸或海岸的岸墙的结构大致与此类似。在重要港口，为削弱波浪对海岸的袭击，平行海岸方向筑有防波堤，如大连港口。

为达到后一目的所采取的措施如下：

1）堵塞不通航的河汊，借以增加通航河汊的流量，以利冲刷。

2）将河口整修喇叭形河口，消除各种障碍物，以利在涨潮时潮水进入内河。在落潮时有利于河口的冲刷。为使喇叭口段不致落淤，可修建一些低水丁坝，束狭低水河流。

3）在河口以外处修建导流堤，有利于将泥沙排入深海，以减少河口淤积。

4）进行经常性的疏浚工作。

第三节 堤防工程

为了防御洪水灾害，我国很久以前就有修建堤防的记载。"水来土挡"的说法，就是指用堤防挡水。但是历史上留下来的堤防并不是在统一规划下修筑的，一般是局部地区各自为政，分段修筑而后连成整体。这样，堤线布置大多不合理，堤防断面大小不一，而且堤距也不合理，宽窄不一，在行洪时造成许多控制断面，阻碍行洪，抬高水位，以致破堤决口。在解决前，不少堤防，年年整修，岁岁决口。

造成堤防这种不合理现象，除上述外，河床经常演变也是一个重要原因。一般古老堤防离河较近，称为缕堤。当主流趋向凹岸时，长久对河岸淘刷，引起破堤决口，这样又须在凹岸处修新堤，称为月堤，在凸岸处水流远逸，干拓出土地，为了耕作，常修建越堤。由于上述堤防行洪能力低，因而又需在距河较远地带修建比较合理的遥堤。为使水流不致沿缕堤、遥堤间下泄和便于两堤间的交通，在两堤间需修建格堤。这种紊乱的堤防系统是导致"年年修堤、岁岁决口"的另一根本原因。对大江大河的重要堤防，应避免这种现象的出现，只兴建统一规划的遥堤，限制在局部地区修筑越堤（亦称生产堤）。至于在遥堤以内枯水时存在的大片肥沃土地，只能种植早熟作物，如冬小麦等，采用"一水一麦"的耕种方法。

筑堤防可约束河流，防止洪水自由散漫，保护农田和村镇。但筑堤将影响天然河流的流态，可能产生一些不利影响使水流到达时间较快，洪水来时如：①水流受堤约束，流动较快，下泄较猛，洪水比无堤在堤内的水位更高，水面将高于堤外地面，破堤时会加重洪水灾害；②筑堤后水位提高促使上游无堤河段的坡降变缓，可能导致上游淤积多；③由于堤防束水，一水深加大，流速增加，可能引起河底冲刷，而多泥沙的河流，如黄河因下游坡降变缓，导致河底淤垫，使黄河成为地上"悬河"，万一决口，灾害更为严重；④堤外沥水，难于及时排入河内，可能造成涝灾，即使沿河修建排水闸，扬水站亦不会像天然排水那样畅通；⑤因为堤内水面高于堤外地面，使堤外地下水位升高，引起土地盐渍化。由于修筑堤防给河流带来一系列的不利影响，古人对堤防存废曾有争论。国外亦有些大江大河不设堤防的，如埃及的尼罗河不修堤，有意使田地一年一次受到洪水的淤灌，水里带来的泥土肥沃了田地。我国山西桑干河等亦利用淤灌肥田，当然，修堤亦可有计划进行淤灌，但对黄河那样的河流，不能轻举妄动。

我国人口众多，沿河下游人口密集，修堤防洪是必要的。但必须对旧有堤防，统筹整理，调整一些有影响过流的控制段（窄口），使全堤上下游统一行洪标准，亦不能允许任意修建越堤或生产堤（与水争地的堤防）等。现就堤防几个问题申述于下：

一、堤防规划与改造

1. 防洪标准与提距

对于堤防防洪，目前我国尚无统一标准。所以一般河道的堤防，只能分别防御十年、二十年、五十年一遇的洪水。防止更大的洪水还有赖于其他方式的配合。

防洪标准确定后，即可沿河分段计算过水能力，以便确定提距和堤高，对新建堤防要估计洪水流态，不能紧紧随置堤线。

堤距过宽则占耕地太多，过窄则抬高水位，增高堤防，筑坝费用增加。因此，确定堤防和堤高应从行洪安全和经济合理两方面来考虑。一般说来，河床大概是在两堤中间，堤距定了，堤的位置也就定了。但筑堤也应选择较高的地势和地基土质较好的地带。堤线应距凹岸较远为宜，以免出现险工。

对旧有堤防，要有一定防洪标准，为此，需测出河流与堤防的位置，分段计算其过水能力，对窄口的控制断面，亦应逐步改善堤线和断面。对险工段应进行防护措施。黄河下游的险工，新中国成立前采用秸料绿工，绿工体积庞大，使用秸料甚多，又由于时干时湿，寿命不长。新中国成立后提出"险工石化"，各险工段逐步改为干砌块石和抛投块石来护堤，现在已全部石化了，只是在防汛抢险时，有的仍用柳石枕，个别地点为争取时间还用场工。

2. 堤的断面

堤的高度既定，即可设计堤的断面。堤防与土坝皆是土质挡水建筑物，其设计与土坝理应相同，但由于堤线长，各处土质不同，而又不经常挡水，所以一般都是参考类似情况的堤防断面作为依据。土堤堤趾要求不能渗水，必要时可按照土坝要求进行分析。

（1）堤顶高度，一般大江大河的堤顶应高出设计洪水位2m，中小河流可在1~2m之间。

（2）堤顶宽度，主要取决于防汛要求与维修需要。国外堤顶宽度较窄，因为堤防着重平常维护，防汛时维修任务小，如美国密西西比河堤，堤高10m，堤顶宽只4m，我国堤防因防汛上堤人多，且又堆放防汛器材和干土料，一般堤顶较宽，如黄河为10m，淮河北大堤为6~8m。荆江大堤堤顶为7.5m，险工段为10m。

（3）堤防边坡，在发生设计洪水时，堤的背水坡浸润线（土壤饱和的表面线）不能超过界趾,所以一般背水坡较迎水坡为缓,砂性土的边坡要比黏性土为缓。淮北大堤迎水坡边坡比为1∶3,背水坡第一道马道以下为1∶5。黄河大堤迎水坡一般为1∶3,背水坡为1∶4。

(4)堤防的御水能力,它与土质和施工质量有关,不能使用有腐殖质的土料和粉砂。堤防施工时,应当注意土料层夯实,保证质量。

根据堤防溃决时对雨岸危害程度的不同,亦可采用两种防洪标准。例如天津市郊独流减河的南堤,溃决时淹没农田,北堤溃决时则将淹天津市区和农田。因此,北堤的断面和高度均比南堤大。

二、分洪工程

堤防防御洪水的能力是有一定限度的,如果超过这个限度,为了确保堤防安全,可采取分洪或滞洪措施,这样可以缩小受灾范围,化大灾为小灾。

分洪工程是在河流的某一处或数处分泄一部分洪水,以削减通过河流的流量,减轻洪水对堤防的威胁。分泄的洪水可通过分洪道直接入海,如淮河的分洪道,海河水系中的独流减河,分洪工程包括蓄滞洪措施,即利用中下游湖泊、洼地蓄水,当大洪水时将洪水引进湖泊、洼地或邻近滞洪区。

在我国长江下游的冲积平原上,可利用河流两岸的湖泊、洼地作分洪区,并将分洪与垦殖密切地结合起来,这种分洪工程又称为蓄洪垦殖工程,平时垦殖,汛期蓄洪。天然湖泊是很好调节洪水的分洪区,如长江的洞庭湖、那阳湖。长久以来农民在湖滨筑堤围垦,虽然增加了耕地面积,但降低了调节洪水的能力,对防洪不利。蓄洪垦殖工程可以缓和这个矛盾。就是在蓄洪垦殖区的周围修建围堤,切断蓄洪区与河的自然联系。在一般洪水年度垦殖区不受影响,只是在大洪水年度垦殖区进洪。

除修建围堤外,还应在进洪口设置进洪闸,可用自由启闭的闸门,如荆江分洪闸,也可设置溢洪堰,当洪水位高出堰顶洪水自由滋流,如黄河石庄溢流堰,此外,还有紧急的时候临时扒口的方法。进洪建筑物只是夺超过设计水位或下游河段发生险象时才开闸进水。在蓄洪区的最低处还设有排水闸,当河水位下降后将所蓄洪水放回原河道使用频繁的垦殖区最好种植小麦,洪水来时小麦已收割。蓄洪虽然淹了垦殖区,但也使土地肥沃,能增加生产。蓄洪垦殖区因有围堤,缺乏地面水源灌溉,又无排水通路,所以应有独立的灌排系统。

第四节 水土保持

河道演变逐渐向恶化方面发展,主要原因是受流域内上游地区水土流失的影响。如黄河流域水土流失极为严重,平均每年泄入黄河的泥沙12～15亿吨,其中下游河道淤积3～4

亿吨，可以说是举世无双。因此，治河必须治山，大搞水土保持，解决水土流失问题。这既可增加流域的蓄水保土能力，维持土地肥力；又可减少流入河中的泥沙量。

我国山地、丘陵和风沙区占全国土地面积的百分之七十。这些地区适于多种经营，在整个国民经济发展中占非常重要的地位。但其中有三分之一的地区水土流失严重，风沙侵袭频繁，表面沃土日减，农业发展迟缓。

早在建国初期，党和政府就高度重视水土保持工作。1952年国务院曾发出大力推行水土保持工作的指示，1957年国务院又发布了《中华人民共和国水土保持暂行纲要》，接着成立了国务院水土保持委员会，有关省（市）、自治区也相继建立和健全了水土保持专业机构，设置了水土保持试验站和科研机构。水土保持工作由典型试验示范到逐步推广，由分散的单一措施到以小流域为单元的综合治理，由黄河中游的丘陵沟壑到其他江河的山麓源头，都普遍地开展了水土保持工作，并取得了明显的效果。但是，由于过去错误思想，使本来已见成效的水土保持工作受到很大挫折，致使水土流失日趋恶化，严重影响农业生产的发展，河道、水库的淤积仍然严重，自然环境继续恶化。长此以往，水土资源和生态系统将更遭受严重破坏，遗患无穷。

水土保持工作必须全面、大力展开，北方要搞，南方也要搞，黄河流域要重视，其他流域也要重视。

水土保持工作是维持生态平衡，涵养水土资源，所以主要措施是生物、农业和水利工程的密切配合，也要因地制宜统一规划。

一、生物措施

研究在不同气象、地质和土壤条件下，适于生长的乔木、灌木和草类，大力培养植被，禁止乱伐乱垦，在必要的地区封山育林，指定放牧地点。对树、草的选择原则是：①根系发达，生长快，萌蘖性强；②适应当地气候条件，能耐干旱、耐瘠薄，抗病抗虫害力强；③冠幅好，枯枝落叶多，能改良土壤，为林农业提供肥料，④经济效果好，收益大，种苗来源容易，也易培养。

二、农业措施

包括范围广泛，现仅介绍修建梯田和引洪淤滩。

1. 修建梯田

为了保持水土，增加产量，在适应自然规律和当地经济条件下进行梯田的规划。根据陕北的经验，梯田最好设在塌弯地、山腰地以上的缓坡地，而不宜修在高山龙梁上，也不能一架山、一架山全部修完。这是因为梯田所在的位置低，距村近，经营管理方便也便于引水灌田，发挥高产、稳产的作用。梯田宽度应适应机耕的工作条件，一般控制在110~20m之间，窄不过8m，宽不过30m为宜，长度根据地形条件而定。如有石料，最好用石料砌护，否则应在土埂上种植乌柳、荆条、紫植槐等灌木或草类。在修建梯田时，应当将表层沃土堆在旁边，然后再返回，铺在水平的表层。

2. 引洪淤滩

这是综合利用土、水、肥的一项农业措施。例如晋西三川河流域沿河生产大队利用洪水淤漫了农田、荒滩、盐碱地、沼泽地，扩大了耕地面积，改良了土壤，建立了稳产高产田。淤地由1971年的8400亩发展到1980年的3万余亩，初步估算引出泥沙1650万吨。广大群众经过长期的实践，逐步掌握了引洪淤滩的技术，积累了经验。在不影响作物生长的情况，每亩一次可拦洪水220m³，其中拦泥70m³左右。

这种方法不仅扩大了高产田，也削减了洪峰和降低了泥沙。在能控制洪水的条件下，从小流域可逐渐扩大到较大流域的淤滩。

三、水利措施

1. 鱼鳞坑

在坡面较陡或支离破碎的地方，可挖一系列的鱼鳞坑，形成半圆形土埂，埂高为0.2~0.5m。为便于引水入坑，亦可在坑上方左右角各斜开一道小沟，称倒八字形鱼鳞坑。坑内可种树木或农作物。

2. 水平沟与蓄水坑

在坡度较缓（15°~25°）的山坡上，常沿等高线开挖小沟，称水平沟。沟底宽约0.3~0.4m不等，沟外坡用开挖出来的土培筑而成，沟内种植树木。坡度较陡时，结合水平沟还开挖蓄水坑。蓄水坑与沟相连，坑距约为1m。

3. 谷坊工程

坡地的山沟如任其发展是破坏坡地的根源。在沟内修建一级一级的小坝，称为谷坊，其高度一般为1~3m，亦有高达10m的，依建筑材料而定。谷坊横截沟身，清水出沟，泥沙淤积于谷坊内。各级谷坊逐渐形成台地。在台地上最好植柳或有经济效益的灌木。如台地趋于稳定，亦可种农作物。

保护一个区域的谷坊数目非常庞大，必须就地取材。在可以取得石料的地区，可修浆砌石或干砌石的石谷坊；亦可用土或土石做成的土谷坊或土石谷坊。在易使柳树成活的地区，亦可在适应修谷坊地点打数排柳桩。成活后能起缓流留淤的作用。这称为柳谷坊。

4. 修建山塘

山塘亦称山谷拦沙小型水库，在有条件地点修建一些拦沙水库，既可拦洪淤地，亦可蓄水作为山区生活用水和灌溉用水。但是既然称为水库，就必须有拦河坝、引水口和溢洪道等工程，亦须保证拦河坝的安全，而且万一失事，下游不致遭受重大灾害。

总之，水土保持工作是在统一规划、统一领导下的群众性工作。首先大力宣传，在先进典型工作带动下,群众得到水土保持工作的利益后,才可进一步开展工作。在山区开展水土保持工作,首先应解决山区人民的切身利益,如山区吃粮、烧柴、发展山区经济等问题。不能单纯号召山区粮食自足,要发展"靠山吃山"的山区经济,如发展水果、药材的生产、提供木材和木炭(应有指定区域)等。山区人民除发展山区经济外、、还应有护林、造林和开展水土保持的义务,粮食不足应由平原地区供给。

根据国内外的经验,水土保持应当以小流域为单元开展工作。因为小流域的气象、地理、土壤、地质、生态等条件类似,便于规划、便于管理。小流域面积,目前在三十平方公里以下为宜,最多不超过五十平方公里。在小流域治理取得成绩和经验后,则全面推广,从而使一个河流整个流域得到治理。

第三章　闸坝工程

我国平原地区,地势辽阔平坦,人口密集,工农业发达。因此,对防洪、排涝、挡潮、航运、灌溉以及城市给水等要求都非常迫切。平原地区的闸坝工程,塞水位较低,所引起的淹没损失很小,是适应平原地区各方面用水要求的水利枢纽。这种枢纽的组成,因任务不同而异,可以包括各种类型的水闸、滋流重力坝、电站、船闸和鱼道等。

第一节　水　闸

水闸是既能挡水又能泄水的塞水建筑物,滋流坎很低,闸门是主要的挡水部分。水闸根据泄水能力,分为大、中、小型水闸。量超过1000立方米/秒的为大型,$100 \sim 1000 m^3/$秒的为中型,$10 \sim 100 m^3$秒的为小型。

一、水闸分类

按用途水闸可分为:

1. 节制闸

用来截断原河道,抬高上游水位,能起到一定的调节流量的作用。在节制闸上游可开挖引水屈,引水灌溉或向城市给水。

上游水位抬高以后,也有利于航运。当上下游船只欲通过节制闸时,还须修建船闸。对于塞水位高而调节流量大的节制闸,还可利用落差发电。湖北省长江葛洲坝水利枢纽工程,在二江上设置27孔泄水闸,实质上相当节制闸的作用,壅高水位,进行发电,洪水时泄洪,最大泄量为$83900m^3/$秒。这是我国目前最大的节制闸。该闸施工设计洪水流量(1954年实际洪水)66800秒立方米,施工校核洪水流量(1890年实际洪水)$71100m^3$每秒。由于1981年7月16日长江上游出现新中国成立以来最大洪峰,7月19日0时至4时葛洲坝的过闸流量为72000秒m^3(27孔泄水闸和三江6孔冲砂闸全部开启),大于施工校核洪水流量,也大于1931年长江大水时宜昌站洪峰63600立方米每秒。葛洲坝水利枢纽第一期工程经受了略大于施工校核洪水的考验,上、下游围堰、二江泄水闸、电厂、三江船闸、航道和冲沙闸全部安然无恙。

2. 进水闸

修建在引水渠的渠首,控制引水流量。一般渠道渠首都设有这种建筑物。

3. 分洪闸

修建在河道的一侧,洪水时开闸将部分洪水泄入低洼分洪区或泄入其他河道。黄河东平湖水库有五座分洪闸。

4. 防潮闸

修建在河流入海的河口地段,以防止海水倒灌。一般防潮闸在涨潮时关闸阻挡海水,退潮时开闸放水,以维持原河道的排水能力。天津市区海河口的防潮闸,建闸后海水不能进入上游,使咸淡水分开,有利于引取海河淡水为天津市给水。但由于防潮闸不经常放水,使闸的上下游发生淤积,并影响鱼类洄游。

5. 排水闸

修建在排水渠道的末端,将控制地区多余水量排入江河内,以防内涝。当江河水位较高时,关闭闸门防止江河水倒灌,水位低时再开闸排涝。滞洪区亦须利用排水闸退水,东平湖水库有 2 座泄水闸。

6. 排砂闸(冲砂闸)

为防止渠首进水闸闸外的淤积,一般在节制闸或溢流坝与进水闸的中间设置排砂闸。为防止船闸闸外发生淤积,亦设有排砂闸。如葛洲坝水利枢纽的大江和三江皆有排砂闸。

二、水闸的型式和组成

1. 水闸的型式

在水工方面常把水闸型式分为开敞式和涵洞式两种。

(1)开敞式水闸闸室是露天的。这类水闸应用最广,常用在大量引水、泄水和排出冰块及漂浮物等。

(2)管式水闸在闸室后面有洞身段,洞顶有填土覆盖,以利洞身的稳定。同时,填土顶部可以代替交通桥。这类水闸常修建在挖方较深的渠道中和填土较高的河堤下面。

2. 水闸组成及其作用

水闸系由闸室、上游和下游连接段三个部分组成。

(1)闸室水闸的主体部分,起着挡水和调节水流作用。闸室包括底板,闸墩(边墩)、闸门、工作桥和交通桥。工作桥上设置闸门启闭设备,以升降闸门。底板是闸室的基础,承受闸室全部荷载,并较均匀地传给地基,利用底板与地基之间的抗滑力来维持水闸的稳定。同时,底板还须具有防冲及防渗作用。闸墩主要是分隔闸孔,支承闸门、工作桥、启闭设备及交通桥。边孔靠岸一侧的闸墩,称为边墩,可以用岸墙代替边墩,也可将岸墙与边墩分开。边墩或岸墙除具有上述闸墩的作用外,还须具有挡土及侧向防渗作用(防止岸边渗水）。闸门是用来挡水和控制水流的。在其上游顶部可设或不设胸墙，根据工程需要确定。设置胸墙能减小闸门的高度。工作桥供闸门启闭机安装和工作人员操作使用。交通桥是为连接两岸交通而设置的。有的水闸还有机架桥，与工作桥分开，机架桥是安装启闭机使用的。

（2）上游连接段，包括上游翼墙、铺盖、护底、上游防冲槽、上游护坡及防渗板桩等。上游翼墙的作用是导引水流平顺地进入闸孔，保护闸前河岸不受冲刷，防止岸坡的渗透作用。铺盖起水平防渗作用，有时还在铺盖前缘河床打入板桩，作为垂直防渗。板桩有木制和钢制两种，防渗效果好。护底设在铺盖上游，能起到保护河床作用。上游防冲槽设在连接段与河床的交界处，防止河床冲刷。上游护坡保护河岸免受冲刷。

（3）下游连接段，包括下游翼墙、护坦、海漫、防冲槽和下游护坡等。下游翼墙的作用是使闸后水流均匀扩散，同时与上游翼墙一样，还具有防冲和防渗作用。护坦是消除过闸水流所具有的动能的主要设施，多为混凝土结构，并具有防冲作用。为了加强消能作用，有时在护坦下游设尾坎，将在下节进一步论述。一般在混凝土护坦上设有排水管，其下端有反滤层，以防止地基土颗粒被冲失，起到降低渗透压力作用。海漫是继续消除护坦上未消完的能量，是防冲第二道防线，一般多为干砌块石或抛石结构。防冲槽是设在海漫末端的防冲措施，是防止河床被冲刷的第三道防线。下游护坡的作用与上游护坡相同。

三、闸门和闸孔型式

1. 闸门类型

闸门是用钢、木及钢筋混凝土等材料制成。

闸门包括门板、门上滚轮及闸槽的导向轨道等。在闸槽须设止水设备，一般是用橡胶止水。橡胶发生老化，止水失效，还须更换。在结构上应有便于更换的设施，有的闸门忽略了这一点，以致造成更换的困难。

按用途分，闸门可分为：

（1）主要闸门启闭时，控制流量。

（2）修理闸门检修主要闸门时，用来挡水。

（3）事故闸门当主要闸门或其下游的建筑物发生事故时使用，以防止事故扩大。

一般修理闸门兼做事故闸门。

常用的开敞式闸门主要有平板闸门及弧形闸门。

按结构分，闸门可分为：

（1）平板闸门 这是使用最广泛的一种型式，如葛洲坝泄水闸上扉为 12×12m 的钢制平板闸门。按使用材料分：

1）钢闸门主要组成部分为：面板、析架或纵横梁、边柱及支承设备等。大型闸门用钢析架，小型闸门用钢梁。

2）木闸门用木板、木梁、铁件及竖螺丝杆联接而成。由于构造简单，易于取材，多用于小型工程上。

3）迭梁闸门，在预留的闸槽中，用木迭梁或钢筋混凝土迭梁，逐根下放形成挡水闸门。由于起闭不便，一般多用于修理闸门上。钢筋混凝土迭梁一般适用于跨度4～5m闸门上，木迭梁适用于跨度更小的闸门。

（2）弧形闸门，面板呈圆弧形，用彬架或梁来撑固，支于两个闸墩的支承脚架上，另外还有滚轴支座、止水设备及埋装设备等。一般弧形闸门用钢材制成，但水头及跨度都很小的，也可用木料制成。

水压力经面板、彬架（或梁）、支承脚架，传给闸墩。启闭闸门时，用拉链将整个闸门绕脚架末端的滚轴转动。

支承脚架的位置应当不阻碍水流，并避免漂浮物的冲击。

大跨度的弧形闸门用析架撑固，小跨度的可用梁撑固。

弧形闸门使用也很广泛，其优点是启门力比同等平板门为小，适用的跨度比平板门也大，因不需闸槽，可以减小闸墩的厚度，一其缺点是占空间位置较大，需要的闸墩较长，不能作为修理闸门。

涵管式闸门亦称深孔闸门。由于位于深水中，对止水要求较高，检修的条件也不如开敞式闸门便利，因而对设计和施工的要求都很严格。

常用的深孔闸门除平板门和弧形门外，尚有特殊任务使用的闸门，列举如下：

（1）蝴蝶闸门，在闸门的位置设置一钢圆盘，其中央设有直轴或水平轴，用一圆形凸透镜形状的钢板作为闸门，中央安装在上述轴上，围绕轴旋转启闭。这种闸门操作迅速，适用作为水电站的事故闸门。

（2）针形阀门，在一段圆形输水管内装一尾端呈锥形的活塞，移动活塞即可启闭闸门。这种阀门适用于高水龙头下调节流量，不会发生任何震动。但造价很贵，也不适合在泥沙多的水中的使用。

在我国小型水库涵管中，创造了很多造价低廉，施工简易的启闭设备，常用的有：

（1）卧管式闸门，在沿土坝迎水坡斜放的卧管上，设置很多放水孔，用木塞或平板盖住，作为闸门。用水时自上而下逐渐开放，水由卧管进入下部消力池，再经涵管到坝下游。

（2）拉门式闸门，在涵管进口斜坡上装置铁制或木创圈盘式转动闸门。闸门上设置杠杆，并以绞绳连接，通过安置在坝顶的启闭机械拉动纹绳，以操纵闸门开关。一般适用于10m以内水头上。这种闸门缺点是铁质设备容易锈蚀，造成启闭困难。检修也不方便，流量很难控制。

（3）自来水龙头阀门。当水头在10m以内，涵管直径很小时，可在涵管出口处安置铁质自来水龙头，用以控制流量。启闭和管理均较方便。涵管因承受内水压力，宜用铸铁管或钢筋混凝土管。

四、水闸的工作特点

水闸的工作特点主要包括三方面：稳定、防渗及消能防冲。

1. 稳定分析

闸的稳定是依靠底板与地基之间的抗滑力来维持的。可按几种情况来分析：

（1）设计情况，上游是设计（正常）蓄水位，下游是最低水位。

（2）校核情况，上游是校核洪水位，下游是最低水位，水闸刚建成，尚未运用，因无扬压力，地基承受的垂直压应力最大；在水闸检修时期，闸底的浮托力最大。

（3）特殊情况，考虑闸下游连接段的排水孔失效，增大了渗透压力或考虑地震的荷载。

在上述任何情况下，闸底板的抗滑力必须大于作用于水闸的滑动力。在上述三种情况的安全系数可以不同，但都要大于一，才能符合规范的规定。

对防潮闸或排水闸的稳定分析，尚应考虑闸上、下游不同的水位组合，以对水闸最不利情况作为控制稳定分析的依据。

2. 渗透分析

地基的渗流和土坝一样，应符合达西定律，在上、下游水位固定的情况下，为降低水闸的渗透量和渗透压力，只有增加渗透途径的长度。因而水闸的防渗措施基本上与挡水建筑物类似，即①增加上游连接母的铺盖长度；②在必要时在上游或闸室下增设板桩。这可使渗透水流沿着加长的摘盖或板桩两侧流动，增加了渗径，降低了渗透流速，从而减小渗透总量和渗透压力。在透水地基上修水闸，完全杜绝渗水是不可能的，只要渗透水量在允许范围之内，而渗透压力又不致影响水闸稳定，就认为符合要求。

3. 消能防冲

水闸过水时，水流具有相当的动能。因此，必须采取措施，进行消能。水流经过消能以后还有一定的余能，对下游河床仍产生不同程度的冲刷。对影响建筑物安全的冲刷，必须采取措施，加以防止。但有的冲刷并不引起危害作用，如冲刷坑已经稳定，不再扩大，不影响建筑物的安全，一般可以不处理。

闸后水流的形态对下游河床冲刷的影响是很大的。平原地区河床或渠道往往宽而浅，河宽常大于闸宽。这样使过闸水流不易均匀扩散，在主流部分还保持较大的流速，因受地形和地质影响，主流方向还经常左右摆动，称为折冲水流，直接冲刷河岸及河床。促成折冲水流的原因很多，诸如：下游翼墙扩散角太大，水流不能很快地扩散，主流脱离两侧靖面，以至造成两侧回流，回流挤压主流，使主流更为集中，工程布置不当，使阔前来水不平顺；消能设施效果不好，闸门开启不对称或单孔开闸等。

由于消能防冲未处理好，以至水闸失事，在国内外都不乏其例。例如印度萨尔达水闸，由于消能布置错误和下游河床下降，使水跃发生在护坦之后，海漫遭受严重冲刷，在一次洪水中，闸墩和岸边翼墙崩塌。

为了保证水闸的正常运用，防止河床冲刷，必须作好消能防冲设施。一般采用两种办法：①尽可能消除水流动能，消除波状水跃（水面成波浪式起伏状态），并促使水流横向扩散，防止发生折冲水流；②保护河床及河岸，防止剩余动能引起的冲刷。这就是说前者是消能，后者是防冲。消能是主要的，防冲是次要的。

消能方式一般有底流式、面流式和挑流式。在水闸工程中，普遍采用底流式消能，即水流沿护坦下泄发生水跃，再利用海漫消除余能。

（1）护坦紧接闸室，其作用是促使出闸的水流在护坦范围内产生水跃，利用水跃的作用进行消能，从而保护河床免受冲刷。消能方式采取下列型式：

1）下降式消力池 护坦下降，根据上下游水位、过闸流量和地形、地质等条件，假定池底高程，然后进行水跃计算，求出跃前水深和跃后水深，最后确定池深、池长和池底高程。

2）消力槛式和综合式消力池 为减少开挖土方和防止冬季冰冻，需要放空池中积水，可在护坦末端修建一道消力槛，称为消力槛式消力池（图3-9）。消力槛抬高池内水位，如消力槛不能产生二级水跃（完全水跃），还需在下游设第二道消力槛。

下降式消力池地基开挖太深，消力槛式的槛身又太高。为避免这些缺点，可采用两者结合的综合式消力池。这是一种较好的型式，在闸门开启度小时，消能效果亦较好。

3）辅助消能工 为提高护坦消能效果，可在护坦上设辅助消能工，如消力墩、消力齿、尾坎。辅助消能工对水流具有反击作用，能稳定水跃，减小跃后水深，从而减少消力池开挖深度和缩短长度。消力墩在平面上能起分散水流作用，增加消能效果。尾坎是很低的消力槛，能调整水流在铅直断面上的流速分布。

消力墩多布置在消力池前半段，设置2~3排，交错排列。消力墩的作用把水流分成许多小股，充满水漩，流态紊乱，相互碰撞而消能，同时对水流有反击作用，也可消除部分能量。

4）护坦构造，水闸过水时，消力池内水流非常紊乱。护坦不仅受自重、扬压力、脉动压力的作用，而且还有水流的冲击力。一旦被破坏，将影响水闸的安全。设计和施工都应慎重对待。一般护坦都是俐筋混凝土结构。

（2）海漫与防冲措 一般说来，过闸水流经过护坦发生的水跃消能，大约消除40%~70%的能量。剩余的功能，仍能冲刷河床。所以在护坦后面仍须采取防冲措施，这种措施称为海漫，在海役末端设有防冲槽。

海漫长度取决于水流剩余动能、消力池末端的单宽流量、上下游水位差、河床上土质抗冲能力、海漫的粗糙程度以及海漫上扩散情况等因素。一般海漫长度应为上下游水位差的6~10倍。

海漫的构造：表面应粗糙，以利消除水流余能，应当透水，以使渗透水顺利排出，应有一定柔性，以适应地基变形。所以海漫一般用干砌块石或卵石，下有沙砾垫层，也可用浆砌块石，它抗冲能力强，但柔性差，多用于海漫前端。

另外，海漫也有用混凝土板（设有排水孔）、石笼、梢枕及抛石等材料建成。

在海漫末端设有防冲槽。槽中为抛石或干砌石,其作用当槽下河床受冲璐时,槽中石块自动坍塌在冲刷坑上游坡面,以防冲刷坑向上游发展,危及海漫。

第三节　橡胶坝和浮体闸

修建水闸或奎水坝的土建工程量较大,而水闸又需要有繁重的金属安装工作。为减少这些工作量,现在国内试用橡胶坝和浮体闸,虽然都存在一些缺点,但在逐步改进中。

一、橡胶坝

1. 国外橡胶坝发展简述

橡胶坝是近二十余年来随着高分子合成材料工业的发展,而出现的一种新型水工结构。橡胶坝作为薄壳柔体水工结构,自成一类。在实用中显示出许多优点,受到许多国家的重视,得到了发展。在水利、水电及航运建设中不断扩大其适用范围,其缺点逐渐得到克服。

到目前为止,许多国家和地区,采用了这种新型水工建筑,并作过一些科学试验和理论研究。美国还向国外出售橡胶坝,如巴基斯坦、香港和我国台湾的橡胶坝,都是美国制造的。

在国外,已建成的橡胶坝工程中,绝大部分是用于低水头的闸、坝工程,坝高一般为 1~7m,坝长多为 10~150m。最大的橡胶坝,建在意大利威尼斯,最大坝高 15m,坝全长 900 余 m。

在国外橡胶坝名称并不统一,如尼龙坝、纤维坝、塑料闸门(在帆布上涂复塑料膜,不用橡胶)、可伸缩坝、软壳水工结构等。我国习惯叫橡胶坝,也有叫尼龙坝或橡皮坝的。

国外橡胶坝应用范围较广,包括下列方面:

1)灌溉渠系上的进水闸、分水闸、节制闸及奎水坝等;

2)低水头溢流坝;

3)水库滋洪道上闸门,或活动滋流堰(临时增加库容及发电水头);

4)防浪堤及防潮闸;

5)船闸闸门;

6)晒盐场挡水堤;

7)城市排水及污水处理的闸门;

8)施工围堰;

9)渡槽;

10)消能堰;

11)渠道及池缘的防诊体;

12）挡水墙；

13）木材流放坝等。

国外橡胶坝主要结构型式为袋式、帆式和棍合结构里式三种。

2. 橡胶坝的优点

根据我国的工程实践，与其他闸坝相比较，橡胶坝有以下优点：

（1）节省三材（钢、木、水泥）橡胶坝所用的土建工程，只是坝的基础部分，因此必然减少三材的使用量；有人统计与同样奎水高的其他闸坝相比较，可少用钢材30%～75%、木材约60%、水泥20%～80%。

（2）造价低在国外橡胶坝的工程造价低廉，与同规模的钢结构闸门的造价相比较，在最优条件下只占1：10至1：20。当前我国还达不到这样的水平，但与同规模闸坝相比较也可减少投资20%～60%。这是因为我国合成材料（合成橡胶与合成纤维）工业比较落后，成本高。

（3）跨度不受限制，因无闸墩亦不阻水，橡胶坝的一个特点是坝袋的强度仅与坝高（壅水高度）有关，与坝袋长度（或跨度）无关，所以跨度可以增长。国内建成的跨度一般为30～50m左右。一般认为，其经济跨度为100～150m，中间不需设置闸墩。坝袋泄空后，仅是一薄层胶布平贴在闸底板和边墙上。河床和未建闸一样，所以没有阻水问题。

（4）不漏水、止水效果好，常用的平板、弧形闸门等，防止漏水是较难解决的问题。橡胶坝坝体是用不透水的胶布制成，坝袋周边密封锚固在底板和边墙上，不用止水设备，即可做到密封不漏水。

（5）抗震性能好由于坝体为薄壳结构，富有弹性，又没有很高的启闭机架和工作桥等，所以抗震性能好。

（6）结构简单、安装速度快、工期短坝体为胶布结构，轻而简单，一个30～50m长的坝袋的重量仅10～20吨，运输方便。锚固结构和锚固施工工艺十分简单，像上述的垠体7～10天即可安装完毕，很快可以投入使用。

（7）操作灵活、简便利用水泵或空压机，作为充胀和排空的启闭设备，比其他闸坝易于操作。

3. 橡胶坝的缺点

（1）坚固性较差，坝袋是较薄的胶布制品，与其他钢、混凝土等相比较，其坚固性显然较差，尤其容易被刺伤和磨损。如出现裂口，不及时修补，容易迅速扩大，以致坝袋失效，多泥沙的河道，溢洪时坝袋亦容易磨损。所以在运输、安装和运行中，要求精心施工，更应经常检修。

（2）老化问题，坝袋除上述易受机械磨损外，老化问题限制了橡胶坝的使用年限，合成橡胶和合成纤维都是高分子聚合物。老化不可避免，但如养护及时，使用正常，一般认为寿命可达20年，失效后，应更换坝袋。老化问题不应是采用橡胶坝的决定因素，而只是计算经济合理性的一项因素。

（3）检修较困难，橡胶坝的跨度大，是一个突出优点，但是给检修带来了困难，因为一般修理闸门的跨度都很小，使用与检修橡胶坝的设施和工艺还须继续研究。

4. 橡胶坝适用范围和发展

综上所述，橡胶坝有一定的适用范围，主要适用于水流平稳、含沙量小的中下游河道或人工渠道上。根据目前条件，壅水水头在5m以下较为适合。橡胶坝的闸底、上游连接段和下游连接段基本上和水闸相似，应参照水闸修建。橡胶坝随着科研的发展和经验的积累，其适用范围和作用将不断扩大。我国已在活动围堰、防浪、防淤等方面，有了初步成功的经验。这将有利于水工建筑某些方面的改进。橡胶坝施工围堰的采用，可促使整个枢纽工程的加速。海岸的防浪和促淤工程，利用橡胶坝，可简化海岸工程。

关于橡胶坝的推广和发展，还应进行下列工作。

1）要有橡胶坝坝袋的生产基地，实行定厂、定型和成批生产，以降低坝袋成本和提高其质量。

2）加强已建橡胶坝的管理工作。

3）加强科研工作，研究5m以上橡胶坝的合理结构、装配式坝袋结构和无皱褶结构等，要进一步研究橡胶坝结构设计理论，在使用范围方面应多进行一些现场试验工作。

二、浮体闸

浮体闸是利用充排水系统控制闸门的升降，用来调节水位和流量一种新型闸门。在国外采用较久，我国首先在河南省采用，到1979年为止已建成11座，其中浮筒式5座，折迭式6座。江苏省在铜山县建了一座浮体闸，由于铰链联动不灵而失效，以后未再修建。1972年在河北省冀县冀马干渠，首建浮筒式浮体闸，闸宽12m，壅水高2.5m，运行三年后，1976年汛期洪水来时，闸门开关失灵，不能下降而炸毁。这都说明浮体闸在结构方面需进一步研究改进。

浮体闸和橡胶坝类似，具有投资少、节约三材、便于操作和管理等优点；但也存在着检修困难、多孔闸不能同步升降和易于淤积等问题，所以只适用于含沙量小的河流渠道和中小型水库的溢洪道上。由于受适用范围的限制和存在问题，浮体闸未能大量推广，在我国还处于试用阶段。

浮体闸的类型有折迭式和浮筒式两种：

1. 折迭式浮体闸

利用对闸腔的充排水升降闸板。升门蓄水操作程序是：①关闭下游排水廊道闸门；②开启上游进水廊道闸门；③向闸腔充水；④使闸门升至指定位置。降落闸门行洪或排水的程序是：①关闭上游进水廊道闸门；②开启下游排水廊道闸门；③抽出闸腔内水；④闸门降落至指定位置。

2. 浮筒式浮体闸

利用充排水升降断面为扇形的浮筒。升门蓄水操作程序：①抽出浮筒腔内的水；②关闭下游排水廊道闸门；③开启上游进水廊道闸门；④向闸室内充水；⑤闸门升至指定位置。降落闸门行洪排水的程序是：①关闭上游进水廊道闸门；②开启下游排水廊道闸门；③向浮筒腔内充水；④排出闸室内水；⑤闸门降落至指定地点。

浮体闸的起闭和橡胶坝类似，不用启闭设备，只用水泵升降闸门，结构简单以及取消了闸墩等。根据河北省调查，浮筒式浮体闸一般起闭比较灵活，比较适用于平原中小型河渠蓄水。

对浮体闸的检修，除河渠断流外，不易进行，所以应加强管理，以避免操作失灵。

此外，有的地区还使用了活动闸门，结构简单，但存在问题也不少，有待改进后，才能推广。

第三节 船 闸

平原河流修建闸坝工程所造成的上下游水位差不大，如有通航要求，采用船用即可达。

我国是世界上修建船闸最早的国家，据宋史记载江苏省邢沟船闸，建于雍熙初年（雍熙元年是公元984年）。欧洲第一个闸箱式船闸建于1494年。在南北大运河和其他河流上的旧式船闸为单闸式，和插板闸门相似，在有船下行的时候，将闸门开放，船即乘浪而下，在有船上行的时候，将闸门开放，用人力拉牵前进，船过后将附自关闭。现代的般用为双闸式，组成闸室。

船闸的组成部分未：1）闸室，过闸时船只位于其中；2）上、下游闸首，位于闸室的两端，在闸首中设有闸门，两端闸门关闭时，闸室和上下游隔开，船只在其中。当开启一个闸门时，闸室即与上游或下游连通；3）输水设备是借助孔口或廊道，以阀门控制向闸室供水或由闸室泄水；4）船闸上下游设有引航道，导引船只出入船闸。

船只从上游到下游过闸的程序如下：当船只停泊在船闸上游等待过闸时，这时闸室内水位与下游齐平，先关闭下游闸门和关闭连通下游的输水涵洞阀门，再将连通闸室和上游的输水涵洞阀门开启，让闸室充水，当闸室水位上升到与上游水位齐平时，再开启上游闸门，船只可驶进闸室。然后将上游闸门和上游输水涵洞阀门关闭，并开启连接闸室和下游的输水洞的阀门，将水从闸室排往下游，闸室中的船只随着闸室水位而下降。当闸室水位降到与下游水位齐平时，将下游闸门开启，使船只出闸室游往下游。当船只由下游往上游时，过闸程序与此相反。

一、船闸类型

1. 按闸室分

（1）单室船闸，适用于低水头船闸，一般水头为 12～15m 或更小。

（2）多室船闸，适用于水头高的水利枢纽或特殊运河。

2. 按船闸的线路布置可分

（1）单线式，用于航运不频繁的枢纽。

（2）复线式，两个或更多船闸并列，用于航运频繁的水利枢纽。

船闸的规模根据过闸船只尺寸和航运要求而定。

3. 按闸门形式分

（1）人字形两扇闸门左右启闭，关闭时两门相接。这类形式启闭方便，使用较广。我国一些闸门大多采用这种形式。

（2）推拉式在闸旁有深槽，可以藏门，关闭时将门从槽中拉出；开闸时将门推入槽里。这种型式需要有灵活可靠操作设施。

（3）升降式船闸闸门用启闭机升降，和一般闸门一样，需要有工作桥设施。

（4）片式橡胶闸门这是一种新型闸门，湖北省洪湖县内荆河上船闸的闸门采用片式橡胶结构。建成后胶布局部发生破裂，结构有待改进。

二、葛洲坝水利枢纽船闸

葛洲坝水利枢纽位于长江出三峡向平原河流过渡的河段上。枢纽工程主体建筑物包括：通航船闸、电站厂房和泄洪建筑物三大主要部分，因长江航运频繁，特设三道船闸线。三江3号船闸，为中型船闸，主要通过地方船队及客货轮，右侧为2号大型船闸，主要通过大型船队。两座船闸中间设置六孔冲沙闸，并在上游有防淤堤，1号船闸在右岸大江上，亦是主要通过大型船队，闸室规格与2号船闸相同，正待修建，附近亦设有冲刷闸（1983年）。

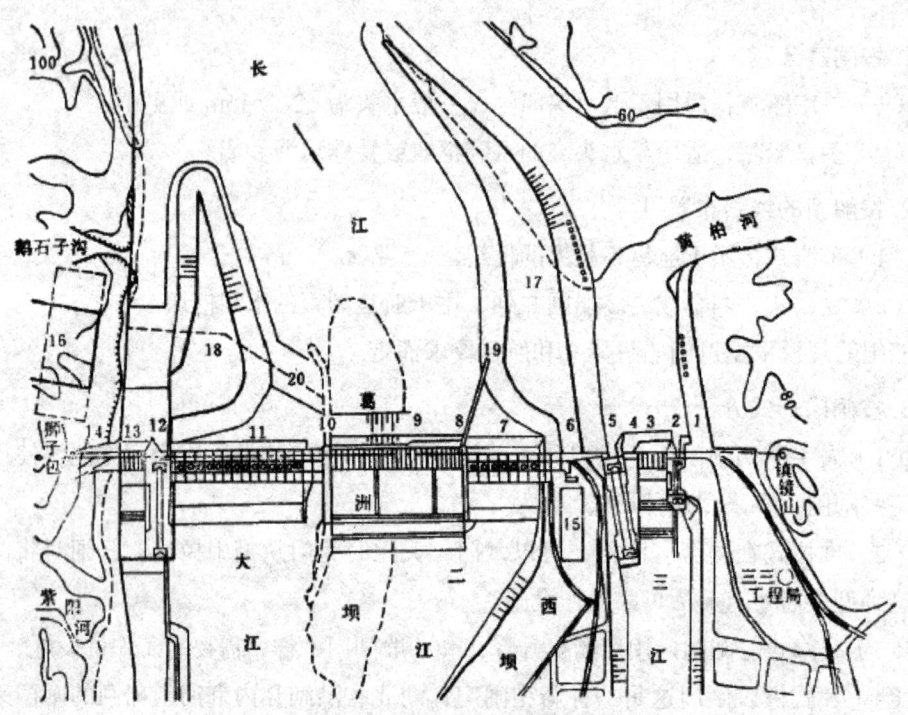

图 3-3-1 葛洲坝水利枢纽布置图

1—左岸土石坝；2—3 号船闸；3—三江冲沙闸；4—三江混凝土坝段；5—2 号船闸；6—黄草坝混凝土坝段；7—二江电站；8—左导墙；9—二江泄水闸；10—右导墙；11—大江电站；12—1 号船闸；13—大江冲沙闸；14—右岸土石坝；15—22 万伏开关站；16—50 万伏开关站；17—三江防淤堤；18—大江防淤堤；19、20—导沙坝

第四节 救鱼措施

洄游是长期以来鱼类对外界环境条件变化的适应结果，也是鱼类内部生理变化发展到一定程度的一种必然反应。鱼类为了自身的生存，需要寻找适宜的外界环境条件和特定的产卵场所，摄食和繁衍后代。为此，就必然要作周期性有规律的移动，甚至有时要远游几千公里。根据鱼类洄游的性质、距离和移栖水体的特点，通常把这些鱼类分为洄游鱼类和半洄游鱼类。

洄游鱼类的洞游是这一鱼类的一种基本属性，如这种洄游不能完成或中途受到阻碍，则鱼类的生命周期将遭到破坏而影响群体的增殖。根据洞游特性又分为海洋洄游鱼类和过河口性洄游鱼类。

许多海洋鱼类生活和繁殖都在海中，由于海域的辽阔、海深变化很大以及不同的自然条件等，它们为了寻找比较集中的食物和适宜的产卵、越冬场地，经常在进行远距离的迁移，成为典型的洄游鱼类，如我国的小黄鱼、大黄鱼、带鱼以及对虾等。

鱼类过河口性的洄游，是指鱼类由海洋进入江河的溯河洄游，或由淡水进入海洋的降河洄游。鱼类过河口性的洄游主要是产卵洄游。生活在海洋，性成熟后，溯河到出生地产卵的鱼类，蛙科和少数鲱科是这种鱼类的典型代表。大西洋鲑是一种有名溯河洄游鱼类。黑龙江的大麻哈鱼也属这一类鱼，它们的幼鱼从卵中孵出之后，在河中生活了几个月，即沿河顺流入海肥育，千里返回出生地的黑龙江、在海洋中生活了 3~5 年，达到性成熟时，又游经江河，不远乌苏里江、松花江下游支流产卵繁殖，直到最后死亡。

分散栖息在我国黄海、东海和南海的鲥鱼（鲱科），也是著名的溯河洄游鱼类。它们大部分时间在海洋里生活，3~5 龄期达到性成熟后，在生殖季节即溯河到长江、珠江、钱塘江产卵，随后返回海洋肥育。它的幼鱼在江河生长一个时期后，于当年秋冬之际顺流入海。与溯河洄游鱼类相反，鳗鲡在淡水中成长，入海繁殖，幼鳗又回到淡水中生活，是一种典型的降河产卵洄游的鱼类。

半洄游鱼类是指淡水中的一些鲤科鱼类，从一种类型的水体到另一种类型水体洄游，或栖息于浅海区或咸淡水区的鱼类进入江河洄游。如我国长江的青、草、鲢、鳙四大家鱼，平时多在长江各附属湖泊中生长，但不能产卵，每到繁殖季节，性成熟的亲鱼就集群逆水上溯，到长江干流各特定的产卵场（包括上游和中游）产卵，产后又陆续回到饵料丰富的湖泊中摄食。这些鱼类的幼鱼，当它们具备自由游泳的能力后，也成群结队逆水进入河湾、支流或湖泊中摄取食物。这种洄游都仅限于江湖之间。

长江出产的中华鲟，体重多在二三百斤以上，一般平时生活在我国东海岸和长江三角洲一带，生殖季节成熟亲鱼上溯长江上游和金沙江作产卵洄游。产卵后，亲鱼及幼鲟又都顺流而下，作降河摄食洄游，回到河口区。中华鲟是河口干流半洄游鱼类的代表。另外，鲚属鱼类也是这种半洄游的种类。

在河道中修建水利枢纽，无疑会给鱼类生活环境的条件带来巨大变化，使鱼类的数量减少，甚至使某些鱼类的种群数量急骤下降。这主要表现以下几方面：

1）修筑拦河闸坝，坝上形成水库，库区部分产卵场遭到破坏。

2）切断了鱼类产卵的洄游路线，使一些洄游鱼类和半洄游鱼类不能上溯到产卵场繁殖。

3）幼鱼摄食的洄游条件恶化。

4）由于水库调节作用，缩小了下游地区鱼类的繁殖面积，使得一些习于沼泽地区的鱼类，如鲤鱼、鲫鱼等的繁殖受到影响。

5）改变了河流的水文条件，如洪水期的变动，水温、流速、流态、含盐量等的变化，使坝下游适合某些鱼类产卵的河段和在河口附近海湾中生活的鱼类的环境条件受到影响。

到目前为止，已建成水库水面约 3500 多万亩，约占淡水养殖水面的 4a，重视和发展水库渔业是当务之急。有的水库还进行人工培养珍珠，以充分利用水库水面，如浙江省临安县青山水库等。

救护到上游产卵的洄游性鱼类，国外有较丰富的经验和教训，值得我国借鉴，他们采取的救护措施主要有三类：①修建过鱼设施，②建筑人工模拟产卵场；③进行人工繁殖放养。简述如下：

一、过鱼设施

主要包括鱼道、集运鱼船、鱼闸和升鱼机等。

1. 鱼道

这是水利枢纽（坝和闸）中维持鱼类洄游的一种过鱼通道，是保护天然渔业资源的一种措施，用以减轻因修建水利工程切断鱼类的洄游路线而造成对渔业的不利影响。

近代的鱼道是一条长的斜坡式或阶梯式的水槽。为了降低槽中的流速，以使鱼类能克服逆流而上，在槽中可设置一系列消能板或设有过鱼孔（堰、孔口或竖缝）的隔板。闸坝上游的水流经消能隔板消能后，保持鱼类能克服的流速，鱼类得以通过而上行。

在国外，鱼道的原始形式建于17世纪。20世纪初期，随着水利建设的发展，渔业生产的矛盾日益突出，对鱼道的建设和研究逐渐重视。1958年美国建造的帕尔倾坝的鱼道，上升高度达57m，长5公里，宽3.05m，是目前世界上水头最高、最长的鱼道。

鱼道的管理良好与否，也是影响过鱼效果的因素。应制定鱼道的管理制度，如在鱼道进出口附近应不准停船捕鱼，上下游引河不允许有危害鱼类的浦捞设施，鱼道应及时清除淤泥和堵塞物，等等。我国鱼道虽然刚在兴起，但也不得不指出，有的鱼道无专人管理，没有制定必要的制度，加之设备存在问题，影响鱼道效益的发挥，有的鱼道闸门经常关闭，或不全部开启；有的鱼道进出口停泊船只或排泄污水；有的鱼道在上下游引河内设拦河大曹捕鱼，有的鱼道被淤泥和杂物堵塞，致使水位提高，流速加大，鱼类无法上行。

因此鱼道不仅设计、施工应认真，管理更应注意。

1. 集运鱼船

近年来，有些国家采用集运鱼船过鱼。这对诱集鱼群过坝效果较好，也可运用幼鱼下坝，成本比升鱼机低。峡谷中高水头枢纽布置永久性过鱼建筑物困难较多，造价也高。集运鱼船可以避免这些缺点，同时对于已建的枢纽须补设过鱼设施也比较适用。

集运鱼船一般由集鱼舱和运鱼舱两部分组成的一个"浮式鱼道"，诱鱼进入集鱼舱后进行统计、拍摄、选鱼、防止鱼病措施等工作，再使鱼转入运鱼舱，并与集鱼舱脱钩（两舱原连挂一起），最后借助通航建筑物或其他运输设施将运鱼舱运行过坝，使鱼在库内养殖。

采用这种方式过鱼的优点，可以适应水电站的运行情况，避免了与施工上的干扰和布置鱼道的困难，运行时也不消耗水量。目前国外采用这种方式过鱼日渐增多。

2. 鱼闸

现国外亦有采用鱼闸的，其工作原理大致类似船闸，导引鱼类进入鱼闸，再转向上游河道。

3. 升鱼机

亦称举鱼机，其运行原理和升船机相似，有铅直提升的，也有倾斜提升的，有的在充水箱室内提升，也有的用网装提升。

二、建筑人工模拟产卵场

在坝下附近的支流或人工开挖的渠道内，布置产卵所要求的环境，让鱼自行进入产卵，从而繁殖。

三、进行人工繁殖放流

设立人工繁殖场，收集和蓄养亲鱼，注射激素催情，孵化幼鱼，投饵培养幼鱼，将一定规格的幼鱼放入坝下河流，让它到海里生长（河口性洄游鱼类）。

总之，对于洄游性鱼类只要研究和掌握其生活规律，人工授精，孵化鱼苗，投饵培养采取适当措施是可以补救建造水利枢纽给鱼类繁殖带来的损失。

第四章　水力发电

发电所利用的能源很多，如煤炭、石油、水能、原子能、太阳能、风能和地热能等。最广泛利用的是煤和石油，进行火力发电，利用河流水能进行水力发电；以及利用原子能发电等。

水力发电突出的优点是以水为能源，水可周而复始地循环供应，是永不会枯竭的能源。而燃料（煤炭、石油、铀等）的蕴藏量是有限的，又是很多工业部门的原料，尤其是化学工业部门的重要原料，是人民的宝贵资源。

更重要的是水力发电不会污染环境，成本要比火力发电的成本低得多。世界上工业比较发达的国家都尽量开发本国的水能资源。

第一节　水力发电的原理与种类

台湾目前发电种类主要有核能、火力、水力及风力发电。核能及火力发电的燃料需仰赖进口，相对地水力发电属于自产能源，且对电力系统的品质控制有相当大的帮助。水力电厂并不消耗水量，发电后的用水仍然供给自来水、农业用水及工业用水所需，可说是相当干净的再生能源，也是最主要的自产能源。

然而，因以建拦水坝方式设置水力发电机组的环保阻力愈来愈大，随着全岛电力系统的总装置容量日渐增加，水力发电所占的发电比率却日渐减少。

水力是天然循环的丰富资源，如果能善加运用，对人类造福无穷。但是如果不能加以控制，不但资源浪费，而且必危害无穷。由于水对农业、工业生产及人民生活有密切的关系，人类的生活，不论直接或间接，都不能没有水，因此各国对于水力的开发都极为重视。如果水力受到恰当的控制，不但可以消除水灾及旱灾，而且还可以利用水力来提高人类的生活水准。

一、水力的开发

1. 水——天然的再生能源

雨水降落大地以后，除了一部分被泥土吸收或潜入地层，一部分直接被阳光蒸发及经由植物蒸发之外，其余的都慢慢集合，汇流入溪涧河川。河流的流量与雨量有密切关系，雨季流量大，旱季流量小。而河流中每一秒钟水流体积的移动量叫作流量，流量的单位是每秒钟多少立方米。而水从高地流到低地的垂直距离叫作落差，又称为水头。如果水量一定，则落差越高所产生的水力也就越大。

2. 水力的开发与运用

水库的开发如果只是为了某一特定的目标，例如发电或灌溉，称为单元开发；如果同时能解决多项问题，例如防洪灌溉发电等，称为多元开发，以经济部水利署所属的石门水库来说，就是多元开发。在这里我们只着重于发电方面的开发，所以只就水力发电的部分阐述。水力开拓的必要条件是落差与流量。而落差和流量的取用方法是在河流上游适当的地方建筑一座水坝，拦阻河水，抬高水位或使水流顺着输水管路送到下游的水力发电厂取得落差，以推动厂内的水轮发电机，使天然的水力转变成电力。另外，水的能量包括动能与位能，水力机械中的水轮机可以把这两种能量转变为机械能，同时加以有效利用。

3. 水输出的功率

若总落差的高度为 H 立方米，流量为每秒 Q 立方米的水，功率如用千瓦（kW）为单位表示时，水输出的功率就是 $P = 9.8\eta QH$（kW），式中的 η 为整体效率。以实例说明：有一发电厂总落差为 100 立方米，其流量为每秒 10 立方米，则其理论上所能产生之输出功率即为：$P = 8 \times 0.9 \times 10 \times 100 = 8820$（kW）

二、水力发电的原理与流程

高山上的雨水受重力作用而向下奔流，滔滔不绝，力量巨大，如果我们能想办法加以利用，这个巨大不息的力量，就可以为人类做许多工作。

1. 水力发电的原理

以具有位能或动能的水冲水轮机，水轮机即开始转动，若我们将发电机连接到水轮机，则发电机即可开始发电。如果我们将水位提高来冲水轮机，可发现水轮机转速增加。因此可知水位差愈大则水轮机所得动能愈大，可转换之电能愈高。这就是水力发电的基本原理。

2. 惯常水力发电流程

惯常水力发电的流程为：河川的水经由拦水设施攫取后，经过压力隧道、压力钢管等水路设施送至电厂，当机组须运转发电时，打开主阀（类似家中水龙头之功能），后开启导翼（实际控制输出力量的小水门）使水冲击水轮机，水轮机转动后带动发电机旋转，于发电机加入励磁后，发电机建立电压，并于断路器投入后开始将电力送至电力系统。如果要调整发电机组的出力，可以调整导翼的开度增减水量来达成，发电后的水经由尾水路回到河道，供给下游的用水使用。

3. 抽蓄式水力电厂

抽蓄式水力电厂与惯常水力电厂不同，它的水流是双方向，设有上池及下池。白天发电流程与惯常水力电厂相同，于夜间电力系统离峰时段，利用原有的发电机当作马达运转，带动水轮机将下池的水抽到上池。如此循环利用，原则上发电后的水并不排掉。

三、水力发电的种类

水力发电开发方式的种类很多，因地理环境不同而大异其趣。这里以水源运用的情况将台湾水力发电开发方式分成川流式发电厂、调整池式发电厂、水库式发电厂与抽蓄式（扬水）发电厂等四大类。

1. 川流式发电厂

一年的大部分时间依河川的自然流量运转，流量大时，输出电力可达设计时全厂总容量。流量小时，可能只输出全厂容量不到三分之一的电力。当河川流量大于全厂总发电用所需的水量时，多余的水量无法利用，只好直接排放到下游去，此部分时间应该是一年的一小部分时间。简言之，川流式发电厂依河川自然流量运转，流量太多时无法储存，故其无法依据电力系统负载之需求来调节发电机组输出，一般均作为基载电厂川流发电厂所利用的落差范围甚广，高可达数百，低可为 20 立方米以下，视其所在地的地理环境而定。取水口设于水坝侧旁，不受水流直接冲击的地方。取水口与厂房间，有一段相当长的距离，以便取得足够的落差。水自取水口流入水路而到发电厂，再经水轮机后，流到下游河道去。

2. 调整池式发电厂

水量运用的主要情况和川流发电厂相同，只是它的蓄水池较川流式水坝蓄水量大，蓄水量与自然流量充分配合时，可使全厂各机满载运转若干小时。河川的自然流量如果超过蓄水池容量，过多水量只好任其溢去。台电公司为要应付负载的尖峰，蓄水量甚为重要。调整池可以调整发电厂

用水量与河川自然流量之差值以配合电力系统负载需求。

3. 水库式发电厂

如果一个水力发电厂的水库蓄水量很大，可以吞没一季或一年的洪水量，供该发电厂配合电力系统负载需求使用时，称为水库式发电厂。水库发电厂的运转情况不随河川的流量而变化，而是视电力系统负载的需要而定，对电力公司而言是深具意义的，可作为尖载电厂（担任尖载电厂通常必须具备快速的升降负载能力）。水库的型式不外乎下列两种，由拦河坝之坝后迴水所造成者，以及利用天然湖泊加以整理后而成者。前者如石门水库、翡翠水库和雾社坝。后者则如日月潭。由拦河坝构成的水库，其蓄水量与坝身高度成正比，可利用落差的大小也与坝身的高度有直接密切的关系。坝身为一涵凝土重力坝或拱形坝。坝身中央有排砂门及溢洪道等，此类发电厂多与下游的多级开发有关。坝身不溢流，水库的最高水位不超过坝高。坝本身即设有进水口或取水塔，通入厂房即为水压钢管直至水轮机，而再无其他水路。

4.抽蓄式发电厂

又称为扬水式发电厂，与一般水力发电厂的主要不同为必须有两个相当大的储水池，一为在上游的前池，一为在下游的后池，后池多系利用尾水路外的河流，构筑拦河坝拦堵尾水面形成一个水库。抽蓄发电大都利用深夜离峰供电时间所剩余廉价之电力，把下池的水抽回上池，而于电力系统尖峰供电时间由上池放水发电，成为价值较高之尖峰电力。台湾目前拥有此类发电厂计有明潭发电厂及大观发电厂共10部机组。

四、水电站的基本类型

水电站是借助于建筑物和机电设备将水能转变为电能的企业。水电站包括哪些建筑物以及它们之间的相互关系，主要取决于集中水头的方式。所以按集中水头的方式来对水电站进行分类，最能反映出水电站建筑物的组成和布置特点。

（1）按集中水头的方式对水电站进行分类，水电站可分为：坝式、引水式和混合式。

坝式水电站。它的水头是由坝抬高上游水位而形成。分为坝后式和河床式。

坝后式水电站：厂房建在坝的后面，上游水压力由坝承受，不传到厂房上来。对于水头较高的坝式水电站，为了不使厂房承受上游的水压力，一般常采用这种布置方式。这时厂房设在坝后，水流经由埋藏于坝体内的或绕过坝端的水轮机管道（埋藏于坝体内的常采用钢管，绕过坝端的常采用隧洞）进入厂房。

河床式水电站：水电站厂房代替一部分坝体作为抬高水位的建筑物，直接承受着上游水压力，它没有专门的水轮机管道，水流由上游进入厂房转动水轮机后泄回下游。这类水电站水头较低，一般不超过30m。

引水式水电站。水头由引水道形成。这类水电站在布置上的特点是具有较长的引水道，水电站建筑物比较分散。

混合式水电站。它的水头一部分由坝集中，一部分由引水道集中。这类水电站的建筑物组成和布置除其中的坝以具有一定的高度为其特点外，其余与引水式水电站大体相似。

（2）按运行方式水电站可以分为：无调节水电站、有调节水电站和抽水蓄能电站等类型。

无调节水电站：它没有水库，不能对径流进行调节，只能直接引用河中径流进行发电，所以又称为径流式水电站。无调节式水电站的运行方式，以尽可能多利用河中径流为原则。

有调节水电站：它借助于水库，能在某种限度内按照用电负荷对径流进行调节，把超过发电所需的多余来水蓄入水库，供来水不足时增大发电流量之用。有调节水电站也称为蓄水式水电站，它的运行方式可以在一定程度上适应用电负荷情况，按照调节径流的周期长短，有调节水电站又可分为日调节水电站、年调节水电站和多年调节水电站，视水库的大小而定。

坝后式和混合式水电站一般都是有调节的；河床式水电站和引水式水电站则较多是无

调节的。

抽水蓄能电站。它以运行方式主要取决于负荷情况为其特点。电力系统的负荷，在一日过程中和一年过程中都是很不均匀的。抽水蓄能电站的作用，是在电力系统供低负荷时利用其他电站多生产的电能，通过抽水机组把水提送到高处，即把这些多余电能转变为水能的形式贮蓄起来，待到电力系统高负荷时，再把高处的水通过水轮发电机组放下来发电，使贮蓄起来的水能重新转变为电能，满足电力系统负荷需要。所以建造抽水蓄能电站并不是为了水能资源的开发，只是达到贮蓄和调节电能的目的。

在较大的电力系统中，特别是在水电站比重很小或者水电站比重很大的电力系统中，建造抽水蓄能电站有重要意义，因为这样可以使电力系统的其他电站在一日和一年过程中承担比较均匀的负荷，提高设备利用率和减低火电厂的单位煤耗量，并改善供电质量。这类电站要安装用于抽水和用于发电的两套机组设备，以及修建高、低两个水库；同时由于能量转变经历了电能到水能再到电能的往复过程，损失增大，所以建设投资和能量损失都比一般水电站大些。但是由于这种电站能提高整个电力系统的运行效益，加以它可以建在系统用电中心附近，既省输电线路又供电灵活，因此最近国内国外很多电力系统，都很重视抽水蓄能电站的建设。近年来由于机电设备制造水平的提高，已成功地制造出既可抽水又能发电的可逆式两用机组，不必分别设置用于抽水和用于发电的两套机组，从而节约了设备投资和提高了机组效率。

五、引水设备与制水设备

（一）引水设备

引水设备包括水坝、取水口、沉砂池、输水管路、隧道、渡槽、前池、压力钢管、后池及尾水路等。

1. 水坝

水坝是水力发电设备最主要的部分，建筑在江河适当的位置上，坝身与河流流向垂直。它能拦阻河水，使坝后形成一个大湖。水坝的形式很多，大略可以分成重力坝（土石坝属重力坝之一种）、拱型坝及临时坝三大类。

2. 取水口

取水口设在河岸、湖岸、水库或堤岸等不直接受到上游主流直接冲袭的地方。在地形上，取水口和水坝是设在所有水力发电设备最高的地方。有些取水口的建筑深入湖底，外型像高塔的称为取水塔。

3. 沉沙池

沉砂池的目的在使水流中的泥沙沉淀下来，不再跟随水流流动，让进入水轮机的水能清澈，以减少水轮机的磨损。沉砂池的面积必须很大，足以让进入池中的水流流速减慢，水中的泥沙才有机会渐渐沉到池底。

4. 拦污栅
沉砂池只能将水中泥沙沉淀到池底，减少泥沙进入取水口或水轮机的机会，却无法清除悬游在水中和飘浮于水面的小草、树叶、流木及其他的杂物。这些悬浮物必须用拦污栅加以拦阻。

5. 水路设施
水流进入水坝附近的取水口后，必须经过一段路程才能进入水轮机。因地理环境的不同，这一段路程有许多形式，如明渠、暗渠、隧道、渡槽、输水管路，等等，总称为水路。

6. 前池与平压塔
依地形或事实的需要，有时会在明渠或普通隧道的终点与水压钢管之间，建筑一座前池。同时有沉砂或调整池的作用。可以除去由明渠或隧道中流来的泥沙及漂浮物。水轮机负载有瞬时变动时，前池作水量的调整，因此在压力隧道面与水压钢管之间，如果没有适当的地形可以建筑前池时，就必须要建筑平压塔来做水量的调整，以免水锤作用伤及其他设备。

7. 水压钢管
在前池或平压塔与水轮机涡壳入口之间的水路，因为由上游到下游渐受压力，通称压力水管，属于输水管路的一部分。在压力水管的入口处，大都装设制水阀，制水阀如果装设在前池，大多用平板滑动闸门；如果装设在平压塔，则大部分用蝶型阀。

8. 尾水路与后池
水流经水轮机排出后自吸出管流入尾水路，如果厂房是建筑在河边或湖边，水流自吸出管流出后，可以直接排入河中，就不必特别建筑尾水路。尾水路排水的方式有数种。为检查水轮机或涡壳时工作的方便和安全起见，尾水路常设置尾水闸门或档水闸板，使尾水路或河中水流与水轮机隔绝，抽去吸出管中的馀水，就可进入水轮机中检视。如果尾水路的出口是蓄水池，要将尾水蓄积，作灌溉用水之调节后池，或作为挡水发电的水源，此蓄水池称为后池。石门发电厂的后池，就是作为灌溉水量调整用的后池；而马鞍后池则是作为发电用水与下游用水量差异调节的后池。在多级水力开发计划下，上一级水力发电厂的后池，则同时是下一级水力发电厂的前池。

（二）制水设备
制水设备包括溢洪道、坝顶闸门、制水闸门及平压塔。

1. 溢洪道
水力发电用的水坝都设有溢洪道，以便宣泄洪水或不能运用来发电的过量水流。溢洪道的形式很多，完全依水坝建筑的形势、地质和水文情形如何而定。包括溢流坝、排洪隧道及虹吸溢流道。

2. 坝顶闸门

沿水坝顶面建立若干支桩，两个支桩之间装置闸门，在支桩上造桥，桥上装置吊车，以控制闸门的开启及关闭，闸门与坝后蓄水之间有闸板槽，用来放置挡水闸板，修理闸门时挡水，闸门启开时，水流从闸门底部与坝顶之间排出，两者间的距离必须让水中流木能够通过，通常在闸门前都设有砥柱或砥墙以保护闸门。常见的坝顶闸门有平板闸门及弧形闸门。

3. 制水闸门

制水闸门底座比拦污栅底高，闸门宽度也比拦污栅小得多。闸门的型式很多，可以用作坝顶闸门的话，就可以用作制水闸门，不论是制水闸门或坝顶闸门，都必须在容许的最大水位下及任何不正常的水流中，自由开启或关闭。

4. 制水阀

制水阀又叫作入口阀或主阀，当水流引入压力钢管，在进入水轮机以前，必须设置一座制水阀，以控制水流。深水取水口也都用制水阀来代替闸门。制水阀必须设计精良，能够应付任何可能发生的紧急事故。

5. 平压塔

平压塔的目的在于平抑压力水路内的水鎚作用。当水轮机的负载突然变更时，水轮机导翼突然关闭或开启，水路内水流速度也会随之改变，水路壁所受的压力也随着有涌浪式的变化，这种压力的变化使水路遭受间歇性的冲击，有如重鎚的敲打，因而称为水鎚作用。

六、水轮机

（一）水轮机概述

水轮机是一种转变水力位能能量成为有用的机械能量的原动机。尽管水轮机的种类繁多，而利用水力的步骤可以说是完全相同的。就是利用相当高度的落差和相当多流量的水流，使它经过一定的水路，从高处向下冲击产生力量；利用这种力量作用于水轮机的转动部分，使水轮机转动。如果这部水轮的转动轴与一台发电机连接，发电机也就会随着转动而发出电来。由于各水力运用地点的落差高低及水量的多寡都不相同，为求水力的经济利用，水轮机的种类也各不相同。一般而言，厂房附近的地势、洪水位、水量变化情形、水质等因素与水轮机的运转以及维护也有密切关系，都必须经过充分研讨，权衡比较各方得失，才能选择最适当的水轮机。

1. 水轮机的运用落差

落差又称为水头，也就是水道上下游水面高度差。一般而言，水轮机在设计落差下运转，效率最高，而在较高的落差或较低的落差下运转，不但效率较低，而且容易发生穴蚀及振动现象。

2. 水轮机种类

依作用力方式之不同，水轮机可分为冲击型及反击型两大类。冲击水轮机的转动全赖高速度水流的冲击力，所以多用在落差较高的场所。其中，佩尔顿水轮机在负载较轻的时候效率很好。所以适合用在水量或负载有较多变化的发电厂；又因为修理较方便，所以也可用于水质不甚良好的地方。反击水轮机是运用水的压力和流速来推动，是现代最常用的水轮机，所利用的落差和水量的范围广阔，而与最大多数可以开发的水力资源相吻合。

3. 水轮机的选择

在水力发电厂的场地勘定以后，就可决定出有效落差与输出功率。但是可由各式水轮机的比速，也就是转速、落差与功率三者的相互关系，来决定水轮机的种类。除了特殊情况外，一般水力发电计划中，落差与水轮机型式的配合选择范围约略是：

冲击水轮机：300 立方米以上。

反击水轮机：2 立方米至 500 立方米（又叫作中及低落差水轮机）。

但是近年来由于制造技术大为进步，冲击及反击水轮机的容量及落差范围都有扩大的趋势。

第二节　电力系统中的水电站

一、电力用户

电能是很难贮存的，通常是需要多少就发多少。因此，在确定水电站装机容量时，除了考虑河流水能情况外，还应分析用户对电力的需要（负荷）。

负荷的变化情况与用户性质有关。反映负荷随时间变化的曲线图称为负荷图。表示一天内时间与负荷数值变化的曲线称为日负荷图。

电力用户可分为三类：

1. 用电量不变的用户

在一年中，用电户的用电情况几乎不变，如炼铝和其他电冶工业（轧钢车间是间歇性用电）和化学工业。这类用户的负荷只是在停工或部分停工时（假日或检修）才发生变化。但由于生产情况不同，各工厂有的工作一班，有的二班或三班。所以，一天以内的负荷也会有变化的。三班制变化小，一班制变化大。

2. 季节性用电户

只是在一年中的某些季节才用电，如电力排、灌站和电力井灌系统等，在农田需要灌溉或排涝季节时才用电，还有在农忙时，一些农业加工用电。

3. 随季节变化的用电户

这类用户主要是指照明用电，在一年中，随不同季节和不同昼夜的历时而变化。总之，无论哪类用电户，在用电户数变化不大的情况下，是有一定的负荷规律，可以绘制出有代表性的负荷图。

二、电力系统

为了满足一个地区用电户对电力（出力）和电能（发电量）的需要，通常都是将这个地区的许多电站联合运用，共同满足用电户的需要。这些电站和变电站以及用户之间组成一个整体，称为电力系统或电网，例如东北电力系统，京津唐电力系统和阁北电网等。

组成电力系统的作用如下：

1）由于各种用电户的用电时间和最大负荷均不完全相同，故将它们连在一起所组成的最大负荷，会比各个用电户相加的最大负荷要小得多，这样组成的负荷变化也要小些。电力系统的供电地区很广，各用电户用电时间不一，各地区的农作物品种及其生长时期，也不会一致（包括排灌用电）。这样，就会错开最大负荷的时间。所以，组成电力系统后，就可节省发电设备装机和提高效益。组成的系统愈大，上述作用也就越显著。

2）具有水、火电站的电力系统，水、火电可以取长补短，发挥各自的优势，能够提高整个供电系统的供电可靠性、灵活性和经济性。洪水期，水电站可多发电，火电站就可少发电，节约燃料。在枯水期，水电站担任峰荷，则可降低火电站的单位煤耗，减少燃料消耗，并提高发电的安全可靠性。如果只有水电站的电力系统，例如梯级水电站系统或若干河流上的水电站系统，也应统一调度，则会增加系统的总出力和发电量，如美国著名的TVA（田纳西河流域开发局）将一系列水电站联合运用。我国浙江省新安江水电站投入华东电力系统运行后，大大改善了整个系统的运行情况。现又与其下游的富春江水电站联合运用，出力增大，发电量也增多。

将电力系统的用电户按行业分类，把同一时间的负荷加起来，并计入输、变、配电的损耗，就可绘出电力系统的日负荷图和年负荷图。

以日负荷图为例，日负荷曲线所包括的面积，表示一日的发电里。将日发电量除以24小时，则得一日的平均负荷。

三、水电站在电力系统中的作用

水、火电站各有其特点，应充分发挥它们优势，以期取得整个电力系统最大的经济效益（每度电的成本最低，周波稳定，供电可靠和保证率高，等等）。

1）如上所述，水电站的出力和发电量是随来水量和水头的大小而变化。当枯水年或水库水位下降过大时，水电站所能发出的出力远远小于装机容量，而火电站只要机器没有故障，任何时候都能发到装机容量。

2）水电站在运行上比火电站灵活、机动，开机和停机及时方便，一般只需 2 分钟或更少的时间，因此适合担任电力系统调荷、调频之用。

3）火电站运行受到技术最小出力的限制，即不能在低于这个出力之下运行，一般为额定出力的 30%。

决定电力系统中各电站的最优运行，除了必须考虑各种电站和各个电厂的特性之外，还要依据水电站来水情况以及对来水的调节性能。例如逞流式水电站（即无调节的水电站），水来多少就只能用多少，假如不用，就要弃掉。在这种情况下，应当充分利用来水发电，即逞流式水电站只能承担基荷的部分。如果水电站具有水库，能进行逞流调节，通常这种水电站应当担任峰荷。如果水电站在电力系统中很重要而且比重较大时，则可承担峰荷或部分腰荷，而使火电站特别是原子能电站担任基荷。在洪水期，为了利用洪水多发电，尽量少弃水，水电站应承担基荷，而峰荷则应由燃气轮机的火电厂担任。

第三节　水电站建筑物

建设水电站主要是为了水力发电，但也考虑了其他国民经济部门的需要，如防洪、灌溉、航运、给水和筏道等，以贯彻综合利用的原则，充分发挥水资源的作用。

一、水电站建筑物的布置

1. 河床式水电站建筑物的布置

这种布置适用于较低水头，一般在 30～40m 以下，多修建在河流的中下游河床坡降较平缓的地段或灌溉渠道上。其特点是厂房与坝并列建造于河床中，同时承受上游水压力，厂房成为挡水结构的一部分。关于厂房与溢流坝段或泄水闸、船闸及鱼道等的具体布置，则根据地形、地质条件进行比较，选择最优方案。

2. 坝后式水电站建筑物的布置

当水头较高，一般超过 15～40m 时，由于水压力大，厂房本身的重量不足以维持其稳定。因此，厂房位于拦河坝的下游侧，不承受上游水压力，而全部由拦河坝承受。

3. 引水式水电站建筑物的布置

由于地形、地质条件，坝后不能布置电站或无坝引水，则采用这种布置方式。为密云引水式水电站。水流通过进水口进入有压隧洞，通过调压室到压力水管，然后引向厂房内的水轮机。水电站主厂房布置在河岸上，包括中控室在内的副厂房布置在主厂房的上游侧。主变压器布置在主厂房的右侧，开关站则布置在主变压器的上侧和右侧。

4. 引水式地下水电站建筑物的布置

由地形或地质条件以及其他原因，则采用这种布置方式。东北某水电站，装机容量 3

台×30万千瓦为90万千瓦,是目前我国最大的地下水电站。水流从进水口流入有压隧洞,然后进入埋藏式压力管道,引向厂房内的水轮机。水流从水轮机流出后,进入尾水隧洞,在尾水管出口处,建有尾水调压室。

这种布置属于中部式地下厂房方案。副厂房位于主厂房的左端。主变压器布置在主厂房下游的一个单独的地下洞室中,开关站也布置在地下,尾水调压室布置在尾水管出口处。因此,有可能利用尾水闸门室作为调压室的上室。

二、水电站建筑物的作用

由上述几种比较典型的水电站中指出,水电站通常具有下列几类建筑物,其作用如下:

1. 挡水建筑物

一般为坝或闸,用以截断河流,集中落差,形成水库。

2. 泄水建筑物

用来下泄多余的洪水或放水以降低水库水位,如泄洪道、泄洪隧洞、放水孔或泄水孔等。

3. 水电站进水建筑物

又称进水口或取水口,是将水引入引水道的进口。

4. 水电站引水建筑物

用来把水库的水引入水轮机。根据水电站地形、地质、水文气象等条件和水电站类型的不同,可以采用明渠、隧洞、管道。有时引水道中还包括沉沙池、渡槽、扬洞、侧虹吸和桥梁等交叉建筑物及将水流自水轮机泄向下游的尾水建筑物。

5. 水电站平水建筑物

当水电站负荷变化时,用来平稳引水建筑物(引水道或尾水道)中的压力和流速的女化,如有压引水道中的调压室及无压引水道中的压力前池等。

6. 发电、变电和配电建筑物

包括安装水轮发电机组及其控制设备的厂房,安装变压器的变压器场和安装高压开关的开关站。它们集中在一起,常称为厂房枢纽。

三、水电站厂房的组成

由于水电站的开发方式、枢纽布置(特别是坝与厂房的相对位置)、水头、流量、装机容量和机组型式等因素,以及水文、地质和地形等条件的不同,加之自然、经济、技术和政治各方面的影响,厂房可以有各种各样的类型。

一般可将水力发电厂分为两大部分,厂房和变电站。厂房又可分为主、副厂房:主厂房内包括安装场,副厂房内包括中央控制室和开关室(又称室内配电装置)。变电站又可分为主变场（主升压变压器场）和开关站（又称室外高压配电装置）。

1. 主厂房

布置着水电厂的主机组，通常分为两大部分：上部结构和下部结构。一般是以发电机层地板为界，其上为上部结构，其下为下部结构。上部结构一般与工业厂房相似，即构架、梁、板、柱和吊车梁等结构。下部结构一般为块体结构，包括机座、蜗壳和尾水管，因通常位于尾水位之下，又称为水下部分，相对而言，上部结构可称为水上部分。

（1）上部结构，在密云水电站厂房的实例中，是指位于发电机层地板高程99.20m及其以上的结构。主机组及其主要附属设备（机组的调速器和励磁系统）以及机旁盘等布置在此层。

（2）下部结构下部结构的主要部分是机座、拐壳和尾水管。大都是用混凝土浇筑成整体的块体结构，尾水管底板往往同时又是厂房的基础。下部结构的混凝土用量占厂房混凝土总量的90%左右，甚至更多，因此在设计厂房时，应对下部结构充分重视。

2. 安装场

它又称装配场，是设备卸车、拆箱、组装和机组检修时存放部件和检修部件的场地，一般位于厂房的一端，如多子6台机组时，可考虑两个安装场，布置在两端或一端和中间。对外铁路或公路应直接进入。安装场地跨度通常总是与主厂房的跨度相同。面积则应满足一台机组安装或检修的要求，即能同时放下四大部件（上机架、发电机转子、水轮机顶盖和水轮机转轮）。其周围应留有0.5～2.0m的净空，供检修和通道用。发电机转子周围最好留有1.5～2.0m的净空，是为大修发电机转子重新绕组时所需的场地。

密云水电站在厂房布置设计中，因考虑到主要机电设备都是由右岸铁路支线运来，并考虑到主变和开关站都布置在主厂房的右端，因此，把安装场布里在主厂房的右端。安装场地板与发电机层地板是同一高程，均为99.20m。

在小型水电站的情况下，因机组可以就地安装或检修，可适当加大机组间距，使机组之间留有足够的场地，作安装或检修时使用。所以，不再需要安装场。

厂房的大门尺寸取决于运入厂房内最大部件的尺寸。密云厂房大门尺寸为6.0m×6.0m，这是根据主变能推入装配场来确定的。

3. 副厂房

包括控制设备（如中央控制室）、电气设备（如开关室，即室内配电装置）和其他设备（如蓄电池室）等房间，以及必要的工作和生活用房组成。副厂房的布置原则是便于运行、管理，又要最大限度地利用厂房内一切可以利用的空间。一般办公室和生活管理部门不应布置在副厂房内，而应另设办公室，以减少厂房投资，并便于保卫。

密云水电厂由于地质条件的限制，压力水管从四岔管以后采用明管布置，因此主厂房与后山坡之间形成一个约宽20m的空间地带，恰好用来布置副厂房，所以它位于主厂房的上游侧。这不同于一般引水式（河岸式）厂房的布置，通常引水式水电站的副厂房布置在主厂房的一端。

密云水电站副厂房原考虑密云水电站作为附近一系列水电厂的中心电厂，因此副厂房较大。现在看来，密云水电站副厂房的面积偏大，房间偏多。

4. 变电站

通常在水电厂中把变电站的主变和室外高压配电装置（开关站）分开布置，因为要求主变尽量靠近机组出线端，以使引出线最短。这样可节省引出线投资，电能损耗少，运行也较为安全。室外高压配电装置往往占地面积很大，不易在主厂房附近找到理想的地方，将开关站与主变分开布置，这样就比较灵活、方便，易于找到比较合适的场地。

四、厂区布置

系指水电站主厂房、副厂房、主变场、高压开关站、引水道（或有调压室或有前池）、尾水道和交通线等相互位置的安排。现分别叙述于下：

1. 引水道、尾水道及交通线

以密云水电站的厂区布置为例，其引水道是有压隧洞，在调压室之后分岔通入厂房。而用无压引水道（明渠或无压隧洞）的水电站，往往可能采用露天压力水管，正向（垂直于厂房轴线）通入厂房。

在布置尾水渠轴线的方向时，必须考虑到泄洪情况，应避免泄洪时在尾水渠中形成较大的壅高和漩涡以及出现淤积等情况。通常尾水渠斜向下游，必要时加设导墙，例如浙江黄坛口水电厂尾水渠的上游就加设了导墙，保证泄洪时能正常发电。

根据国内外的实践经验，压力水管特别是高水头的隧洞式钢板衬砌压力水管，必须充分可靠，保证安全。在设计上除了必须考虑强度外，还应强调防渗问题。往往因对防渗排水问题重视不够，由于外水压力过大，以致使压力管道失事而毁坏。邃洞的顶部山体硬盖厚度不应小于3倍直径，这只是从强度上来考虑。为了确保地下压力水管的稳定性，则应有更厚的覆盖厚度。为此，在地质条件较差的情况下，往往需要建造阻水帷幕（在山体内进行一系列的钻孔并灌浆，形成帷幕）和在阻水帷幕之后作排水幕（钻成一排排水孔）。

从上述的要求来看，在厂区布置方案中，缩短从调压室到厂房这一段隧洞式压力钢管的方案，可能是有利的。这当然会相应地需要加长尾水渠。增长尾水渠仅增加了开挖土石方量和一些衬砌，比延长压力钢管可能投资少，同时需要钢材少。这样的方案会使高压管道位于较深厚的岩体之下，保证管道不易失事。此外，这种方案还能减少水头损失。

2. 中央控制室和副厂房

中控室和副厂房在坝后式厂房的情况下，一般布置在上游侧或上游侧的一端，而在河床式厂房的情况下，中控室一般布置在厂房一端，靠下游侧。因尾水管经常发生振动，故中控室不允许布置在主厂房下游侧尾水管之上，引水式（河岸式）厂房更应如此，通常把中控室和副厂房布置在主厂房的一端。

在一般情况下，中控室应尽可能靠近发电机层，并应尽量位于主厂房与开关站之间。

3. 开关站

因为室外高压配电装置的故障事故率很低，只要能找到靠近主变（要考虑开关站出线方向和回数以及交通方便等）的较为平坦的场地，就可布置开关站。坝后式厂房如大坝与主厂房之间，留有足够空地，则也可以把开关站布置在此空地上，如盐锅峡、丰满水电厂的开关站；而在其他情况下，则可布置在岸边和山坡上。

因为泄洪时有水雾，对高压线不利，故尽可能不把开关站布置在靠近溢流坝一侧的岸边或山坡上，而在其对岸布置。高压架空线尽量不跨越溢流坝面。

第五章 重力坝

第一节 概 述

重力坝是一种古老而又应用广泛的坝型，它因主要依靠坝体自重产生的抗滑力维持稳定而得名。通常修建在岩基上，用混凝土或浆砌石筑成。坝轴线一般为直线，垂直坝轴线方向设有永久性横缝，将坝体分为若干个独立坝段，以适应温度变化和地基不均匀沉陷，坝的横剖面基本上是上游近于铅直的三角形。如图 5-1-1 所示。

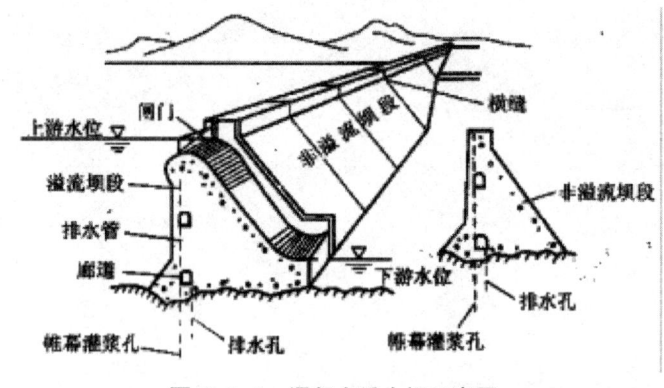

图 5-1-1 混凝土重力坝示意图

一、重力坝的工作原理及特点

重力坝的工作原理是在水压力及其他荷载的作用下，主要依靠坝体自身重量在滑动面上产生的抗滑力来满足稳定要求；同时也依靠坝体自重在水平截面上产生的压应力来抵消由于水压力所引起的拉应力，以满足强度要求。与其他坝型比较，其主要特点有：

（1）结构作用明确，设计方法简便。重力坝沿坝轴线用横缝将坝体分成若干个坝段，各坝段独立工作，结构作用明确，稳定和应力计算都比较简单。

（2）泄洪和施工导流比较容易解决。重力坝的断面大，筑坝材料抗冲刷能力强，适用于在坝顶溢流和坝身设置泄水孔。在施工期可以利用坝体或底孔导流。枢纽布置方便紧凑，一般不需要另设河岸溢洪道或泄洪隧洞。在意外的情况下，即使从坝顶少量过水，一般也不会招致坝体失事，这是重力坝最大的优点。

(3）结构简单，施工方便，安全可靠。坝体放样、立模、混凝土浇筑和振捣都比较方便，有利于机械化施工。而且由于剖面尺寸大，筑坝材料强度高，耐久性好，因此抵抗水的渗透、冲刷，以及地震和战争破坏的能力都比较强，安全性较高。

(4）对地形、地质条件适应性强。地形条件对重力坝的影响不大，几乎任何形状的河谷均可修建重力坝。由于坝体作用于地基面上的压应力不高，所以对地质条件的要求也较低。重力坝对地基的要求虽比土石坝高，但低于拱坝及支墩坝，对于无重大缺陷、一般强度的岩基均可满足要求。

(5）受扬压力影响较大。坝体和坝基在某种程度上都是透水的，渗透水流将对坝体产生扬压力。由于坝体和坝基接触面较大，故受扬压力影响也大。扬压力的作用方向与坝体自重的方向相反，会抵消部分坝体的有效重量，对坝体的稳定和应力不利。

(6）材料强度不能充分发挥。由于重力坝的断面是根据抗滑稳定和无拉应力条件确定的，坝体内的压应力通常不大，使材料强度得不到充分发挥，这是重力坝的主要缺点。

(7）坝体体积大，水泥用量多，一般均需采取温控散热措施。许多工程因施工时温度控制不当而出现裂缝，有的甚至形成危害性裂缝，从而削弱坝体的整体性能。

二、重力坝的类型

(1）按坝的高度分类，可分为高坝、中坝、低坝三类。坝高大于 70m 的为高坝；坝高在 30～70m 之间的为中坝；坝高小于 30m 的为低坝。坝高指的是坝体最低面（不包括局部深槽或井、洞）至坝顶路面的高度。

(2）按筑坝材料分类，可分为混凝土重力坝和浆砌石重力坝。一般情况下，较高的坝和重要的工程经常采用混凝土重力坝；中、低坝则可以采用浆砌石重力坝。

(3）按泄水条件分类，可分为溢流坝和非溢流坝。坝体内设有泄水孔的坝段和溢流坝段统称为泄水坝段。非溢流坝段也可称作挡水坝段。

(4）按施工方法分类，可分为浇筑式混凝土重力坝和碾压式混凝土重力坝。

(5）按坝体的结构形式分类，可分为实体重力坝（图 5-1-2（a））、宽缝重力坝（图 5-1-2（b））、空腹重力坝（图 5-1-2（c））。

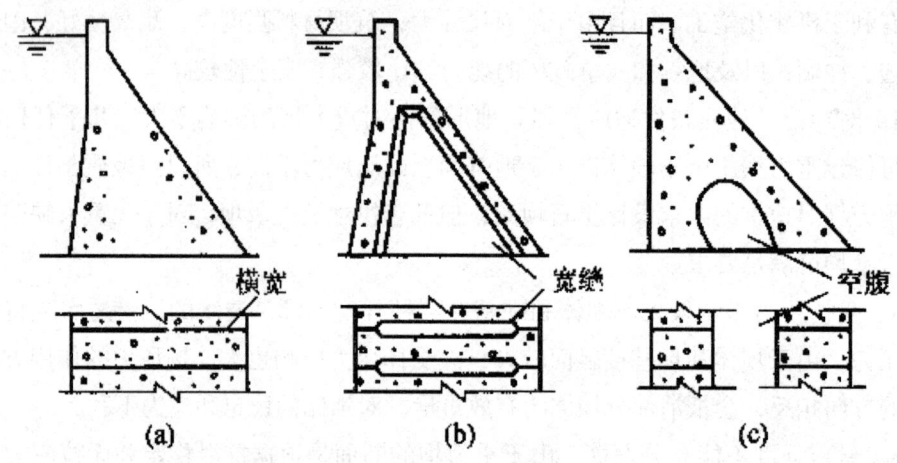

（a）实体重力坝；（b）宽缝重力坝；（c）空腹重力坝
图 5-1-2　重力坝的形式

三、重力坝的设计内容

（1）总体布置。首先选择坝址、坝轴线和坝的结构形式，然后确定坝体与两岸及交叉建筑物的连接方式，最终确定坝体在枢纽中的布置。

（2）剖面设计。可参照已建的类似工程，初拟剖面尺寸。

（3）稳定分析。验算坝体沿坝基面或沿地基深层软弱结构面的抗滑稳定安全度。

（4）应力分析。用材料力学法对坝体进行强度校核，使坝体、坝基应力满足要求。

（5）构造设计。根据施工和运行要求，确定坝体细部构造，包括廊道、排水、分缝、止水等。

（6）地基处理。地基的开挖、防渗（帷幕灌浆）、排水、断层、破碎带的处理等。

（7）溢流重力坝和泄水孔的孔口设计。堰顶高程、孔口尺寸、体型、消能防冲设计等。

（8）监测设计。包括坝体内部和外部的观测设计，制定大坝的运行、维护和监测条例。

第二节　非溢流重力坝的剖面设计

重力坝剖面设计的任务是在满足稳定和强度要求的条件下，求得一个施工简单、运用方便、体积最小的剖面。影响剖面设计的因素很多，主要有作用荷载、地形地质条件、运用要求、筑坝材料、施工条件等。其设计步骤一般是：首先简化荷载条件并结合工程经验，拟定出基本剖面；再根据坝的运用和安全要求，将基本剖面修改为实用剖面，并进行稳定计算和应力分析；优化剖面设计，得出满足设计原则条件下的经济剖面；最后进行构造设计和地基处理。

一、基本剖面

重力坝承受的主要荷载是静水压力、扬压力和自重，控制剖面尺寸的主要指标是稳定和强度要求。因为作用于上游面的水压力呈三角形分布，所以重力坝的基本剖面是三角形。

坝体断面尺寸与坝基的好坏有着密切关系，当坝体与坝基的摩擦系数较大时，坝体断面由应力条件控制；坝面由稳定条件控制。根据工程经验，重力坝基本剖面的上游边坡系数常采用 0～0.2，下游边坡系数常采用 0.6～0.8，坝底宽约为坝高的 0.7～0.9 倍。

二、实用剖面

1. 坝顶宽度。由于运用和交通的需要，坝顶应有足够的宽度。坝顶宽度应根据设备布置、运行、检修、施工和交通等需要确定，并满足抗震、特大洪水时抢护等要求。无特殊要求时，常态混凝土坝坝顶最小宽度为 3m，碾压混凝土坝为 5m，一般取坝高的 1/8～1/10。若有交通要求或有移动式启闭机设施时，应根据实际需要确定。

2. 坝顶超高。实用剖面必须加安全高度，坝顶应高于校核洪水位，坝顶上游防浪墙顶的高程应高于波浪顶高程。坝顶高于水库静水位的高度按下式计算：

$$\Delta h = h_{1\%} + h_z + h_c \tag{2-1}$$

式中 Δh——坝顶高于水库静水位的高度，m；

$h_{1\%}$——累积频率为 1% 时的波浪高度，计算方法见本章第三节"波浪要素"，m；

h_z——波浪中心线至静水面的高度，计算方法见本章第三节"波浪要素"，m；

h_c——安全超高，m，按表 5-2-1 选用。

表 5-2-1 安全超高 h_c

坝的安全级别	Ⅰ	Ⅱ	Ⅲ
运用情况	1级	2.3级	4.5级
正常蓄水位	0.7	0.5	0.4
校核洪水位	0.5	0.4	0.3

必须注意，在计算 $h_{1\%}$ 和 h_z 时，由于正常蓄水位和校核洪水位时采用不同的计算风速值。正常蓄水位时，采用重现期为 50 年的最大风速；校核洪水位时，采用多年平均最大风速。故坝顶高程或坝顶上游防浪墙顶高程应按下列两式计算，并取大值：

$Z_{坝顶}$（坝顶高程）＝$Z_{正}$（正常蓄水位）＋ $\Delta h_{正}$ （5-2-2）

$Z_{坝顶}$（坝顶高程）＝$Z_{校}$（校核洪水位）＋ $\Delta h_{校}$ （5-2-3）

式中 $\Delta h_{正}$——计算的坝顶（或防浪墙顶）距正常蓄水位的高度，m；

$\Delta h_{校}$——计算的坝顶（或防浪墙顶）距校核洪水位的高度，m。

有时为了同时满足稳定和强度的要求，重力坝的上游面布置成倾斜面或折面（见图 5-2-2），这样可利用部分水重，以满足坝体抗滑稳定要求，同时也避免施工期下游面产生拉应力。折坡点高度应结合引水管、泄水孔的进口布置等因素确定，一般为坝前最大水头的 1/2～1/3。

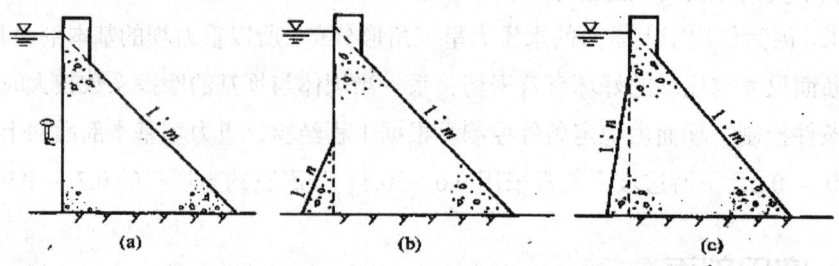

图 5-2-2　重力坝常用剖面型式

三、优化设计

前面介绍的由三角形基本剖面经反复验算修改成为实用剖面的方法，是工程设计中常用的坝体经济剖面选择方法，但此方法试算工作繁重，故较难真正求得最优剖面。近些年来，大中型工程设计一般都要进行优化设计。重力坝结构优化设计要点如下：

1. 设计变量

一个结构的设计方案是由若干个变量来描述的，首先规定描述坝体体形的设计参数，对于实体重力坝，一般是上、下游坝面的坡率，坝体高度，坝顶宽度，坝顶距上、下游起坡点的高度等。这些参数中的一部分是按照某些具体要求事先给定的，它们在优化设计过程中始终保持不变，称为预定参数，如坝体高度、坝顶宽度等。另一部分参数在优化过程中是可以变化的，称为设计变量，如上、下游坝面的坡率，起坡点等。

2. 建立目标函数

一般取结构重量或造价作为目标函数。由于重力坝的造价主要取决于坝体混凝土的工程量，所以常取坝体体积作为目标函数，记为 $V(x)$。

3. 确定约束条件

根据重力坝设计规范的规定，对坝段的稳定和应力施加限制，同时考虑布置和施工要求，规定设计参数的上、下限，如上游坡度不为倒坡，也不易太缓等。在给定预定参数情况下，求一组设计变量 $\{x\}=[A]^T$，使目标函数 $V(x)$ 趋于最小。

4. 选择求解方法

目标函数和约束条件都是设计参数的非线性函数，因此重力坝的优化设计是一个非线性规划问题，具体计算方法可参考有关书籍。

第三节 重力坝的荷载及其组合

作用在重力坝上的主要荷载有：坝体自重、上下游坝面上的水压力、扬压力、浪压力或冰压力、泥沙压力以及地震荷载等。

一、荷载计算

荷载计算包括确定荷载的大小、方向、作用点。一般按单位坝长进行分析，对溢流坝段则通常取一个坝段进行计算。

（一）自重（包括永久设备重）

坝体自重是维持大坝稳定的主要荷载，其大小可根据坝的体积和材料重度计算确定。

$$G = \gamma c V \tag{5-2-5}$$

式中 G——坝体自重，kN；

V——坝的体积，m^3；

γc——筑坝材料的重度，kN/m^3。

筑坝材料重度选用的是否合适，直接影响坝的安全和经济，对此必须慎重。在初步设计阶段可根据材料种类按表 5-3-1 选取，施工图设计阶段应通过现场实验确定。

表 5-3-1　筑坝材料的重度

筑坝材料	混凝土	浆砌石	浆砌条石	细骨料混凝土砌石
重度/（$KN \cdot m^{-3}$）	23.5~24	21~23	23~25	23~24

（二）水压力

1. 挡水坝段的静水压力

静水压力可按水力学的原理计算。坝面上任意一点的静水压强为 $p = \gamma_0 y$，其中 γ_0 为水的重度，y 为该点距水面深度。当坝面倾斜或为折面时，为了计算方便，常将作用在坝面上的水压力分为水平水压力和垂直水压力分别计算（见图 5-2-7）。

2. 溢流坝的水压力

溢流坝段坝顶闸门关闭挡水时，静水压力计算与挡水坝段完全相同。在泄水时，作用在上游坝面的水压力可按式（5-3-2）近似计算（如图 5-3-3 所示）。

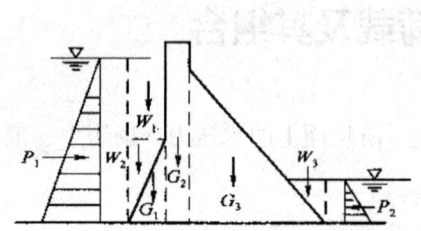

图 5-3-2 挡水坝的静水压力

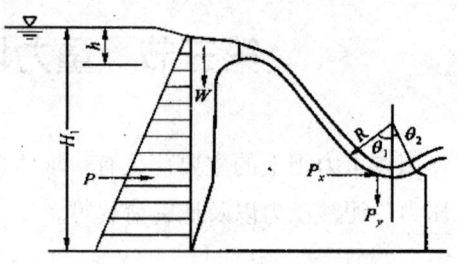

图 5-3-3 溢流坝的水压力

$$P = \frac{1}{2}\gamma_0(H_1^2 - h^2) \quad (5\text{-}2\text{-}7)$$

式中 P——单位坝长的上游水平压力，kN/m，作用在压力图形的形心；

H_1——上游水深，m；

h——坝顶溢流水深，m；

γ_0——水的重度，一般采用 9.81kN/m³。

3. 溢流坝下游反弧段的动水压力

可根据流体动量方程求得。若假设反弧段始、末两断面的流速相等，则单位坝长在该反弧段上动水压力的总水平分力 P_x 与总垂直分力 P_y 的计算公式如下：

$$P_x = \frac{\gamma_0 q v}{g}(\cos\theta_2 - \cos\theta_1) \quad (\text{KN}) \quad (5\text{-}2\text{-}9)$$

$$P_y = \frac{\gamma_0 q v}{g}(\sin\theta_2 + \sin\theta_1) \quad (\text{KN}) \quad (5\text{-}2\text{-}10)$$

式中 q——鼻坎处单宽流量，m³/s；

v——反弧段上的平均流速，m/s；

θ_1、θ_2——分别为反弧段圆心竖线左、右的中心角。

P_x，P_y 的作用点，可近似地认为作用在反弧段中央，其方向以图 5-2-8 所示为正。溢流面上的脉动水压力和负压对坝体稳定和坝内应力影响很小，可以忽略不计。

（三）扬压力

1. 坝基面上的扬压力

扬压力由上、下游水位差产生的渗透水压力和下游水深产生的浮托力两部分组成，其大小可按扬压力分布图形进行计算。影响扬压力分布及数值的因素很多，设计时根据坝基地质条件、防渗及排水措施、坝体的结构形式等综合考虑选用扬压力计算图形。

1）坝基设有防渗帷幕和排水幕的实体重力坝

防渗帷幕和排水幕是重力坝减小渗透压力的常用措施。防渗帷幕是通过在岩基中钻孔灌浆而成的，其渗透系数远小于周围岩石的渗透系数，渗透水流绕过或渗过帷幕时要消耗很大的能量，从而使帷幕后的渗透压力大为降低。排水幕是一排由钻机钻成的排水孔组成，能使部分渗透水流自由排出，使渗透压力进一步降低。这种情况的扬压力分布图形如图5-3-4 所示。图中矩形部分是由下游水深 H_2 产生的浮托力，在水平坝基上任一点的压强为 $\gamma_0 H_2$；折线部分是由上下游水位差 H 产生的渗透压力，上游压强为 $\gamma_0 H$，下游为零，排水幕处为 $\alpha\gamma_0 H$。α 为剩余水头系数，河床坝段采用 $\alpha=0.25$，岸坡坝段采用 $\alpha=0.35$，对于水文和工程地质条件较复杂的地基，应进行研究论证，以确定合适的数值。

在特殊情况下，也可只设灌浆帷幕或排水幕，相应的扬压力图形与图 5-3-5 类似，其剩余水头系数 α 可以结合专门论证确定。

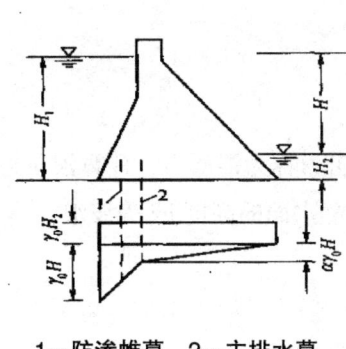

1—防渗帷幕，2—主排水幕

图 5-3-3 设有防渗帷幕和排水幕

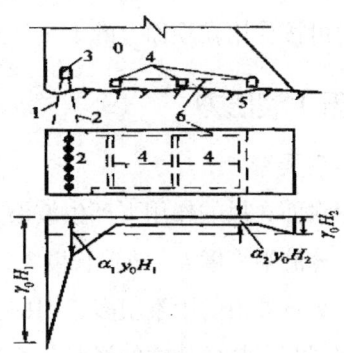

1—防渗帷幕，2—主排水幕

3—灌浆廊道，4—纵向排水廊道

5—基岩面，6—横向排水

图 5-3-4 采用抽排降压措施的实体的坝基面扬压力重力坝坝基面扬压力

2）采用抽排降压措施的实体重力坝

防渗帷幕和排水幕不能降低浮托力，当下游水深较大时，浮托力对扬压力的影响显著。为了更有效地降低扬压力，可以采用抽排降压措施，即在坝体廊道内设置抽水设备及排水系统，定时抽排，使扬压力进一步降低。

2. 坝体内部的扬压力

渗透水流除在坝基面产生渗透压力外，渗入坝体内部的水流也会产生渗透压力。为减小坝体内的渗透压力，常在坝体上游面附近的 3～5m 范围内，提高混凝土的防渗性能，形成防渗层，并在防渗层后设坝身排水管。坝体内部的扬压力按图所示的分布图形进行计算，图中 α_3 常取 0.2。当坝内无排水管时，则取渗透压力为三角形分布。

（四）泥沙压力

水库建成蓄水后，入库水流挟带的泥沙将逐年淤积在坝前，对坝体产生泥沙压力。取淤积计算年限为 50～100 年，参照经验数据，按主动土压力公式计算泥沙压力：

$$P_n = \frac{1}{2}\gamma_n h_n^2 \tan^2\left(45° - \frac{\phi_n}{2}\right)$$

式中 P_n——泥沙压力，kN/m；

γ_n——泥沙的浮重度，一般为 6.5～9.0kN/m3；

h_n——泥沙的淤积厚度，m；

φ_n——泥沙的内摩擦角。对于淤积时间较长的粗颗粒泥沙 φ_n =18°～20°；对于黏土质泥沙 φ_n =12°～14°；对于淤泥、黏土和胶质颗粒 φ_n =0°。

当上游坝面倾斜时，除计算水平向泥沙压力 P_n 外，还应计算铅直向泥沙压力。铅直泥沙压力可按作用在坝面上的土重计算。

（五）浪压力

1. 波浪要素

水库水面在风的作用下产生波浪，波浪对坝面的冲击力称为浪压力。计算浪压力时，首先要计算波浪高度 h、波浪长度 L_m 和波浪中心线超出静水面的高度 hz 等波浪。

由于影响波浪的因素很多，因此目前仍用已建水库
长期观测资料所建立的经验公式进行计算。

1）对于山区峡谷水库，推荐采用官厅水库公式计算 h 和 L_m：

$$\frac{gh}{v_0^2} = 0.0076 v_0^{-1/12}\left(\frac{gD}{v_0^2}\right)^{1/3}$$

$$\frac{gL_m}{v_0^2} = 0.331 v_0^{-1/2.15}\left(\frac{gD}{v_0^2}\right)^{1/3.75}$$

式中 h——波浪高度，m。当 gD/v_0^2=20～250 时，为累计频率 5% 的波高；当 gD/v_0^2=250～1000 时，为累计频率 10% 的波高。计算浪压力时，规范规定应采用累计频率为 1% 的波高。对应于 5% 的波高，应乘以 1.24；对应于 10% 的波高，应乘以 1.4l。

v_0——计算风速，m/s。设计情况取 50 年一遇风速，校核情况取多年平均最大风速。

D——吹程，m。可取坝前沿水面到水库对岸水面的最大直线距离；当水库水面特别狭长时，以 5 倍平均水面宽计算。

上式的适用范围是：吹程 D < 20km，风速 V < 20m/s，且库水较深的情况。当吹程 D < 7.5km，风速 V < 26.5m/s 时，宜采用鹤地水库公式进行计算。

由于波浪在空气和水两种介质中行进所受的阻力不同，波浪并不对称于静水面，而是波浪中心线高出静水位，其数值 hz 按下式计算。

$$h_z = \frac{\pi h_{1\%}^2}{L_m} cth \frac{2\pi H_1}{L_m}$$

式中 H_1——坝前水库水深，m。

2）对于平原、滨海地区水库，宜采用福建（a）一般情况（b）库面特别狭长莆田试验站公式计算 h 和 L_m：

（1）平均波高 h_m 和平均波周期 T_m

$$\frac{gh_m}{v_0^2} = 0.13 th\left[0.7\left(\frac{gH_m}{v_0^2}\right)^{0.7}\right] th\left\{\frac{0.0018\left(gD/v_0^2\right)^{0.45}}{0.13 th\left[0.7\left(gH_m/v_0^2\right)^{0.7}\right]}\right\}$$

$$\frac{gT_m}{v_0} = 13.9\left(\frac{gh_m}{v_0^2}\right)^{0.5}$$

（5-2-18）

式中 h_m——平均波高，m；
H_m——风区内的平均水深，m；
T_m——平均波周期，s。

（2）计算波高 hp：根据水闸级别，由表 5-3-5 查得波列的累积频率 p（%）值，再根据 p（%）及 hm/Hm 值，查表 5-3-6 得 hp/hm 值，从而计算出波高 h_p。

表 5-3-5　p 值表

水闸级别	1	2	3	4	5
p（%）	1	2	5	10	20

表 5-3-6　hp/hm 值表

hm/Hm	p（%）						
	0.1	1	2	5	10	20	50
0.0	2.97	2.42	2.23	1.95	1.71	1.43	0.94
0.1	2.70	2.26	2.09	1.87	1.65	1.41	0.96
0.2	2.46	2.09	1.96	1.76	1.59	1.37	0.98
0.3	2.23	1.93	1.82	1.66	1.52	1.34	1.00
0.4	2.01	1.78	1.68	1.56	1.44	1.30	1.01
0.5	1.80	1.63	1.56	1.46	1.37	1.25	1.01

（3）计算平均波长 L_m：$L_m = \frac{gT_m^2}{2\pi} th \frac{2\pi H_1}{L_m}$

（4）计算临界水深 H_{cr}：$H_{cr} = \frac{L_m}{4\pi}\ln\frac{L_m + 2\pi h_{1\%}}{L_m - 2\pi h_{1\%}}$

（5）波浪中心线高出静水位 hz 仍按公式计算。

2. 浪压力的计算

当重力坝的迎水面为铅直或接近铅直时，波浪推进到坝前，受到坝的阻挡，而使波浪壅高行成驻波。计算浪压力和坝顶超高时，坝前波浪在静水位以上的高度为 $h_{1\%}+h_z$。此外，随着建筑物迎水面水深的不同，可能产生三种波态：深水波、浅水波和破碎波（见图 5-3-7），浪压力计算时需根据不同波态选择相应的计算公式。

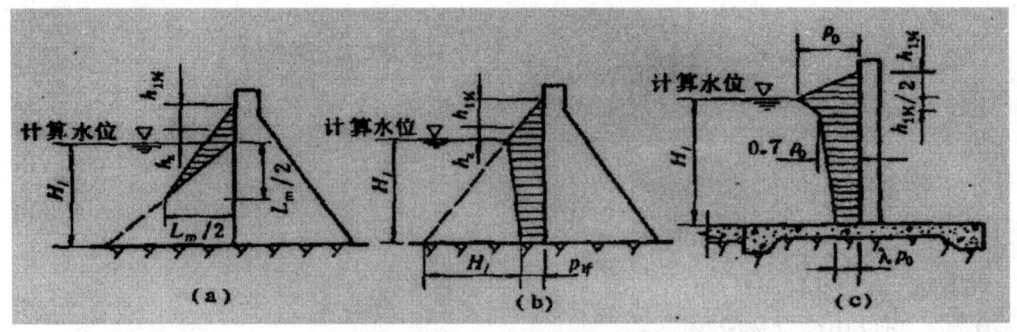

图 5-3-7　直墙式挡水面浪压力分布图

当 $H_1 \geq H_{cr}$ 和 $H_1 \geq L_m/2$ 时 [见图 5-3-7（a）]，单位长度上的浪压力计算公式为：

$$p_{wk} = \frac{1}{4}\gamma L_m (h_{1\%}+h_z)$$

当 $H_{cr} \leq H_1 < L_m/2$ 时 [见图 5-3-7（b）]，单位长度上的浪压力计算公式为：

$$p_{wk} = \frac{1}{2}\left[(h_{1\%}+h_z)(\gamma H_1 + p_{1f}) + H_1 p_{1f}\right]$$

$$p_{1f} = \gamma h_{1\%} \operatorname{sech} \frac{2\pi H_1}{L_m}$$

式中 p_{1f}——坝基底面处剩余浪压力强度，kpa。

当 $H_1 < H_{cr}$ 时 [见图 5-2-23（c）]，单位长度上的浪压力计算公式为：

$$p_{wk} = \frac{1}{2}p_0 \left[(1.5-0.5\lambda)h_{1\%} + (0.7+\lambda)H_1\right]$$

$$p_0 = K_i \gamma h_{1\%}$$

式中　λ——浪压力强度折减系数，$H_1 \leq 1.7h_{1\%}$ 时，λ 为 0.6，$H_1 > 1.7h_{1\%}$ 时，λ 为 0.5；
　　　P_0——计算水位处的浪压力强度，kpa；
　　　K_i——底坡影响系数，查表 5-3-8（i 为坝前一定距离库底纵坡平均值）。

表 5-3-8　底坡影响系数 Ki 取值表

底坡 i	1/10	1/20	1/30	1/40	1/50	1/60	1/80	1/100
Ki	1.89	1.61	1.48	1.41	1.36	1.33	1.29	1.25

（六）地震力

在地震区筑坝，必须考虑地震的影响。地震对建筑物的影响程度常用地震烈度表示。地震烈度划分为 12 度，烈度越大，对建筑物的影响越大。在抗震设计中常用到基本烈度和设计烈度两个概念。基本烈度是指该地区今后 50 年期限内，可能遭遇超越概率 p50 为 0.10

的地震烈度。设计烈度是指设计时采用的地震烈度。一般情况下，采用基本烈度作为设计烈度；但对Ⅰ级建筑物，可根据工程重要性和遭受震害的危险性，在基本烈度的基础上提高一度作为设计烈度。设计烈度为7度及以上的地震区应考虑地震力，设计烈度超过9度时，应进行专门研究。设计烈度为6度及以下时，一般不考虑地震力。

地震力包括由建筑物重量引起的地震惯性力、地震动水压力和动土压力。地震对扬压力、坝前泥沙压力和浪压力的影响可不考虑。

《水工建筑抗震设计规范》（SL203—97）规定：对于工程抗震设防类别为甲级（基本烈度≥6度的1级坝）时，其地震作用效应计算应采用动力分析方法；对于设防类别为乙、丙级，设计烈度低于8度，且坝高小于或等于70m的重力坝可采用拟静力法计算；对于丁级（基本烈度≥7度的4，5级坝）建筑物，可以用拟静力法计算或着重采取措施而不用计算。具体计算方法可参阅《水工建筑抗震设计规范》（SL203—97）。

（七）冰压力

1. 静冰压力

库水结冰后，当气温升高时，冰层膨胀对坝面产生的压力称作静冰压力。静冰压力的大小取决于冰的最低温度、温度回升率、冰层厚度、热膨胀系数、冰的抗压强度和岸边对冰层的约束情况等。一般在确定开始升温时的气温及气温上升率后，可由表5-3-9查得单位面积上的静冰压力，乘以冰厚即为作用在单位坝长上的静冰压力。

当水库在冬季采用破冰、融冰措施以清除冰压力对建筑物的影响时，可不考虑坝体上的冰压力。

表5-3-9　静冰压力标准值

冰层厚度/m	0.4	0.6	0.8	1.0	1.2
静冰压力标准值/（kN·m-1）	8.5	180	215	245	280

注：①冰层厚度取多年平均年最大值
②对于小型水库，应将表中静冰压力标准值除以0.87后采用；对于库面开阔的大型平原水库，
　应乘以1.25后采用。
③表中静冰压力标准值适用于结冰期内水库水位基本不变的情况，结冰期内水库水位变动情况
　下的静冰压力应做专门研究。
④静冰压力数值可按表列冰厚内插。

2. 动冰压力

当冰盖破碎后发生冰块流动，流冰撞击坝面而产生的冲击力称为动冰压力。动冰压力的大小与冰的运动速度、冰块尺寸、建筑物表面积的大小和形状、风向和风速、流冰的抗碎强度等因素有关。

1）冰块撞击在铅直坝面时的动冰压力可按下式计算：

$$P_{bd} = 0.07 V_b d_b \sqrt{A_h f_{ic}}$$

式中 P_{bd}——冰块撞击在铅直坝面时的动冰压力，kN；

f_{ic}——冰的抗压强度，对于水库可取 0.3Mpa，对于河流，流冰初期取 0.45Mpa，后期可取 0.3Mpa；

V_b——冰块流速，对于大水库应通过研究确定，一般不大于 0.6m/s；

A_b——冰块的面积，m^2；

d_b——冰块的厚度，m。

2）冰块撞击在铅直闸墩上的动冰压力按下式计算

$$P'_{bd} = m R_b B d_b$$

式中 P'_{bd}——冰块撞击在铅直闸墩上的动冰压力，kN；

R_b——冰的抗压强度，当无资料时，在结冰初期取 750kPa，末期可取 450kPa；

B——闸墩在冰层处的前沿宽度，m；

m——闸墩的平面形状系数，按表 5-3-10 采用。

其他符号意义同前。

表 5-3-10　闸墩的平面形状系数

闸墩的平面形状	半圆形或多边形	矩形	三角形（顶端角度 α）					
			45°	60°	75°	90°	120°	150°
形状系数 m	0.9	1.0	0.54	0.59	0.64	0.69	0.77	1.00

二、荷载组合

作用在重力坝上的各种荷载，除坝体自重外，都有一定的变化范围。例如在正常运行、放空水库、设计或校核洪水等情况，其上下游水位各不相同。当水位发生变化时，相应的水压力、扬压力亦随之变化。又如在短期宣泄最大洪水时，就不一定会同时发生强烈地震。再如当水库水面封冻，坝面受静冰压力作用时，波浪压力就不存在。因此，在进行坝的设计时，应该根据"可能性和最不利"的原则，把各种荷载合理地组合成不同的设计情况，然后进行安全核算，以妥善解决安全和经济的矛盾。

作用于重力坝上的荷载，按其出现的概率和性质，可分为基本荷载和特殊荷载。

1. 基本荷载

包括：（1）坝体及其上永久设备自重；（2）正常蓄水位或设计洪水位时大坝上、下游面的静水压力（选取一种控制情况）；（3）相应于正常蓄水位或设计洪水位时扬压力；（4）大坝上游淤沙压力；（5）相应于正常蓄水位或设计洪水位时的浪压力；(6)冰压力；（7）土压力；（8）设计洪水位时的动水压力；(9)其他出现机会较多的作用。

2. 特殊荷载

包括：（1）校核洪水位时的大坝上、下游面的静水压力；（2）相应于校核洪水位时的扬压力；（3）相应于校核洪水位时的浪压力；（4）相应于校核洪水位时的动水压力；（5）地震荷载；(6)其他出现机会很少的荷载。

重力坝抗滑稳定及坝体应力计算的荷载组合分为基本组合和特殊组合两种情况。荷载组合按表 5-3-11 的规定进行（表中数字即荷载的序号），必要时还可考虑其他的不利组合。

表 5-3-11 荷载组合

作用组合	主要考虑情况	作用类别									备注
		自重	静水压力	扬压力	淤沙压力	浪压力	冰压力	动水压力	土压力	地震荷载	其他荷载	
基本组合	1.正常蓄水位情况	1 (1)	1 (2)	1 (3)	1 (4)	1 (5)	—	—	1 (7)	—	1 (9)	土压力根据坝体外是否有填土而定（下同）
	2.设计洪水位情况	1 (1)	1 (2)	1 (3)	1 (4)	1 (5)	—	1 (8)	1 (7)	—	1 (9)	
	3.冰冻情况	1 (1)	1 (2)	1 (3)	1 (4)	—	1 (6)	—	1 (7)	—	1 (9)	静水压力及扬压力按相应冬季库水位计算

续表

作用组合	主要考虑情况	作用类别									备注
		自重	静水压力	扬压力	淤沙压力	浪压力	冰压力	动水压力	土压力	地震荷载	其他荷载	
特殊组合	1.校核洪水位情况	1(1)	2(1)	2(2)	1(4)	2(3)	—	2(4)	1(7)	—	2(6)	
	2.地震情况	1(1)	1(2)	1(3)	1(4)	1(5)	—	—	1(7)	2(5)	2(6)	静水压力、扬压力和浪压力按正常蓄水位计算，有论证时可另行规定

注：①应根据各种荷载同时作用的实际可能性，选择计算中最不利的组合。

②分期施工的坝应按相应的荷载组合分期进行计算。

③施工期的情况应进行必要的核算，作为特殊组合。

④根据地质和其他条件，如考虑运用时排水设备易于堵塞，须经常维惨时，应考虑排水失效的情况，作为特殊组合。

⑤地震情况，如按冬季计及冰压力，则不计浪压力。

⑥对于以防洪为主的水库，正常蓄水位较低时，采用设计洪水位情况进行组合。

第四节 重力坝的稳定分析

抗滑稳定分析是重力坝设计中的一项重要内容，其目的是核算坝体沿坝基面或沿地基深层软弱结构面抗滑稳定的安全性能。因为重力坝沿坝轴线方向用横缝分隔成若干个独立的坝段，假设横缝不传力，所以稳定分析可以按平面问题进行，取一个坝段或单位宽度作为计算单元。

岩基上的重力坝常见的失稳形式有两种：一种是沿坝体抗剪能力不足的薄弱面滑动，这种薄弱面包括坝体与坝基的接触面和坝基岩体内有连续的断层破碎带；另一种是在各种荷载作用下，上游坝踵出现拉应力导致裂缝，或下游坝趾压应力过大，超过坝基岩体或坝体混凝土的允许强度而被压碎，从而产生倾覆破坏。当重力坝满足抗滑稳定和应力要求时，通常不必校核抗倾覆的安全性。

核算坝体沿坝基面的抗滑稳定性时，应按抗剪强度公式或抗剪断强度公式进行计算。

一、抗剪强度公式（摩擦公式）

抗剪强度分析法把坝体与基岩间看成是一个接触面，而不是胶结面，其抗滑稳定安全系数 K_s 为：

$$K_s = \frac{f \sum W}{\sum P}$$

式中 K_s——按抗剪强度公式计算的抗滑稳定安全系数；

$\sum W$——作用在坝体上全部荷载（包括扬压力，下同）对滑动平面法向分力的代数和，kN；

$\sum P$——作用在坝体上全部荷载对滑动平面切向分力的代数和，kN；

f——坝体混凝土与坝基的接触面间的抗剪摩擦系数，缺乏试验资料时，可按表5-4-1、表5-4-2选用。

表 5-4-1 坝基岩体力学参数

岩体分类	混凝土与坝基接触面			岩体		变形模量
	f'	c'/Mpa	f	f'	c'/Mpa	E_0/Gpa
Ⅰ	1.50~1.30	1.50~1.30	0.85~0.75	1.60~1.40	2.50~2.00	40.0~20.0
Ⅱ	1.30~1.10	1.30~1.10	0.75~0.65	1.40~1.20	2.00~1.50	20.0~10.0
Ⅲ	1.10~0.90	1.10~0.70	0.65~0.55	1.20~0.80	1.50~0.70	10.0~5.0
Ⅳ	0.90~0.70	0.70~0.30	0.55~0.40	0.80~0.55	0.70~0.30	5.0~2.0
Ⅴ	0.70~0.40	0.30~0.05	—	0.55~0.40	0.30~0.05	2.0~0.2

注：①f'，c' 为抗剪断系数，f 为抗剪参数。

②表中参数限于硬质岩，软质岩应根据软化系数进行折减。

表 5-4-2 结构面、软弱层和断层力学参数

类型	f'	c'/Mpa	f
胶结的结构面	0.80 ~ 0.60	0.250 ~ 0.100	0.70 ~ 0.55
无充填的结构面	0.70 ~ 0.45	0.150 ~ 0.050	0.65 ~ 0.40
岩块岩屑型岩	0.55 ~ 0.45	0.250 ~ 0.100	0.50 ~ 0.40
岩屑夹泥型	0.45 ~ 0.35	0.100 ~ 0.050	0.40 ~ 0.30
泥夹岩屑型	0.35 ~ 0.25	0.050 ~ 0.020	0.30 ~ 0.23
泥	0.25 ~ 0.18	0.005 ~ 0.002	0.23 ~ 0.18

注：① f'，c' 为抗剪断系数，f 为抗剪参数。
②表中参数限于硬质岩中的结构面。
③软质岩中的结构面应进行折减。
④胶结无充填的结构面抗剪断强度，应根据结构面的粗糙程度选取最大值或小值。

由于抗剪强度公式未考虑坝体混凝土与基岩间的胶结作用，因此该公式不能完全反映坝的实际工作状态，只是一个抗滑稳定的安全指标，《混凝土重力坝设计规范》（SL319-2005）给出的控制值也较小。具体见表 5-4-3。

表 5-4-3 抗滑稳定的安全系数 K_s、K'_s

坝的级别	抗剪强度公式安全系数 Ks			抗剪强度公式安全系数 K'_s
荷载组合	1	2	3	1，2，3
基本组合	1.10	1.05	1.05	3.0
特殊组合 1	1.05	1.00	1.00	2.5
特殊组合 2	1.00	1.00	1.00	2.3

二、抗剪断强度公式

抗剪断强度公式计算坝基面的抗滑稳定安全系数，认为坝体与基岩胶结良好，滑动面上的阻滑力包括抗剪断摩擦力和抗剪断凝聚力，其抗滑稳定安全系数由下式计算：

$$K'_s = \frac{f'\sum W + c'A}{\sum P}$$

式中 K'_s——按抗剪断强度公式计算的抗滑稳定安全系数；

f'——坝体混凝土与坝基的接触面间的抗剪断摩擦系数；

c'——坝体混凝土与坝基的接触面间的抗剪断凝聚力；

A——坝体与坝基接触面的面积，m^2。

其他符号意义同前。

该公式考虑了坝体的胶结作用，计入了摩擦力和凝聚力，是比较符合坝的实际工作状态的，物理概念也比较明确。f'、c' 值，当无实验资料时，可参考表 5-4-2、表 5-4-3 选用。

三、提高坝体抗滑稳定性的措施

当坝体的抗滑稳定安全系数不能满足要求时，除改变坝体的剖面尺寸外，还可以采取以下的工程措施提高坝体的稳定性。

（1）利用水重。将坝体的上游面做成倾向上游的斜面或折坡面，利用坝面上的水重增加坝的抗滑力，以达到提高坝体稳定的目的。

（2）减小扬压力。通过结构措施或工程措施加强防渗排水，以达到减小扬压力的目的。

（3）提高坝基面的抗剪断参数 f'、c' 值。措施有：将坝基开挖成"大平小不平"等形式；对整体性较差的地基进行固结灌浆；设置齿墙或抗剪键槽等。

（4）预应力锚固措施。一般是在靠近坝体上游面采用深孔锚固预应力钢索，既增加了坝体稳定性，又可消除坝踵处的拉应力。

（5）增大筑坝材料重度（在坝体混凝土中埋置重度大的块石），或将坝基面开挖成倾向上游的斜面，借以增加抗滑力，提高稳定性。

第五节　重力坝的应力分析

一、重力坝应力分析的目的与方法

1. 应力分析的目的：①验算拟定的坝体断面是否经济合理；②根据应力分布情况进行坝体混凝土标号分区；③为研究坝体某些部位的应力集中和配筋等提供依据。

2. 应力分析的过程：首先进行荷载计算和荷载组合，然后选择适宜的方法进行应力计算，最后检验坝体各部位的应力是否满足强度要求。

3. 应力分析方法：可归结为理论计算和模型试验两大类。对于中、小型工程，一般可只进行理论计算。理论计算法又包括材料力学法和弹性理论的解析法、有限元法，其中材料力学法应用最广、最简便，也是重力坝设计规范中规定采用的计算方法之一。

二、材料力学法

1. 材料力学法的基本假定

（1）坝体混凝土为均质、连续、各向同性的弹性材料。

（2）视坝段为固接于地基上的悬臂梁，不考虑地基变形对坝体应力的影响，并认为各坝段独立工作，横缝不传力。

（3）假定坝体水平截面上的垂直正应力按直线分布，其数值可按偏心受压公式计算，其他应力分量可根据静力平衡条件确定，并且不考虑廊道等对坝体应力的影响。

2. 边缘应力计算坝体应力计算图

材料力学法通常沿坝轴线取单位长度（1m）的坝体作为计算对象。坝体的最大和最小应力一般发生在上、下游坝面，且计算坝体内部应力也需要以边缘应力作为边界条件，同时对于较低重力坝的强度，只需用边缘应力控制即可，所以，应首先计算坝体边缘应力。计算简图及荷载、应力的正方向。

（1）上、下游坝面垂直正应力

$$\begin{matrix} \sigma_y^u \\ \sigma_y^d \end{matrix} = \frac{\sum W}{T} \pm \frac{6\sum M}{T^2}$$

式中 σ_y^u——上游面垂直正应力，kpa；

σ_y^d——下游面垂直正应力，kpa；

T——坝体计算截面沿上下游方向的水平宽度，m；

$\sum W$——计算截面以上所有垂直分力的代数和（包括扬压力，下同），以向下为正，kN；

$\sum M$——计算截面以上所有作用力对计算截面形心的力矩代数和（以逆时针方向为正），kN·m；

（2）上、下游面剪应力

$$\tau^u = \left(P - P_u^u - \sigma_y^u\right)m_1$$

$$\tau^d = \left(\sigma_y^d - P' + P_u^d\right)m_2$$

式中 τ^u——上游面剪应力，kpa；

τ^d——下游面剪应力，kpa；

P——计算截面在上游坝面所承受的水压力强度（如有泥沙压力和地震动水压力时，应计入在内），kpa；

P'——计算截面在下游坝面所承受的水压力强度（如有泥沙压力和地震动水压力时，应计入在内），kpa；

P_u^u——计算截面在上游坝面处的扬压力强度，kpa；

P_u^d——计算截面在下游坝面处的扬压力强度，kpa；

m_1——上游坝坡坡率；

m_2——下游坝坡坡率；

其他符号意义同前。

（3）上、下游面水平正应力

$$\sigma_x^u = (P - P_u^u) - (P - P_u^u - \sigma_y^u)m_1^2$$

$$\sigma_x^d = (P' - P_u^d) + (\sigma_y^d - P' + P_u^d)m_2^2$$

式中 σ_x^u ——上游面水平正应力，kpa；

σ_x^d ——下游面水平正应力，kpa；

其他符号意义同前。

（4）上、下游面主应力

$$\sigma_1^u = (1 + m_1^2)\sigma_y^u - m_1^2(P - P_u^u)$$

$$\sigma_2^u = P - P_u^u \tag{2-31}$$

$$\sigma_1^d = (1 + m_2^2)\sigma_y^d - m_2^2(P' - P_u^d)$$

$$\sigma_2^d = P' - P_u^d \tag{2-33}$$

式中 σ_1^u、σ_2^u ——上游面主应力，kpa；

σ_1^d、σ_2^d ——下游面主应力，kpa；

其他符号意义同前。

以上各式适用于计及扬压力的情况。如果不计截面上扬压力的作用时，则上游面和下游面的各种应力计算公式中将 P_u^u 和 P_u^d 取值为零。

三、强度校核

1. 重力坝坝基面坝踵、坝趾的垂直应力应符合下列要求

（1）运用期：在各种荷载组合下（地震荷载除外），坝踵垂直正应力不应出现拉应力，坝趾垂直正应力应小于坝基容许压应力；在地震荷载作用下，坝踵、坝趾的垂直应力应符合《水工建筑抗震设计规范》（SL203）的要求。

（2）施工期：坝趾垂直正应力允许有小于 0.1MPa 的拉应力。

2. 重力坝坝体应力应符合下列要求

（1）运用期

1）坝体上游面的垂直正应力不出现拉应力（计扬压力）。

2）坝体最大主压应力，不应大于混凝土的允许压应力值。

3）在地震荷载作用下，坝体上游面的应力控制标准应符合《水工建筑抗震设计规范》（SL203）的要求。

（2）施工期

1）坝体任何截面上的主压应力不应大于混凝土的允许压应力。

2）在坝体的下游面，允许有不大于 0.2MPa 的主拉应力。

混凝土的允许应力按混凝土的极限强度除以相应的安全系数确定。坝体混凝土抗压安全系数，基本组合不应小于 4.0，特殊组合（不含地震情况）不应小于 3.5。当局部混凝土有抗拉要求时，抗拉安全系数不应小于 4.0。混凝土极限抗压强度是指 90 天龄期的 15cm 立方体强度，强度保证率应达 80% 以上。

地震荷载是一种机遇较少的荷载，在动荷载的作用下混凝土材料的允许应力可适当提高，并允许产生一定的瞬时拉应力。

【例 2-1】某混凝土重力坝为 3 级建筑物，剖面尺寸如图 5-5-1 所示。设计洪水位 177.2m，相应下游水位 154.3m；校核洪水位 177.8m，相应下游水位 154.7m；正常高水位 176.0m，相应下游水位 154.0m；死水位 160.4m，淤沙高程 160.4m；水的重度取 10.0kN/m³，淤沙的浮重度为 8.0kN/m³，内摩擦角 φ=18°；混凝土强度等级为 C10，混凝土的允许压应力为 2.5Mpa，混凝土重度取 24kN/m³；坝基为较完整的微风化花岗片麻岩，允许压应力为 20Mpa，摩擦系数 f=0.6；帷幕及排水孔的中心线距上游坝脚分别为 5.3m 和 6.8m，排水处扬压力折减系数 α=0.3。地震设计烈度为 6 度，50 年一遇风速 22.5m/s，水库吹程 D=3km。试核算基本组合的设计洪水位情况下：①坝体与坝基接触面的抗滑稳定性；②坝趾和坝踵垂直正应力是否满足要求。

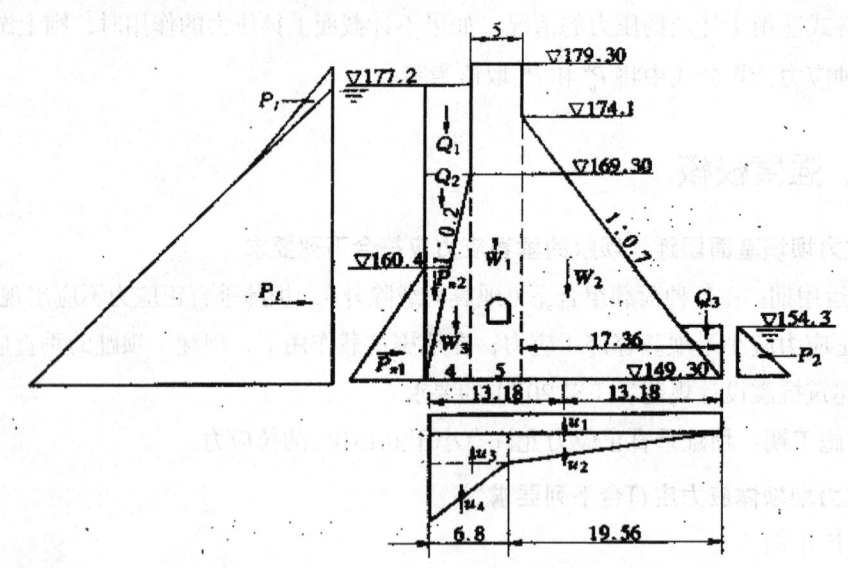

图 5-5-1 坝体剖面及荷载计算简图（单位：m）

解：1. 荷载及组合计算

（1）波浪要素计算。已知设计洪水位 50 年一遇风速 v0=22.5m/s，吹程 D=3Km，则：

$$h = 0.0076 v_0^{-1/12} \left(\frac{gD}{v_0^2} \right)^{1/3} \frac{v_0^2}{g}$$

$$= 0.0076 \times 22.5^{-1/12} \left(\frac{9.81 \times 3000}{22.5^2} \right)^{1/3} \times \frac{22.5^2}{9.81} = 1.17m$$

$$L_m = 0.331 v_0^{-1/2.15} \left(\frac{gD}{v_0^2} \right)^{1/3.75} \frac{v_0^2}{g}$$

$$= 0.331 \times 22.5^{-1/2.15} \left(\frac{9.81 \times 3000}{22.5^2} \right)^{1/3.75} \times \frac{22.5^2}{9.81} = 11.86m$$

$$h_z = \frac{\pi h^2}{L_m} = \frac{3.14 \times 1.17^2}{11.86} = 0.36$$

因为 gD/v_0^2=38.13，在 20～250 之间，为累积频率 5% 的波高。转化为 1% 的波高得：h1%=1.17×1.24=1.45m

又因为 $H_1 < L_m/2$=11.86/2=5.93m（坝前水深 H_1=27.9m），所以浪压力可按深水波计算。

（2）荷载计算。作用在重力坝上的荷载包括坝体自重、水平水压力、水重、扬压力、浪压力、水平泥沙压力和垂直泥沙压力，荷载及其对坝基截面形心力矩的值。

2. 坝基面抗滑稳定性核算

已知：∑W=7621.3（kN），∑P=4081.0（kN）

则：$K = \frac{f \sum W}{\sum P} = \frac{0.6 \times 7621.3}{4081} = 1.12 > 1.05$ 1.05

故在设计洪水位情况下，坝基面的抗滑稳定性满足要求。

3. 坝趾和坝踵应力核算

已知计及扬压力时坝基面上的∑W=7621.3（kN），∑M=−14421.0（kN.m）；不计扬压力时坝基面上的∑W=10629.3（kN），∑M=−3954.0（kN.m）

（1）坝踵垂直正应力（计扬压力）

$$\sigma_y^u = \frac{\sum W}{T} + \frac{6 \sum M}{T^2} = \frac{7621.3}{26.4} + \frac{6 \times (-14421)}{26.4^2} = 146.8 kPa > 0$$

（2）坝趾垂直正应力（计或不计扬压力）

不计扬压力时：$\sigma_y^d = \frac{\sum W}{T} - \frac{6 \sum M}{T^2} = \frac{10629.3}{26.4} - \frac{6 \times (-3954)}{26.4^2} = 436.67 kPa$

计入扬压力时：$\sigma_y^d = \frac{\sum W}{T} - \frac{6 \sum M}{T^2} = \frac{7621.3}{26.4} - \frac{6 \times (-14421)}{26.4^2} = 412.83 kPa$

远小于坝基和坝体允许压应力。

故在设计洪水位情况下，坝趾和坝踵应力满足要求。

第六节 溢流重力坝

一、溢流重力坝的工作特点

溢流坝既是挡水建筑物又是泄水建筑物,除应满足稳定和强度要求外,还需要满足泄流能力的要求。溢流坝在枢纽中的作用是将规划确定的库内所不能容纳的洪水由坝顶泄向下游,以确保大坝的安全。溢流坝满足泄水要求包括以下几个方面的内容:

(1)有足够的孔口尺寸和较大的流量系数,以满足泄洪能力要求;

(2)体型和流态良好,使水流平顺地流过坝体,控制不利的负压和振动,避免产生空蚀现象;

(3)满足消能防冲要求,保证下游河床不产生危及坝体安全的局部冲刷;

(4)溢流坝段在枢纽中的布置,应使下游流态平顺,不产生折冲水流,不影响枢纽中其他建筑物的正常运行;

(5)有灵活控制水流下泄的机械设备,如闸门、启闭机等。

二、孔口设计

溢流坝孔口尺寸的拟定包括孔口型式、溢流前缘总长度、堰顶高程、每孔尺寸和孔数。设计时一般先选定泄水方式,再根据泄流量和允许单宽流量,以及闸门形式和运用要求等因素,通过水库的调洪计算、水力计算,求出各泄水布置方案的防洪库容、设计和校核洪水位及相应的下泄流量等,进行技术经济比较,选出最优方案。

1. 孔口型式的选择

溢流坝常用的孔口型式有坝顶溢流式和大孔口溢流式。

(1)坝顶溢流式(如图 5-6-1 所示)

坝顶溢流式也称开敞式,这种形式的溢流孔除宣泄洪水外,还能用于排除冰凌和其他漂浮物。通常在大中型工程溢流坝的堰顶装有闸门,对于洪水流量较小、淹没损失不大的小型工程堰顶可不设闸门。

坝顶溢流式闸门承受的水头较小,所以孔口尺寸可以较大。当闸门全开时,下泄流量与堰上水头 H_0 的 3/2 次方成正比。随着库水位的升高,下泄流量可以迅速增大,当遭遇意外洪水时可有较大的超泄能力。闸门在顶部,操作方便,易于检修,工作安全可靠,因此坝顶溢流式得到广泛采用。

（2）大孔口溢流式（如图 5-6-2 所示）

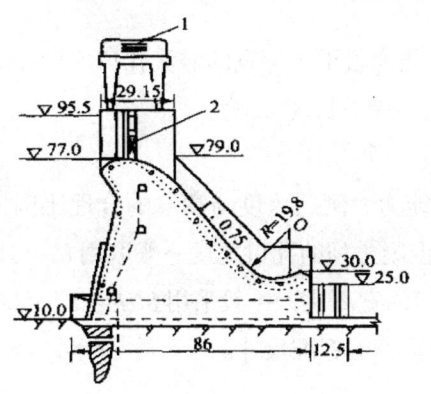 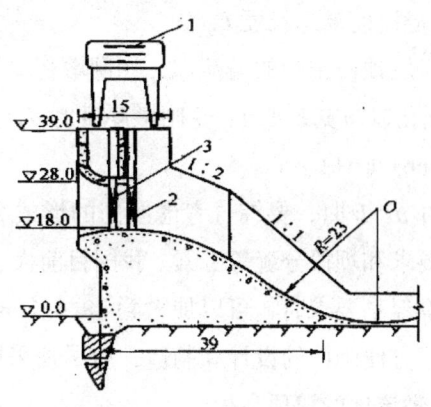

图 5-6-1　坝顶溢流式（单位：m）　　　　　　图 5-6-2　大孔口溢流式（单位：m）
1—门机；2—工作闸门　　　　　　　　　1—门机；2—工作闸门；3—检修闸门

泄水孔的上部设置胸墙，堰顶高程较低。这种形式的溢流孔可根据洪水预报提前放水，以便腾出较多库容储蓄洪水，从而提高调洪能力。当库水位低于胸墙时，泄流和坝顶溢流式相同；当库水位高出孔口一定高度时为大孔口泄流，下泄流量与作用水头 H_0 的 1/2 次方成正比，超泄能力不如坝顶溢流式。胸墙为钢筋混凝土结构，一般与闸墩固接，也有做成活动的，遇特大洪水时可将胸墙吊起以提高泄水能力。

2. 溢流孔口尺寸的确定

溢流坝的孔口设计涉及很多因素，如洪水设计标准，下游防洪要求，库水位壅高有无限制，是否利用洪水预报，泄水方式，枢纽布置，坝址的地形、地质条件等。若已知溢流坝的下泄流量 Q，可通过下列步骤求得孔口尺寸。

（1）单宽流量的确定

设 L 为溢流段净长度（不包括闸墩的厚度），则通过溢流孔口的单宽流量 q 为：

$$q = \frac{Q}{L}$$

单宽流量是决定孔口尺寸的重要指标。单宽流量愈大，孔口净长愈小，从而减少溢流坝长度和交通桥、工作桥等造价。但是，单宽流量愈大，单位宽度下泄水流所含的能量也愈大，消能愈困难，下游局部冲刷可能愈严重。若选择过小的单宽流量 q，则会增加溢流坝的造价和枢纽布置上的困难。因此，单宽流量的选定，一般首先考虑下游河床的地质条件，在冲坑不危及坝体安全的前提下选择合理的单宽流量。根据国内外工程实践得知：软弱基岩常取 $q=20\sim50\text{m}^3/(\text{s}\cdot\text{m})$，较好的基岩取 $q=50\sim70\text{m}^3/(\text{s}\cdot\text{m})$，特别坚硬完整的基岩取 $q=100\sim150\text{m}^3/(\text{s}\cdot\text{m})$。随着消能工的研究和科技水平的提高，单宽流量取值有不断增大的趋势。我国乌江渡拱形重力坝，设计单宽流量为 $165\text{m}^3/(\text{s}\cdot\text{m})$，校核情况为 $201\text{m}^3/(\text{s}\cdot\text{m})$。国外有些工程的单宽流量高达 $300\text{m}^3/(\text{s}\cdot\text{m})$ 以上。

（2）孔口尺寸的确定

1）溢流前缘总长度 L_0。

对于堰顶设闸门的溢流坝，用闸墩将溢流段分隔为若干个等宽的溢流孔口。设孔口数为 n，则孔口净宽 $b=L/n$。令闸墩厚度为 d，则溢流前缘总长度 L_0 为：

$$L_0=nb+(n+1)d$$

选择 n、b 时，要综合考虑闸门的形式和制造能力，闸门跨度与高度的合理比例，以及运用要求和坝段分缝等因素。我国目前大、中型混凝土坝的孔口宽度一般取用 8～16m，有排泄漂浮物要求时，可以加大到 18～20m。闸门的宽高比，一般采用 $b/H=1.5$～2.0 左右。为了方便闸门的设计和制造，应尽量采用规范推荐的标准尺寸。

2）溢流坝的堰顶高程。

由调洪演算得出设计洪水位和相应的下泄流量 Q。当采用开敞式溢流时，可利用式（2-36）计算出堰顶水头 H_0。

$$Q=Cm\varepsilon\sigma_s L\sqrt{2g}H_0^{3/2}$$

式中 Q——下泄流量，m³/s；

L——溢流段净长度，m；

H_0——堰顶作用水头，m；

g——重力加速度，9.81m/s²；

m——流量系数，与堰型有关；

C——上游面坝坡影响修正系数，当上游坝面铅直时，C 值取 1.0；

ε——侧收缩系数，根据闸墩厚度和墩头形状确定，取 $\varepsilon=0.90$～0.95；

σ_s——淹没系数，视淹没程度而定，不淹没时 $\sigma_s=1.0$。

设计洪水位减去堰上水头 H_0 即为堰顶高程。

当采用大孔口泄洪时，可利用下式计算出堰顶水头 H_0。

$$Q=\mu A_k\sqrt{2gH_0}$$

式中 A_k——出口处孔口面积，m²；

H_0——自由出流时为孔口中心处的作用水头，淹没泄流时为上下游水位差，m；

μ——孔口或管道的流量系数，对设有胸墙的堰顶高孔，当 $H_0/D=2.0$～2.4（D 为孔口高度）时，取 $\mu=0.83$～0.93。μ 的具体取值应通过计算沿程及局部水头损失后确定，具体公式详见水力学。

3. 溢流坝的结构布置

（1）闸门和启闭机

水工闸门按其功用可分为工作闸门、事故闸门和检修闸门。工作闸门用来控制下泄流量，需要在动水中启闭，要求有较大的启门力；检修闸门用于短期挡水，以便对工作闸门、建筑物及机械设备进行检修，一般在静水中启闭，启门力较小；事故闸门是在建筑物或设备出现事故时紧急应用，要求能在动水中快速关闭。溢流坝一般只设置工作闸门和检修闸门。工作闸门常设在溢流堰的顶部，有时为了使溢流面水流平顺，可将闸门设在堰顶稍下游一些。检修闸门和工作闸门之间应留有1~3m的净距，以便进行检修。全部溢流孔通常备有1~2个检修闸门，交替使用。

常用的工作闸门有平面闸门和弧形闸门。平面闸门的主要优点是结构简单，闸墩受力条件较好，各孔口可共用一个活动式启闭机；缺点是启门力较大，闸墩较厚。弧形闸门的主要优点是启门力小，闸墩较薄，且无门槽，水流平顺，闸门开启时水流条件较好；缺点是闸墩较长，且受力条件差。

检修闸门通常采用平面闸门，小型工程也可采用比较简单的叠梁门。

启闭机有活动式和固定式两种。活动式启闭机多用于平面闸门，可以兼用启吊工作闸门和检修闸门。固定式启闭机有螺杆式、卷扬式和液压式三种。

（2）闸墩和工作桥

闸墩的作用是将溢流坝前缘分隔为若干个孔口，并承受闸门传来的水压力（支承闸门），也是坝顶桥梁和启闭设备的支承结构。

闸墩的断面形状应使水流平顺，减小孔口水流的侧收缩。闸墩上游端常采用三角形、半圆形和流线型，下游端多为半圆形和流线型，以使水流平顺扩散。闸墩厚度与闸门形式有关。由于平面闸门的闸墩设有闸槽，工作闸门槽深一般不小于0.3m，宽0.5~1.0m，最优宽深比宜取1.6~1.8；检修门槽深一般为0.15~0.25m，宽0.15~0.3m，故闸墩厚度一般为2.0~4.0m；弧形闸门闸墩的厚度为1.5~3.0m。如果是缝墩，墩厚要增加0.5~1.0m。闸墩通常需要配置受力钢筋和构造钢筋，并将钢筋伸入坝体受压区内，配筋数量由闸墩结构计算确定。

闸墩的长度和高度，应满足布置闸门、工作桥、交通桥和启闭机械的要求，见图5-6-3。

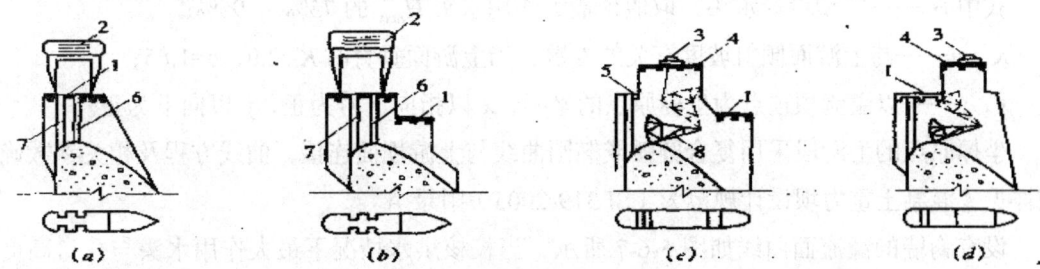

图 5-6-3 溢流坝顶布置图

1—公路桥；2—门机；3—启闭机；4—工作桥；5—便桥；6—工作门槽；7—检修门槽

工作桥多采用钢筋混凝土结构，大跨度的工作桥也可采用预应力钢筋混凝土结构。工作桥的平面布置应满足启闭机械的安装和运行的要求。

溢流坝两侧设边墩，也称边墙或导水墙，一方面起闸墩的作用，同时也起分隔溢流段和非溢流段的作用，见图5-6-4。边墩从坝顶延伸到坝趾，边墙高度由溢流水面线决定，并应考虑溢流面上水流的冲击波和掺气所引起的水面增高，一般应高出掺气水面1~1.5m。

当采用底流式消能工时，边墙还需延长到消力池末端形成导水墙。

（3）横缝的布置

溢流坝段的横缝有两种布置方式：①缝设在闸墩中间，如图5-6-5（a）所示，各坝段产生不均匀沉陷时不影响闸门启闭，工作可靠，缺点是闸墩厚度增大；②缝设在溢流孔跨中，如图5-6-5（b）所示，闸墩可以较薄，但易受地基不均匀沉陷的影响，且水流在横缝上流过，易造成局部水流不顺，适用于基岩较坚硬完整的情况。

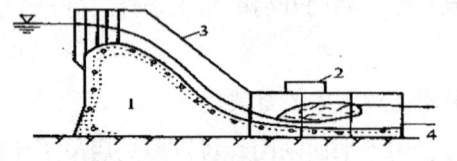 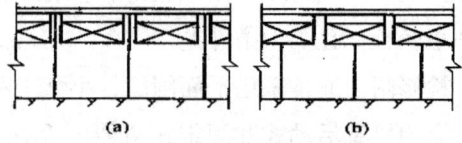

图5-6-4 边墙和导水墙图　　　　　　5-6-5 溢流坝段横缝布置图

1—溢流坝；2—水电站；

3—边墙；4—护坦

三、溢流面曲线和剖面设计

1. 溢流面曲线

溢流面曲线由顶部曲线段、中间直线段和下部反弧段3部分组成，如图5-6-6所示。设计要求是：①有较高的流量系数；②水流平顺，不产生空蚀。

顶部曲线段的形状对泄流能力和流态有很大的影响。我国重力坝规范推荐，当采用开敞式溢流孔时可采用WES幂曲线。堰面曲线方程如下：

$$x^n = KH_d^{n-1}y$$

式中　H_d——定型设计水头，取堰顶最大作用水头H_{max}的75%~95%；

K，n——与上游面倾斜坡度有关的参数，当上游面垂直时$K=2.0$，$n=1.85$；

x，y——以溢流坝顶点为坐标原点的坐标，x以指向下游为正，y以向下为正。

坐标原点的上游段采用复合圆弧或椭圆曲线与上游坝面连接，曲线方程及相关参数确定详见《混凝土重力坝设计规范》（SL319-2005）附录A。

设有胸墙的溢流面曲线如图5-6-7所示，当校核洪水情况下最大作用水头与孔口高度比值 Hmax/D>1.5 时或闸门全开仍属孔口出流时，可按孔口射流曲线设计：

$$y = \frac{x^2}{4\phi^2 H_d}$$

式中　H_d——定型设计水头，取孔口中心至校核洪水位的75%~95%；

ϕ——孔口收缩断面上的流速系数，一般取$\phi=0.96$，若有检修门槽时$\phi=0.95$；

若$1.2<H_{max}/D\leq1.5$，则堰面曲线应通过试验确定。

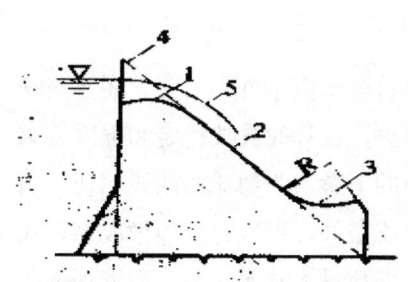

图 5-6-6 溢流面曲线组成图
1—顶部曲线段；2—直线段；3—反弧段；
4—基本剖面；5—溢流水舌

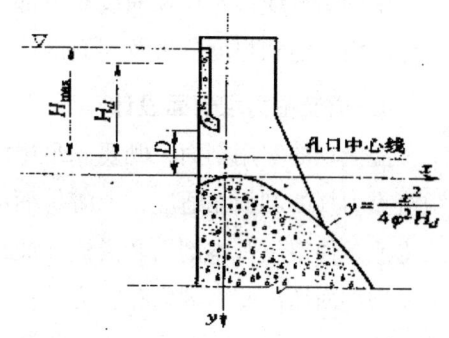

图 5-6-7 大孔口溢流面曲线

按定型设计水头确定的溢流面曲线，当通过校核洪水闸门全部打开时，堰面将出现负压，其最大负压值不得超过 6×9.81 kPa。定型设计水头 Hd 的取值不同，堰面出现的最大负压值也不同，具体可参考表 5-6-8 估算。

表 5-6-8 堰面最大负压值参考取值表

H_d/H_{max}	0.75	0.775	0.80	0.825	0.85	0.875	0.90	0.95	1.0
最大负压值（×9.81kPa）	$0.5H_d$	$0.45H_d$	$0.4H_d$	$0.35H_d$	$0.3H_d$	$0.25H_d$	$0.2H_d$	$0.1H_d$	$0.0H_d$

2. 反弧段

溢流坝下游反弧段的作用是使溢流坝面下泄的水流平顺地与下游消能设施相衔接。对不同的消能设施可采用不同的公式：

（1）对于挑流消能，通常取反弧半径 $R=(4\sim10)h$。其中，h 为校核洪水位闸门全开时反弧段最低点处的水深。R 太小时，水流转向不够平顺，过大时又使反弧段向下游延伸太长，增加工程量。当反弧段流速 $v<16$ m/s 时，可取下限，流速越大，反弧半径也宜选用较大值。

（2）对于底流消能，反弧半径可近似按下式求得：

$$R=\frac{10x}{3.28}$$

其中 $x=\dfrac{3.28v+21H+16}{11.8H+64}$

式中 H——不计行进流速的堰上水头，m；

v——坝址处流速，m/s；

3. 直线段

中间的直线段与坝顶曲线和下部反弧段相切,坡度一般与非溢流坝段的下游坡相同。具体应由稳定和强度分析及剖面设计确定。

4. 溢流重力坝剖面设计

溢流坝的实用剖面,既要满足稳定和强度要求,也要符合水流条件的需要,还要与非溢流重力坝的剖面相适应,上游坝面尽量与非溢流坝相一致。设计时先按稳定和强度要求及水流条件定出基本剖面和溢流面曲线,然后使基本剖面的下游边与溢流面曲线相切。当溢流坝剖面超出基本剖面时,为节约坝体工程量并满足泄流条件,可以将堰顶做成悬臂式的,如图5-6-9(a)所示(悬臂高度h1应大于H/2,H为堰顶最大水头)。若溢流坝剖面小于基本剖面,则将上游坝面做成折线形,使坝底宽等于基本剖面的底宽,如图5-6-9(b)所示。有挑流鼻坎的溢流坝,当鼻坎超出基本三角形以外时[见图5-6-9(b)],若l/h>0.5,应核算B-B′截面的应力,如果拉应力较大,可设缝将鼻坎与坝体分开。

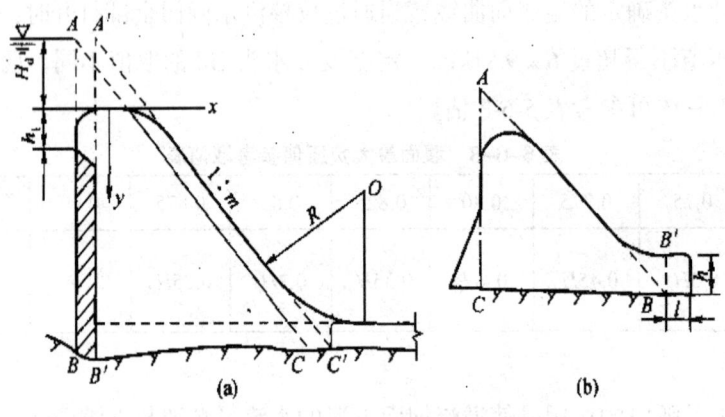

图5-6-9 溢流坝剖面设计图

四、消能工的形式与设计

1. 概述

(1)消能工的设计原则:①尽量使下泄水流的大部分动能消耗于水流内部紊动及水流与空气的摩擦中;②不产生危及坝体安全的河床冲刷或岸坡局部冲刷;③下泄水流平稳,不影响枢纽中其他建筑物的正常运行;④结构简单,工作可靠;⑤工程量小,经济。

(2)消能工形式:常用的消能工形式有底流式消能、挑流式消能、面流式消能、消力戽消能及联合式消能(宽尾墩—挑流、宽尾墩—消力戽、宽尾墩—消力池等)。设计时应根据地形、地质、枢纽布置、水头、泄量、运行条件、消能防冲要求、下游水深及其变幅等条件进行技术经济比较,选择消能工的形式。

(3)设计洪水标准:消能防冲建筑物设计的洪水标准,可低于大坝的泄洪标准。一等工程消能防冲建筑物宜按100年一遇洪水设计;二等工程消能防冲建筑物宜按50年一遇洪水设计；三等工程消能防冲建筑物宜按 30 年一遇洪水设计。并需考虑在小于设计洪水时可能出现的不利情况，保证安全运行。

2. 挑流消能

挑流消能是通过挑流鼻坎将高速水流自由抛射远离坝体，并利用水舌在空中扩散、掺气以及水舌跌入下游水垫内的紊动扩散消耗能量，如图 2-23 所示。这种消能方式具有结构简单、工程造价省、施工检修方便等优点；但下泄水流会形成雾化，尾水波动较大，且下游冲刷较严重，冲刷坑后形成堆丘等。适用于水头较高、下游有一定水垫深度、基岩条件良好的高、中坝，低坝经过严格论证也可采用这种消能方式。

挑流消能设计的任务是：选择鼻坎形式、反弧半径、鼻坎高程和挑射角，计算水舌挑射距离和冲刷坑深度等。

挑流鼻坎的常用形式有连续式和差动式两种。连续式鼻坎在工程中应用较为广泛。其优点是构造简单，水流平顺，防空蚀效果较好，但扩散掺气作用较差。连续式鼻坎的挑角可采用 15°～35°。鼻坎高程一般应高出下游最高水位约 1～2m，以利于挑流水舌下缘的掺气。水舌挑射距离可用下式估算：

$$L' = L + \Delta L$$

$$L = \frac{1}{g}\left[v_1^2 \sin\theta\cos\theta + v_1\cos\theta\sqrt{v_1^2\sin^2\theta + 2g(h_1+h_2)}\right]$$

$$\Delta L = T\cot\beta$$

式中 L'——冲坑最深点到坝下游垂直面的水平距离，m；

L——坝下游垂直面到挑流水舌外缘与原河床面交点的水平距离，m；

ΔL——水舌外缘与原河床面交点到冲坑最深点的水平距离，m；

v_1——坎顶水面流速。按鼻坎处平均流速 v 的 1.1 倍计，即 $v_1 = 1.1v = 1.1\phi\sqrt{2gH_0}$（$H_0$ 为水库水位至坎顶的落差，单位为 m；ϕ 为堰面流速系数，可取 0.9～1.0，m/s；

θ——鼻坎的挑角；

h_1——坎顶垂直方向水深，m。h1=h/cosθ（h 为坎顶平均水深）；

h_2——坎顶至河床面高差，m。如冲坑已经形成，作为计算冲坑进一步发展时，可算至坑底；

T——最大冲坑深度（由河床面至坑底），m；

β——水舌外缘与下游水面的交角。

最大冲坑深度可按下式估算：

$$T = t_k - t$$

其中 $t_k = kq^{0.5}H^{0.25}$

式中 t_k——最大冲坑水垫层厚度（自下游水位算至坑底），m；

q——单宽流量，m³/(s.m)；

H——上下游水位差，m；

t——下游水深，m；

k——冲刷系数，坚硬完整的基岩取 0.6～0.9，坚硬但完整性较差的基岩取 0.9～1.2，较坚硬，但呈块状、碎石状的基岩取 1.2～1.6，软弱、完全碎石状的基岩取 1.6～2.0。

为确保冲坑不致危及大坝和其他建筑物的安全，根据经验，安全挑距一般大于最大可能冲坑深度的 2.5～5.0 倍，具体取值需根据河床基岩节理裂隙的产状发育情况确定。

3. 底流消能

底流消能是在溢流坝坝趾下游设置一定长度的护坦，使过坝水流在护坦上发生水跃，通过水流的旋滚、摩擦、撞击和掺气等作用消耗能量，以减轻对下游河床和岸坡的冲刷。底流消能原则上适用于各种高度的坝以及各种河床地质情况，尤其适用于地质条件差，河床抗冲能力低的情况。底流消能运行可靠，下游流态比较平稳。对通航和发电尾水影响较小。但工程量较大，且不利于排冰和过漂浮物。

设计底流消能时，首先要进行水力计算以判断水流衔接状态。若为远驱水跃，则应采取工程措施，如设置消力池、消力坎或综合消力池等，促使水流在池内发生水跃以消能。为提高消能效果，还可以布置一些辅助消能工，如趾坎、消力墩、尾槛等，以强化消能、减小消力池的深度和长度。底流消能的水力计算（消力池的深度和长度、导水墙高度）具体见"水闸"一章的相关内容。图 5-6-10 为湖北陆水水电站溢流坝的消能布置。

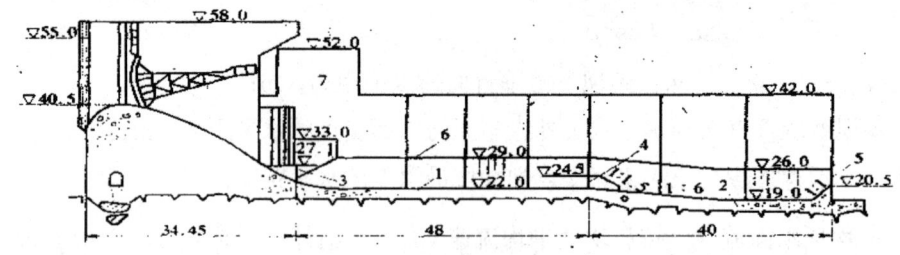

图 5-6-10 陆水水电站底流式消能布置图（单位：m）

1——一级消力池；2——二级消力池；3——趾墩；4——消力墩；5——尾墩；6——导水墙；7——电站厂房

底流式消能的护坦通常用钢筋混凝土修筑，其配筋一般按构造要求配置。护坦厚度可由抗浮稳定和强度条件确定，一般为 1～3m。岩基上的护坦可用锚筋和基岩锚固，锚筋直径 25～36mm，间距 1.5～2.0m，按梅花形布置；当基岩软弱或构造发育时，也可在护坦底部设置排水系统以降低扬压力；护坦一般还应设置伸缩缝，以适应温度变形；护坦表层常采用高强度混凝土浇筑，以提高抗冲和抗磨能力。

4. 面流消能

面流消能是在溢流坝下游面设置低于下游水位、挑角不大（挑角小于 10°～15°）的鼻坎，使下泄的高速水流既不挑离水面也不潜入底层，而是沿下游水流的上层流动。水舌下有一水滚，主流在下游一定范围内逐渐扩散，使水流流速分布逐渐接近正常水流情况，故此称为面流式消能。

于水头较小的中、低坝,且下游水深较大,水位变幅小,河床和两岸有较高的抗冲能力,或有排冰和漂木要求的情况;虽然水舌下的水滚是流向坝趾的,但流速较低,河床一般不需加固。由于表面高速水流会产生很大的波动,有的绵延数公里还难以平稳,所以对电站运行和下游航运不利,且易冲刷两岸。

5. 消力戽消能

这种消能形式是在坝后设一大挑角(约 45°)的低鼻坎(即戽唇,其高度 a 一般约为下游水深的 1/6),其水流形态的特征表现为三滚一浪(图 5-6-11)。戽内产生逆时针方向(如果水流方向向右时)的表面旋滚,戽外产生顺时针向的底部旋滚和逆时针向的表面旋滚,下泄水流穿过旋滚产生涌浪,并不断掺气进行消能。

戽式消能的优点是:工程量比底流式消能的小,冲刷坑比挑流消能的浅,不存在雾化问题。其主要缺点与面流式消能相似,并且底部旋滚可能将砂石带入戽内造成磨损。如将戽唇做成差动式可以避免上述缺点,但其结构复杂,齿坎易空蚀,采用时应慎重研究。消力戽消能的适用情况与面流式消能基本相同,但不能过木排冰,且对尾水的要求是须大于跃后水深。

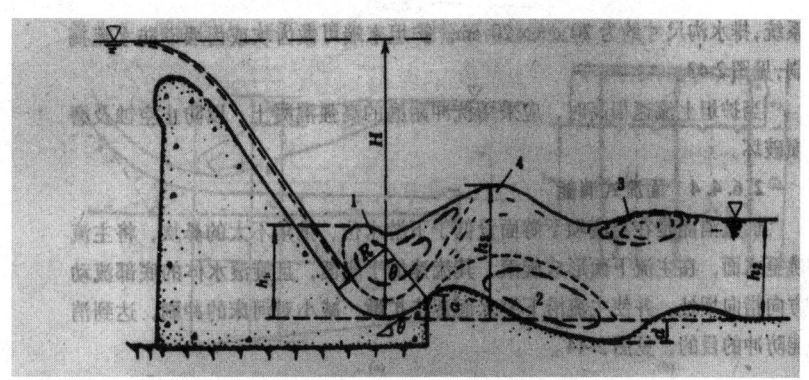

图 5-6-11 戽流式消能布置图

1—戽内旋滚;2—戽后底部旋滚;3—下游表面旋滚;4—戽后涌浪

第七节 重力坝的泄水孔

一、坝身泄水孔的作用

坝身泄水孔的进口全部淹没在设计水位以下,随时可以放水,故又称深式泄水孔。其作用有:①预泄洪水,增大水库的调蓄能力;②放空水库以便检修;③排放泥沙,减少水库淤积,延长水库使用寿命;④向下游供水,满足航运和灌溉要求;⑤施工导流。

二、坝身泄水孔的组成及形式

（1）泄水孔的组成。一般由进口段、闸门控制段、孔身段和出口消能段组成。

（2）泄水孔的形式。按孔身水流条件，坝身泄水孔可分为无压和有压两种类型。前者指泄水时除进口附近一段为有压外，其余部分均处于明流无压状态，见图5-7-1。后者是指闸门全开时，整个管道都处于满流承压状态。无压孔的有压段又包括进口段、门槽段和压坡段三个部分，压坡段末端设工作闸门；有压孔的进口段之后为事故检修门门槽段，其后接平坡段或小于1∶10的缓坡段，工作闸门设在出口端，其前为压坡段。

发电引水应为有压孔，其他用途的泄水孔，可以是有压或无压的。有压孔的工作闸门一般都设在出口，孔内始终保持满水有压状态。无压孔的工作闸门和检1—启闭机廊道；2—通气孔修闸门都设在进口，工作闸门后的孔口断面扩大抬高，以保证门后为无压明流。

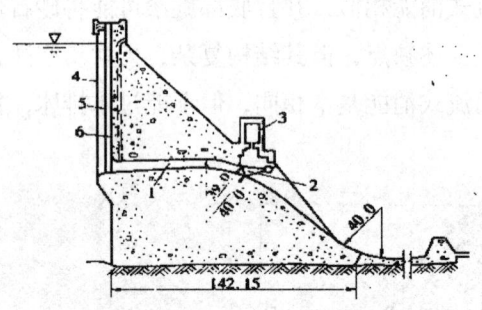

图5-7-1 无压泄水孔（单位：m）

三、泄水孔的布置

坝身泄水孔应根据其用途、枢纽布置要求、地形地质条件和施工条件等因素进行布置。泄洪孔宜布置在河槽部位，以便下泄水流与下游河道衔接。当河谷狭窄时，宜设在溢流坝段；当河谷较宽时，则可考虑布置于非溢流坝段。其进口高程在满足泄洪任务的前提下，应尽量高些，以减小进口闸门上的水压力；灌溉孔应布置在灌区一岸的坝段上，以便与灌溉渠道连接，其进口高程则应根据坝后渠首高程来确定，必要时，也可根据泥沙和水温情况分层设置进水口。

尽量靠近电站、灌溉孔的进水口及船闸闸首等需 1-泄水孔；2-弧形闸门；3-启闭机室；要排沙的部位；发电进水口的高程，应根据水力 4-闸墩；5-检修闸门；6-通气孔动能设计要求和泥沙条件确定。一般设于水库最低工作水位以下一倍孔口高度处，并应高出淤沙高程1m以上；为放空水库而设置的放水孔，施工导流孔，一般均布置得较低。

四、泄水孔的体型与构造

1. 有压泄水孔

（1）进水口的体型。为使水流平顺、减少水头损失，避免孔壁空蚀，进口形状应尽可能符合流线变化规律，工程中宜采用四侧或顶、侧面椭圆曲线进水口。

（2）出水口。有压泄水孔的出口控制着整个泄水孔内的内水压力状况。为消除负压，避免出现空蚀破坏，宜将出口断面缩小，收缩量大致为孔身面积的10%～15%，并将孔顶降低，孔顶坡比可取1∶10～1∶5。

（3）孔身断面及渐变段。有压泄水孔的断面一般为圆形，但进出口部分为适应闸门要求应为矩形断面，故圆、矩形断面间应设渐变段过渡连接。

（4）闸门槽。有压泄水孔出口的工作闸门，一般采用不设门槽的弧形闸门。若闸门槽体型设计不当，很容易产生空蚀。对高水头的情况，$W/D=1.6～1.8$；$\Delta/D=0.05～0.08$闸门槽应用图 2-30 所示的形状。$R/D=0.1$；$X/\Delta=10～12$

（5）通气孔。通气孔的作用是关闭检修闸门后，开工作闸门放水，向孔内充气；检修完毕后，关闭工作闸门，向闸门之间充水时排气。通气孔的断面积由计算确定，但宜大于充水管或排水管的过水断面积。为防止发生事故，通气孔的进口必须与闸门启闭室分开，以免影响工作人员的安全。

2. 无压泄水孔

无压泄水孔在平面上宜作直线布置，其过水断面多为矩形。

（1）进水口体型：无压泄水孔的有压段与有压泄水孔的相应段体型、构造基本相同，压坡段的坡度一般为1∶4～1∶6，压坡段的长度一般为3～6m。

（2）明流段。为使水流平顺无负压，明流段的竖曲线通常设计为抛物线。明流段的孔顶在水面以上应有无压泄水孔，有压段布置够的余幅，当孔身为矩形时，顶部高出水面的高度取最大流量时不掺气水深的30%～50%；当孔顶为圆拱形时，拱脚距水面的高度可取不掺气水深的20%～30%。明流段的反弧段，一般采用圆弧式，末端鼻坎高程应高于该处下游水位以保证发生自由挑流。

（3）通气孔：检修闸门后的通气孔布置要求与有压泄水孔完全相同。除此之外，为使明流段流态稳定，还应在工作闸门后设通气孔，向明流段不断补气。

第八节 重力坝的材料及构造

一、混凝土重力坝的材料

1. 水工混凝土的特性指标

建造重力坝的混凝土，除应有足够的强度承受荷载外，还要有一定的抗渗性、抗冻性、抗侵蚀性、抗冲耐磨性以及低热性等。

（1）强度

混凝土按标准立方体试块抗压极限强度分为12个强度等级，用符号C表示。重力坝常用的有C7.5、C10、C15、C20、C25、C30六个级别。混凝土的强度随龄期而增加，坝体混凝土抗压强度一般采用90天龄期强度，保证率为80%。抗拉强度采用28g天龄期强度，一般不采用后期强度。

（2）混凝土的耐久性

混凝土的耐久性包括抗渗、抗冻、抗冲耐磨、抗侵蚀等。

1）抗渗性是指混凝土抵抗水压力渗透作用的能力。抗渗性可用抗渗等级表示，抗渗等级是用28天龄期的标准试件测定的，分为W2，W4，W6，W8，W10和W12六级。重力坝所采用的抗渗等级应根据所在的部位及承受的渗透水力坡降进行选用。

2）抗冻性是表示混凝土在饱和状态下能经受多次冻融循环而不破坏，同时也不严重降低强度的性能。混凝土抗冻性用抗冻等级表示。抗冻等级是用28天龄期的试件采用快冻试验测定的，分为F50，F100，F150，F200，F300五级。采用时，应根据建筑物所在地区的气候分区、年冻融循环次数、表面局部小气候条件、结构构件重要性和检修的难易程度等因素确定混凝土的抗冻等级。

3）抗冲耐磨性是指混凝土抗高速水流或挟沙水流的冲刷、磨损的性能。目前对于抗磨性尚未订出明确的技术标准。根据经验，使用高等级硅酸盐水泥或硅酸盐大坝水泥拌制成的高等级混凝土，其抗磨性较强，且要求骨料坚硬、振捣密实。

4）抗侵蚀性是指混凝土抵抗环境侵蚀的性能。当环境水有侵蚀时，应选择抗侵蚀性能较好的水泥，水位变化区及水下混凝土的水灰比，可比常态混凝土的水灰比减少0.05。

为了降低水泥用量并提高混凝土的性能，在坝体混凝土内可适量掺加粉煤灰掺和料及引气剂、塑化剂等外加剂。

2. 坝体混凝土分区

混凝土重力坝坝体各部位的工作条件及受力条件不同，对上述混凝土材料性能指标的要求也不同。为了满足坝体各部位的不同要求，节省水泥用量及工程费用，把安全与经济

统一起来，通常将坝体混凝土按不同工

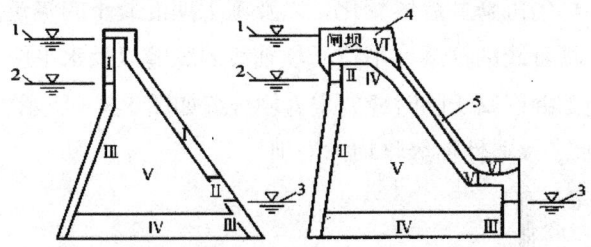

图 5-8-1 坝体混凝土分区示意图

1—上游最高水位；2—上游最低水位；3—下游最低水位；4—闸墩；5—导墙

作条件分为 6 个区，见图 5-8-1I 区——上、下游水位以上坝体表层混凝土，其特点是受大气影响。

Ⅱ区——上、下游水位变化区坝体表层混凝土，既受水的作用也受大气影响；

Ⅲ区——上、下游最低水位以下坝体表层混凝土；

Ⅳ区——坝体基础混凝土；

Ⅴ区——坝体内部混凝土；

Ⅵ区——抗冲刷部位的混凝土（如溢流面、泄水孔、导墙和闸墩等）。

为了便于施工，选定各区混凝土强度等级时，强度等级的类别应尽量少，相邻区的强度等级相差应不超过两级，以免由于性能差别太大而引起应力集中或产生裂缝。分区的厚度一般不得小于 2～3m，以便浇筑施工。

二、混凝土重力坝的构造

重力坝的构造设计包括坝顶构造、坝体分缝、止水、排水、廊道布置等内容。这些构造的合理选型和布置，可以改善重力坝工作性能，满足运用和施工上的要求，保证大坝正常工作。

1. 坝顶构造

溢流坝的坝顶构造已在"2.6节"中讲述。非溢流坝坝顶上游侧一般设有防浪墙，防浪墙宜采用与坝体连成整体的钢筋混凝土结构，高度一般为 1.2m，防浪墙在坝体横缝处应留伸缩缝并设止水。坝顶路面一般为实体结构 [图 5-8-2（a）]，并布置排水系统和照明设备。也可采用拱形结构支承坝顶路面 [图 5-8-2（b）]，以减轻坝顶重量，有利于抗震。

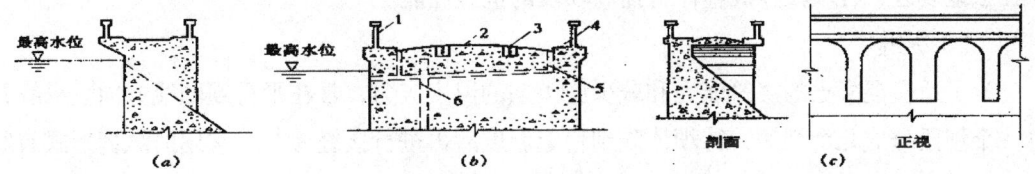

图 5-8-2 非溢流坝坝顶构造

1—防浪墙；2—公路；3—起重机轨道；4—人行道；5—坝顶排水管；6—坝体排水管

2. 坝体分缝与止水

为了适应地基不均匀沉降和温度变化，以及施工期混凝土的浇筑能力和温度控制等要求，常需设置垂直于坝轴线的横缝、平行于坝轴线的纵缝以及水平施工缝。横缝一般是永久缝，纵缝和水平施工缝则属于临时缝。重力坝分缝如图5-8-3所示。

（1）横缝及止水。永久性横缝将坝体沿坝

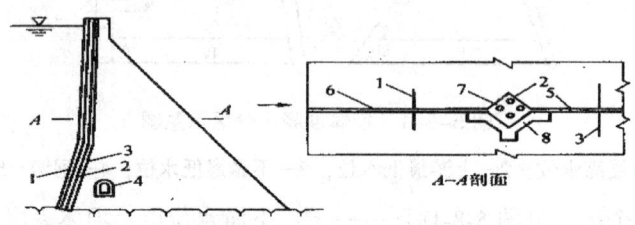

图5-8-3 坝体分缝示意图

轴线分成若干坝段，其缝面常为平面，各坝段独立工作。横缝可兼作伸缩缝和沉降缝，间距（坝段长度）一般为12～20m，当坝内设有泄水孔或电站引水管道时，还应考虑泄水孔和电站机组间距；对于溢流坝段还要结合溢流孔口尺寸进行布置。

横缝内需设止水设备，止水材料有金属片、橡胶、塑料及沥青等。高坝的横缝止水应采用两道金属止水铜片和一道防渗沥青井，如图2-35所示。对于中、低坝的止水可适当简化，中坝第二道止水片，可采用橡胶或塑料片等，低坝经论证也可仅设一道止水片。金属止水片的厚度一般为1.0～1.6mm，加工成"}"形，以便更好地适应伸缩变形。第一道止水片距上游坝面约为0.5～2.0m，以后各道止水设备之间的距离为0.5～1.0m；止水每侧埋入混凝土的长度为20～25cm。沥青井为方形或圆形，边长或内径为15～25cm，为便于施工，后浇坝段一侧可用预制混凝土块构成，井内灌注石油沥青和设置加热设备。

止水片及沥青井需伸入基岩30～50cm，止水片必须延伸到最高水位以上，沥青井需延伸到坝顶。溢流孔口段的横缝止水 1-第一道止水铜片；2-沥青井；3-第二道止水片；应沿溢流面至坝体下游尾水位以 4-廊道止水；5-横缝；6-沥青油毡；7-加热电极；8-预制块下，穿越横缝的廊道和孔洞周边均需设止水片。

当遇到下述情况时，可将横缝做成临时性横缝：①河谷狭窄时做成整体式重力坝，可适当发挥两岸的支撑作用，有利于坝体的强度和稳定；②岸坡较陡，将各坝段连成整体，以改善岸坡坝段的稳定性；③坐落在软弱破碎带上的各坝段，连成整体可增加坝体刚度；④在强地震区，各坝段连成整体可提高坝段的抗震性能。

（2）纵缝

为了适应混凝土的浇筑能力和减少施工期的温度应力，常在平行坝轴线方向设纵缝，将一个坝段分成几个坝块，待坝体降到稳定温度后再进行接缝灌浆。常用的纵缝形式有竖直纵缝、斜缝和错缝等，如图5-8-4所示。纵缝间距一般为15～30m。为了在接缝之间传递剪力和压力，缝内还必须设置足够数量的三角形键槽。斜缝适用于中、低坝，可不灌浆。错缝也不做灌浆处理，施工简便，可在低坝上使用。

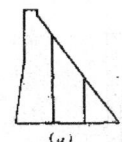 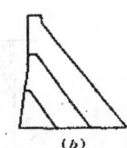 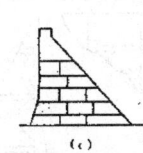 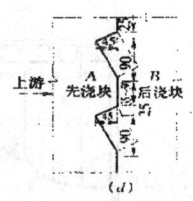

图 5-8-4　重力坝纵缝布置图

（a）竖直纵缝；（b）斜缝；（c）错缝；（d）纵缝键槽图

（3）水平工作缝

水平工作缝是分层施工的新老混凝土之间的接缝，是临时性的。为了使工作缝结合好，在新混凝土浇筑前，必须清除施工缝面的浮渣、灰尘和水泥乳膜，用风水枪或压力水冲洗，使表面成为干净的麻面，再均匀铺一层 2～3cm 的水泥砂浆，然后浇筑。国内外普遍采用薄层浇筑，浇筑块厚 1.5～3.0m。在基岩表面须用 0.75～1.0m 的薄层浇筑，以便通过表面散热，降低混凝土温升，防止开裂。

3. 坝体排水

为了减少坝体渗透压力，靠近上游坝面应设排水管幕，将渗入坝体的水由排水管排入廊道，再由廊道汇集于集水井，由抽水机排到下游。排水管距上游坝面的距离，一般要求不小于坝前水头的 1/15～1/25，且不小于 2m，以使渗透坡降在允许范围以内。排水管的间距为 2～3m，上、下层廊道之间的排水管应布置成垂直的或接近于垂直方向，不宜有弯头，以便检修。

排水管可采用预制无砂混凝土管、多孔混凝土管，内径为 15～25cm，排水管施工时用水泥浆砌筑，随着坝体混凝土的浇筑而加高。在浇筑坝体混凝土时，须保护好排水管，以防止水泥浆漏入而造成堵塞。

4. 廊道系统

为了满足施工运用要求，如灌浆、排水、观测、检查和交通的需要，须在坝体内设置各种廊道。这些廊道互相连通，构成廊道系统，如图 5-8-5 所示。

（1）基础灌浆廊道

帷幕灌浆须在坝体浇筑到一定高程后进行，以便利用混凝土压重提高灌浆压力，保证灌浆质量。为此，须在坝踵部位沿纵向设置灌浆廊道，以便降低渗透压力。基础灌浆廊道的断面尺寸，应根据钻灌机具尺寸及工作要求确定，一般宽度可取 2.5～3m，高度可为 3.0～3.5m。断面形式采用城门洞形。灌浆廊道距上游面的距离可取 0.05～0.1 倍水头，且不小于 4～5m。廊道底面距基岩面的距离不小于 1.5 倍廊道宽度。

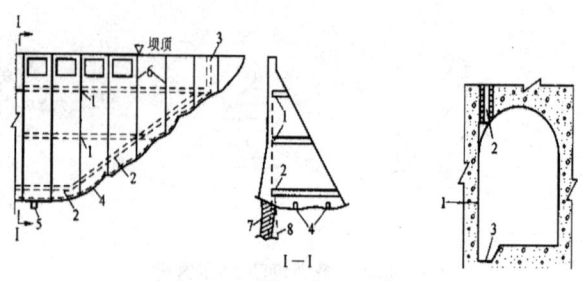

图 5-8-5　廊道和竖井系统布置图

1- 检查廊道；2- 基础灌浆廊道；3- 竖井；4- 排水廊道；

5- 集水井；6- 横缝；7- 灌浆帷幕；8- 排水孔幕

底板被灌浆压力掀动开裂。廊道底面上、下游侧设排水沟，下游排水沟设坝基排水孔及扬压力观测孔。灌浆廊道沿地形向两岸逐渐升高，坡度不宜大于 40°～45°，以便进行钻孔、灌浆操作和搬运灌浆设备。对坡度较陡的长廊，应分段设置安全平台及扶手。

（2）检查和坝体排水廊道

为了检查巡视和排除渗水，常在靠近坝体上游面沿高度方向每隔 15～30m 设置检查排水廊道。断面形式多采用城门洞形，最小宽度为 1.2m，最小高度为 2.2m，距上游面距离应不小于 0.05～0.07 倍水头，且不小于 3m。寒冷地区应适当加厚。

第九节　重力坝的地基处理

重力坝承受较大的荷载，对地基的要求较高，它对地基的要求介于拱坝和土石坝之间。除少数较低的重力坝可建在土基上之外，一般须建在岩基上。然而天然基岩经受长期地质构造运动及外界因素的作用，多少存在着风化、节理、裂隙、破碎等缺陷，在不同程度上破坏了基岩的整体性和均匀性，降低了基岩的强度和抗渗性。因此必须对地基进行适当的处理，以满足重力坝对地基的要求。这些要求包括：①具有足够的强度，以承受坝体的压力；②具有足够的整体性、均匀性，以满足坝基抗滑稳定和减少不均匀沉陷；③具有足够的抗渗性，以满足渗透稳定，控制渗流量；④具有足够的耐久性，以防止岩体性质在水的长期作用下发生恶化。

重力坝的地基处理一般包括坝基开挖清理，对基岩进行固结灌浆和防渗帷幕灌浆，设置基础排水系统，对特殊软弱带如断层、破碎带进行专门的处理等。

1. 地基的开挖与清理

坝基开挖与清理的目的是使坝体坐落在稳定、坚固的地基上。开挖深度应根据坝基应力、岩石强度及完整性，结合上部结构对地基的要求和地基加固处理的效果、工期和费用等研究确定。我国现行重力坝设计规范要求，凡100m以上的高坝须建在新鲜、微风化或弱风化下部基岩上；100～50m的坝可建在微风化至弱风化中部基岩上；坝高小于50m时，可建在弱风化层中部或上部基岩上。同一工程中，两岸较高部位的坝段，其利用基岩的标准可比河床部位适当放宽。

坝基开挖的边坡必须保持稳定；在顺河方向，各坝段基础面上、下游高差不宜过大，为有利于坝体的抗滑稳定，可开挖成略向上游倾斜；两岸岸坡应开挖成台阶形，以利于坝块的侧向稳定；基坑开挖轮廓应尽量平顺，避免有高差悬殊的突变，以免应力集中造成坝体裂缝；当地基中存在有局部工程地质缺陷时，也应予以挖除。

为保持基岩完整性，避免开挖爆破振裂，基岩应分层开挖。当开挖到距设计高程0.5～1.0m的岩层时，宜用手风钻造孔，小药量爆破。如岩石较软弱，也可用人工借助风镐清除。基岩开挖后，在浇筑混凝土前，需进行彻底的清理和冲洗；对易风化、泥化的岩体，应采取保护措施，及时覆盖开挖面。

2. 坝基的固结灌浆

在重力坝工程中采用浅孔低压灌注水泥浆的方法对地基进行加固处理，称为固结灌浆（见图5-9-1）。固结灌浆的目的是提高基岩的整体性和强度，降低地基的透水性。现场试验表明，在节理裂隙较发育的基岩内进行固结灌浆后，基岩的弹性模量可提高2倍甚至更多，在帷幕灌浆范围内先进行固结灌浆可提高帷幕灌浆的压力。

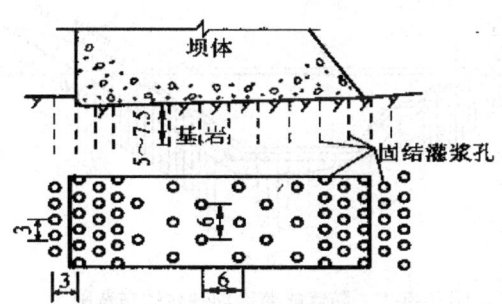

图5-9-1　固结灌浆孔的布置（单位：m）

固结灌浆孔一般布置在应力较大的坝踵和坝趾附近，以及节理裂隙发育和破碎带范围内。灌浆孔呈梅花形布置，孔距、排距和孔深根据坝高、基岩的构造情况确定，一般孔距3～4m，孔深5～8m。帷幕上游区的孔深一般为8～15m，钻孔方向垂直于基岩面。当无混凝土盖重灌浆时，压力一般为0.2～0.4MPa（2～4kg/cm^2），有盖重时为0.4～0.7MPa，以不掀动基础岩体为原则。

3. 帷幕灌浆

帷幕灌浆的目的是降低坝底的渗透压力，防止坝基内产生机械或化学管涌，减少坝基和绕渗渗透流量。帷幕灌浆是在靠近上游坝基布设一排或几排深钻孔，利用高压灌浆充填基岩内的裂隙和孔隙等渗水通道，在基岩中形成一道相对密实的阻水帷幕（图5-9-2）。

帷幕灌浆材料目前最常用的是水泥浆，水泥浆具有结石体强度高，经济和施工方便等优点。在水泥浆灌注困难的地方，可考虑采用化学灌浆。化学灌浆具有很好的灌注性能，能够灌入细小的裂隙，抗渗性好，但价格昂贵，又易造成环境污染，使用时需慎重。

防渗帷幕的深度应根据基岩的透水性、坝体承受的水头和降低坝底渗透压力的要求确定。当坝基下存在可靠的相对隔水层时，帷幕应伸入相对隔水层内 3～5m。不同坝高所要求的相对隔水层的透水率 q（1m 长钻孔在 1MPa 压水压力作用下，1min 内的透水量）应采取下列不同标准：坝高在 100m 以上，q=1～3Lu；坝高在 100～50m 之间，q=3～5Lu；坝高在 50m 以下，q=5Lu（Lu 读：吕容）。如相对隔水层埋藏很深，帷幕深度可根据降低渗透压力和防止渗透变形的要求确定，一般可在 0.3～0.7 倍水头范围内选取。

防渗帷幕的排数、排距及孔距，应根据坝高、作用水头、工程地质、水文地质条件确定。在一般情况下，高坝可设两排，中坝设一排。当帷幕由两排灌浆孔组成时，可将其中的一排钻至设计深度，另一排可取其深度的 1/2 左右。帷幕灌浆孔距为 1.5～3.0m，排距宜比孔距略小。

帷幕灌浆需要从河床向两岸延伸一定的范围，形成一道从左到右的防渗帷幕。当相对不透水层距地面较近时，帷幕可伸入岸坡与相对不透水层相衔接。当两岸相对不透水层很深时，帷幕可以伸到原地下水位线与最高库水位相交点 B 附近，如图 5-9-2 所示。在最高库水位以上的岸坡可设置排水孔以降低地下水位，增加岸坡的稳定性。

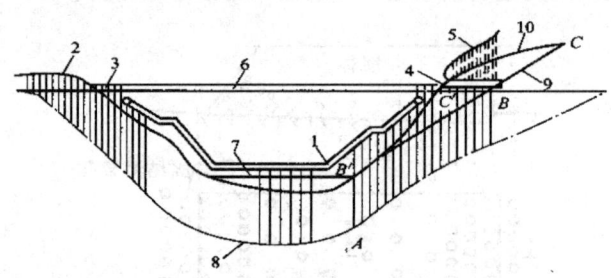

图 5-9-2　防渗帷幕沿坝轴线的布置图，
1—灌浆廊道；2—山坡钻进；3—坝顶钻进；4—灌浆平洞；5—排水孔；6—最高库水位；7—原河水位；
8—防渗帷幕底线；9—原地下水位线；10—蓄水后地下水位线

帷幕灌浆必须在浇筑一定厚度的坝体混凝土作为盖重后进行，灌浆压力由试验确定，通常在帷幕孔顶段取 1.0～1.5 倍的坝前静水压强，在孔底段取 2～3 倍的坝前静水压强，但应以不破坏岩体为原则。

4. 坝基排水设施

为了进一步降低坝底扬压力，需在防渗帷幕后设置排水系统，坝基排水系统一般由排水孔幕和基面排水组成。主排水孔一般设在基础灌浆廊道的下游侧，孔距 2～3m，孔径 15～20cm，孔深常采用帷幕深度的 0.4～0.6 倍，方向则略倾向下游。除主排水孔外，还可设辅助排水孔 1～3 排，孔距一般为 3～5m，孔深为 6～12m。

如基岩裂隙发育，还可在基岩表面设置排水廊道或排水沟、管作为辅助排水。排水沟、管纵横相连形成排水网，增加排水效果和可靠性。并在坝基上布置集水井，渗水汇入集水井后，用水泵排向下游。

5. 坝基软弱破碎带的处理

当坝基中存在断层破碎带或软弱结构面时，则需要进行专门的处理。处理方式应根据软弱带在坝基中的位置、走向、倾角的陡缓以及对强度和防渗的影响程度而定。对于走向与水流方向大致垂直、倾角较大的断层破碎带，常采用混凝土梁（塞）或混凝土拱进行加固。

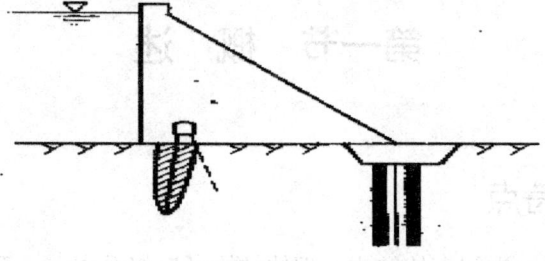

图 5-9-3 坝基排水设施布置图
1—主排水孔；2—辅助排水孔；3—坝基纵向排水廊道；
4—半圆形排水管；5—横向排水沟；6—灌浆廊道

如图 2-43 所示。混凝土塞是将破碎带挖除至一定深度后回填混凝土，以提高地基局部的承载能力。当破碎带的宽度小于 2～3m 时，混凝土塞的深度可采用破碎带宽度的 1～2 倍，且不得小于 1m。若破碎带的走向与水流方向大致相同，与上游水库连通时，则须同时做好坝基加固和防渗处理，常用的方法有钻孔灌浆、混凝土防渗墙、防渗塞等。

对于某些倾角较缓的断层破碎带，除应在顶部做混凝土塞外，还应沿破碎带开挖若干个斜井和平洞，用混凝土回填密实，形成斜塞和水平塞组成的刚性骨架，封闭破碎物，增加抗滑稳定性和提高承载能力。

第六章 拱 坝

第一节 概 述

一、拱坝的特点

结构特点：拱坝是一空间壳体结构，坝体结构可近似看作由一系列凸向上游的水平拱圈和一系列竖向悬臂梁所组成。

坝体结构既有拱作用又有梁作用。其所承受的水平荷载一部分由拱的作用传至两岸岩体，另一部分通过竖直梁的作用传到坝底基岩。

拱坝两岸的岩体部分称作拱座或坝肩；位于水平拱圈拱顶处的悬臂梁称作拱冠梁，一般位于河谷的最深处。

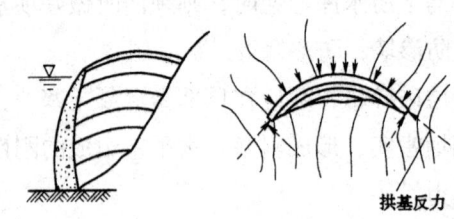

拱坝示意图

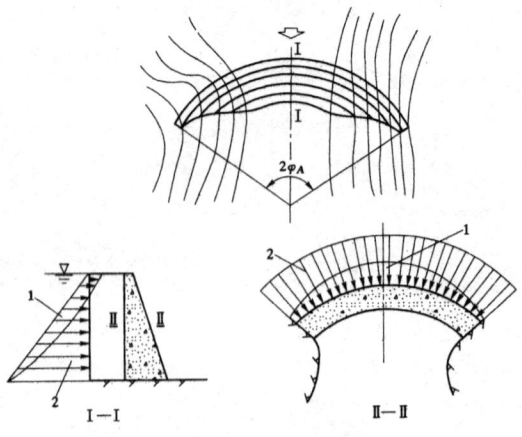

拱坝平面及剖面图

稳定特点：拱坝的稳定性主要是依靠两岸拱端的反力作用。

内力特点：拱结构是一种推力结构，在外荷作用下内力主要为轴向压力，有利于发挥筑坝材料（混凝土或浆砌块石）的抗压强度，从而坝体厚度就越薄。

拱坝是一高次超静定结构，当坝体某一部位产生局部裂缝时，坝体的梁作用和拱作用将自行调整，坝体应力将重新分配。所以，只要拱座稳定可靠，拱坝的超载能力是很高的。混凝土拱坝的超载能力可达设计荷载的 5~11 倍。

性能特点：拱坝坝体轻韧，弹性较好，整体性好，故抗震性能也是很高的。拱坝是一种安全性能较高的坝型。

荷载特点：拱坝坝身不设永久伸缩缝，其周边通常是固接于基岩上，因而温度变化和基岩变化对坝体应力的影响较显著，必须考虑基岩变形，并将温度荷载作为一项主要荷载。

泄洪特点：在泄洪方面，拱坝不仅可以在坝顶安全溢流，而且可以在坝身开设大孔口泄水。目前坝顶溢流或坝身孔口泄水的单宽流量已超过 $200m^3/(s.m)$。

设计和施工特点：拱坝坝身单薄，体形复杂，设计和施工的难度较大，因而对筑坝材料强度、施工质量、施工技术以及施工进度等方面要求较高。

二、拱坝对地形和地质条件的要求

对地形的要求

左右两岸对称，岸坡平顺无突变，在平面上向下游收缩的峡谷段。坝端下游侧要有足够的岩体支承，以保证坝体的稳定

以"厚高比"T/H 来区分拱坝的厚薄程度。当 T/H<0.2 时，为薄拱坝；当 T/H=0.2~0.35 时，为中厚拱坝；当 T/H>0.35 时，为厚拱坝或重力拱坝。

坝址处河谷形状特征用河谷"宽高比"L/H 及河谷的断面形状两个指标来表示。

L/H 值小，说明河谷窄深，拱的刚度大，梁的刚度小，坝体所承受的荷载大部分是通过拱的作用传给两岸，因而坝体可较薄。反之，当 L/H 值很大时，河谷宽浅，拱作用较小，荷载大部分通过梁的作用传给地基，坝断面较厚。

在 L/H<2 的窄深河谷中可修建薄拱坝；

在 L/H=2~3 的中等宽度河谷中可修建中厚拱坝；

在 L/H=3~4.5 的宽河谷中多修建重力拱坝；

在 L/H>4.5 的宽浅河谷中，一般只宜修建重力坝或拱形重力坝。

左右对称的 V 形河谷最适宜发挥拱的作用，靠近底部水压强度最大，但拱跨短，因而底拱厚度仍可较薄；U 形河谷靠近底部拱的作用显著降低，大部分荷载由梁的作用来承担，故厚度较大，梯形河谷的情况则介于这两者之间。

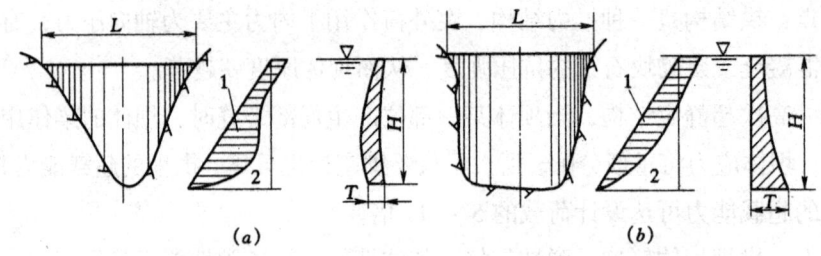

河谷形状对荷载分配和坝体剖面的影响

（二）对地质的要求

基岩均匀单一、完整稳定、强度高、刚度大、透水性小和耐风化等。

两岸坝肩的基岩必须能承受由拱端传来的巨大推力、保持稳定并不产生较大的变形。

三、拱坝的形式

1. 按拱坝的曲率分：单曲和双曲之分。

2. 按水平拱圈形式分：圆弧拱坝、多心拱坝、变曲率拱坝（椭圆拱坝和抛物线拱坝等）。

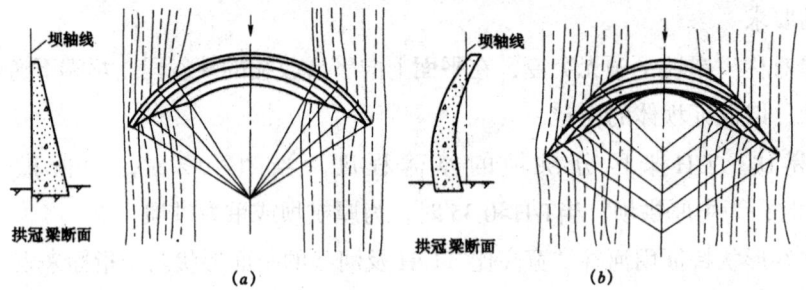

单双曲拱坝示意图

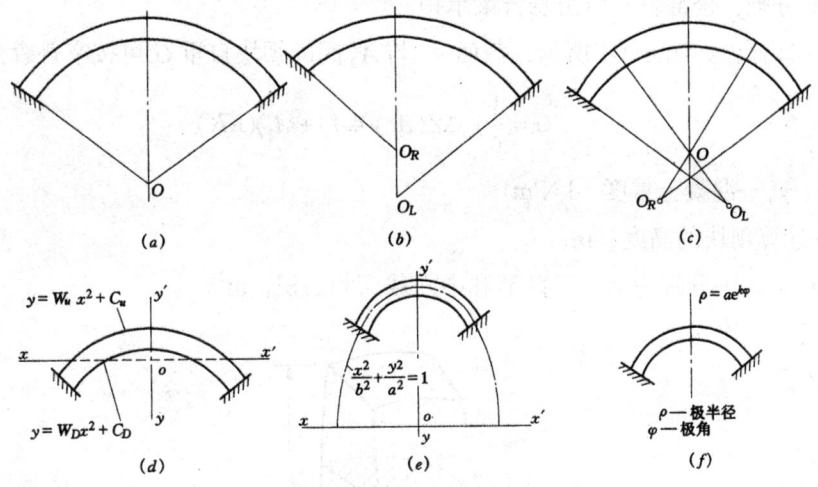

拱坝的各种水平拱圈型式

第二节 拱坝的荷载及组合

一、拱坝的设计荷载

（一）一般荷载的特点

1. 水平径向荷载

水平径向荷载种类：静水压力、泥沙压力、浪压力及冰压力。

荷载的分配：静水压力是坝体上的最主要荷载，应由拱、梁系统共同承担，可通过拱梁分载法来确定拱系和梁系上的荷载分配。

计算：水平径向静水压力的计算如下：

$$p = \gamma h$$

式中：P——作用于坝面的静水压力强度；

γ——水的重度；

h——计算点处的水深。

将 P 转化为拱轴线上的压力强度 P' 时，则

$$p' = \frac{pR_u}{R}$$

式中 R_u、R 分别为拱圈外弧半径和平均半径。

2. 自重

荷载的分配：全部自重应由悬臂梁承担。

荷载的计算：如图 6-2-1 所示，截面 A_1 与 A_2 间的坝块自重 G 可按辛普森公式计算：

$$G = \frac{1}{6}\gamma_h \Delta Z(A_1 + 4A_m + A_2)(KN)$$

式中：γ_h—混凝土重度，kN/m^3；

ΔZ—计算坝块的高度，m；

A_1、A_2、A_m—分别为上、下两端和中间截面的面积，m^2。

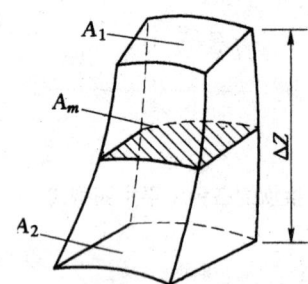

图 6-2-1　坝块自重计算图

3. 扬压力

扬压力的特点：拱坝坝体一般较薄，坝体内部扬压力对应力影响不大，对薄拱坝通常可忽略不计。

（二）温度荷载

原因：拱坝为一超静定结构，在上下游水温、气温周期性变化的影响下，坝体温度将随之变化，并引起坝体的伸缩变形，在坝体内将产生较大的温度应力。温度荷载是拱坝设计的主要荷载。

封拱温度：拱坝系分块浇筑，经充分冷却，当坝体温度逐渐降至相对稳定值时，进行封拱灌浆，形成整体。拱坝封拱一般选在气温为年平均气温或略低于年平均气温时进行。封拱时温度愈低，建成后愈有利于降低坝体拉应力。在封拱时的坝体温度称作封拱温度。

温度荷载：是指拱坝形成整体后，坝体温度相对于封拱温度的变化值。

温降当坝体温度低于封拱温度时，称温降，拱圈将缩短并向下游变位，由此产生的弯矩、剪力及位移的方向都与库水压力作用下所产生的弯矩、剪力及位移的方向相同，但轴力方向相反；温升当坝体温度高于封拱温度时，称温升，拱圈将伸长并向上游变位，如图 6-2-2（b），由此产生的弯矩、剪力和位移的方向与库水压力所产生的方向相反，但轴力方向则相同。因此，在一般情况下，温降对坝体应力不利；温升将使拱端推力加大，对坝肩稳定不利。

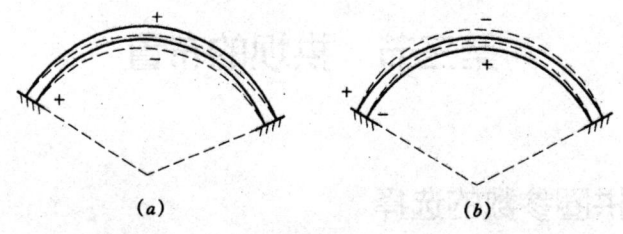

图 6-2-2 坝体由温度变化的变形示意图

温度荷载的种类：均匀温度变化（t_1）等效线性温差（t_2）非线性温度变化（t_3）

1. 均匀温度变化（t_1）

这是温度荷载的主要部分。

2. 等效线性温差（t_2）

水库蓄水后，由于水库水温变幅小于下游气温变幅，故沿坝厚常有温度梯度 t_2/T。它对拱圈力矩的影响较大，而对拱圈轴向力和悬臂梁力矩的影响很小。在中、小型工程中一般可不考虑。

3. 非线性温度变化（t_3）

它是以坝体温度变化曲线上扣去 t_1 和 t_2 后的剩余部分，产生局部应力，在拱坝设计中一般可略去不计。

对于中、小型拱坝，可视情况采用下列经验公式作拱坝的温度荷载计算：

$$t_1 = \frac{57.57}{T + 2.44} \ (\text{℃})$$

或 $t_1 = \dfrac{47}{T + 3.39}$（℃）

二、拱坝的荷载组合

荷载组合：基本组合和特殊组合两类。

重力坝的基本荷载和特殊荷载划分也适用于拱坝，只是在基本荷载中还应列入温度荷载。拱坝的荷载组合应根据荷载同时作用的可能性，选择最不利的情况。

第三节 拱坝的布置

一、水平拱圈参数的选择

1. 拱中心角 $2\phi_A$

"圆筒公式"：

$$T = \frac{PR_U}{\sigma}$$

$$R_U = R + \frac{T}{2} = \frac{l}{\sin\varphi_A} + \frac{T}{2}$$

$$T = \frac{2lp}{(2\sigma - P)\sin\varphi_A} \text{ 或 } \sigma = \frac{lp}{T\sin\varphi_A} + \frac{p}{2}$$

式中：T——拱圈厚度；

σ——拱圈截面的平均应力；

l——拱圈平均半径处半弦长；

R_U、R——外弧半径、平均半径。

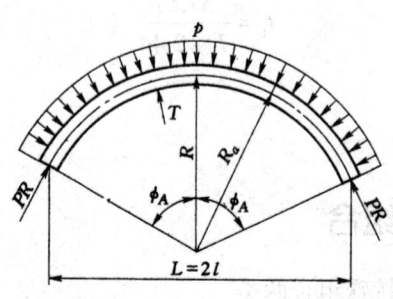

圆弧拱圈

分析结论：（1）当应力条件相同时，拱中心角 $2\phi_A$ 愈大（即 R 愈小）拱圈厚度 T 愈小，就愈经济。但中心角增大也会引起拱圈弧长增加，抵消了一部分由减小拱厚所节省的工程量。通过计算，可以得出拱圈体积最小时的中心角 $2\phi_A=133°34'$。

（2）当拱厚 T 一定，拱中心角愈大，拱端应力条件愈好。采用较大中心角比较有利，但选用很大的中心角将很难满足坝肩稳定的要求。

（3）从有利于拱座稳定考虑，要求拱端内弧面切线与可利用岩面等高线的夹角不得小于30°。过大的中心角将使拱端内弧面切线与岩面等高线的夹角减小，对拱座稳定不利。因此，拱圈中心角在任何情况下都不得大于120°。

（4）一般情况下可使顶拱中心角采用实际可行的最大值，往下拱圈的中心角逐渐减小。坝体顶拱最大中心角应根据不同的水平拱圈型式，采用90°～110°。底拱中心角在50°～80°之间选取。

2. 水平拱圈的形态

合理的水平拱圈应当是压力线接近拱轴线，使拱截面内的压应力分布趋于均匀。

三心圆拱：由三段圆弧构成的三心圆拱，通常两侧弧段的半径比中间的大，从而可以减小中间弧段的弯矩，使压应力分布均匀，改善拱端与两岸岩体的连接条件，更有利于坝肩的岩体稳定。美国、葡萄牙等国采用三心圆拱坝较多，我国的白山拱坝、紧水滩拱坝和正在施工的李家峡都是采用的三心圆拱坝。

变曲率拱：椭圆拱、抛物线拱等变曲率拱，拱圈中段的曲率较大，向两侧逐渐减小，使拱圈中的压力线接近中心线，拱端推力方向与岸坡等高线的夹角增大，有利于坝肩岩体的抗滑稳定。我国在建的二滩、东风水电站就是采用的抛物线拱坝。

二、拱坝平面布置形式

1. 等半径拱坝

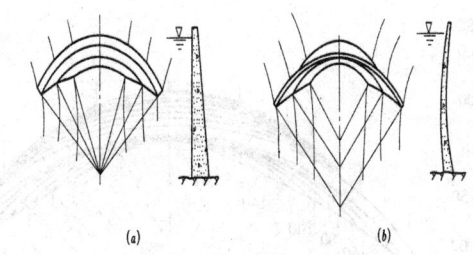

定圆心等外半径拱坝

2. 等中心角拱坝

这种坝型为了维持圆心角为常数，拱坝的上、下游均形成扭曲面，并且出现倒悬，在靠近两岸部分均倒向上游。

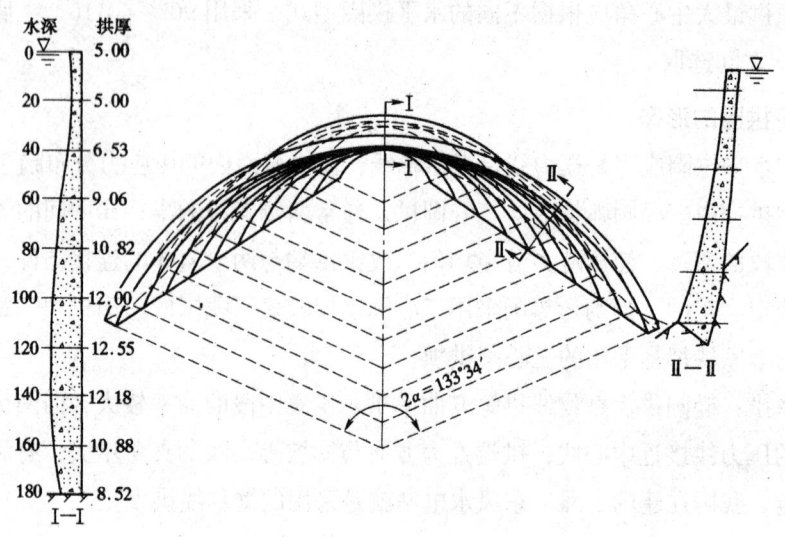

等中心角拱坝

3. 变半径、变中心角拱坝

变半径、变中心角拱坝改善了应力状态,是一种较好的坝型。

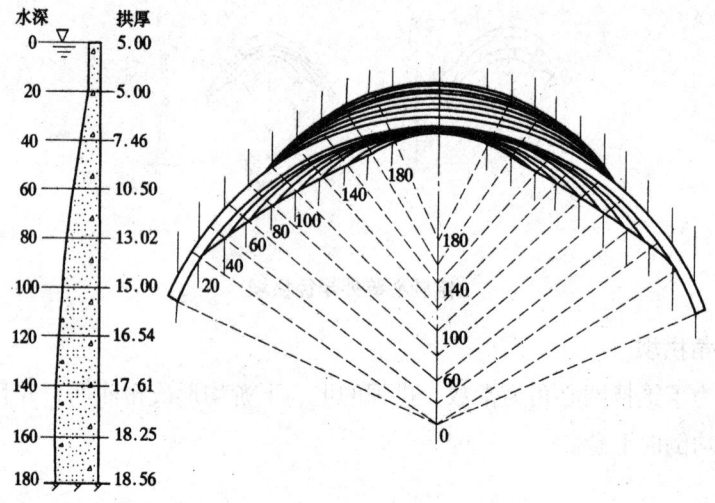

变半径变中心角拱坝

4. 双曲拱坝

优点:梁系呈弯曲的形状,兼有垂直拱的作用,垂直拱在水平拱的支撑下,将更多的水荷载传至坝肩;垂直拱在水荷载作用下上游面受压,下游面受拉,而在自重作用于下则与此相反,因而应力状态可得到改善,材料强度得到更充分的发挥。

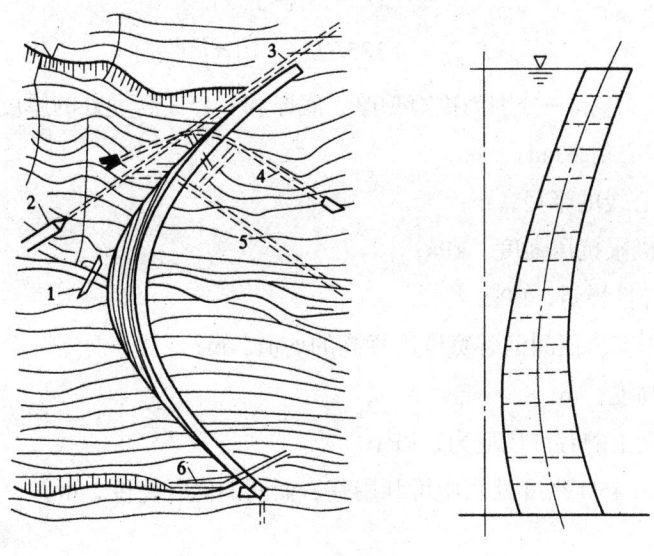

双曲拱坝

三、拱冠梁的形式和尺寸

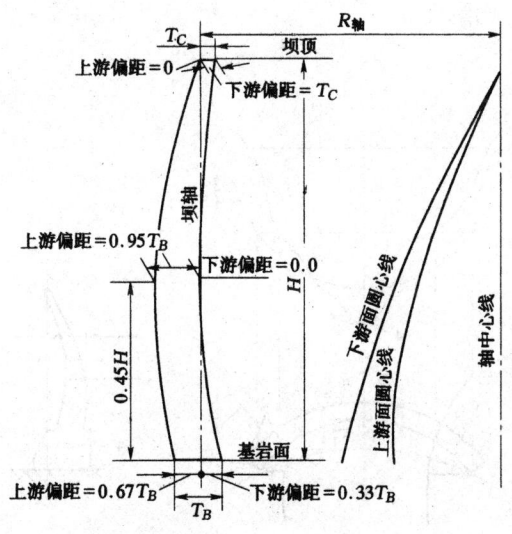

拱冠梁尺寸示意图

坝顶厚度 T_C 一般按工程规模、运行和交通要求确定,如无交通要求,一般采用 3~5m。坝底厚度 T_B 是表征拱坝厚薄的一项控制数据。

初拟拱冠梁厚度可采用《水工设计手册》建议的公式。

$$T_C = 2\phi_C R_{轴}\left(3R_f \big/ 2E\right)^{\frac{1}{2}} /\pi \text{ (m)}$$

$$T_B = 0.7\bar{L}H/[\sigma] \text{ (m)}$$

$$T_{0.45H} = 0.385HL_{0.45H}/[\sigma] \text{ (m)}$$

式中：T_C、T_B、$T_{0.45H}$——分别为拱冠顶厚、底厚和 0.45H 高度处的厚度，m；

ϕ_C——顶拱的中心角，rad；

R 轴——顶拱中心线的半径，m；

R_f——混凝土的极限抗压强度，kPa；

E——混凝土的弹性模量，kPa；

L——两岸可利用基岩面间河谷宽度沿坝高的均值，m；

H——拱冠梁的高度，m；

$[\sigma]$——坝体混凝土的容许压应力，kPa；

$L_{0.45H}$——拱冠梁 0.45H 高度处两岸可利用基岩面间的河谷宽度，m。

四、拱坝布置要求和步骤

（一）布置要求

1. 基岩轮廓线连续光滑
2. 坝体轮廓线连续光滑

布置的步骤

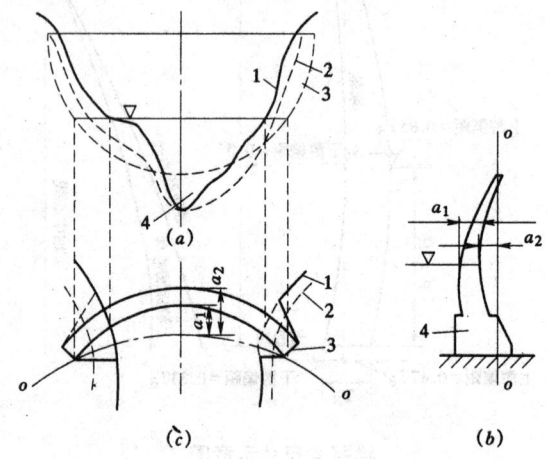

拱坝布置示意图

（1）定出开挖深度，画出可利用基岩面等高线地形图。

（2）在可利用、将顶拱轴线绘在透明纸上，以便在地形图上移动，尽量使拱轴线与基岩等高线在拱端处的夹角不小于30°，并使两端夹角大致相同。

（3）初拟拱冠梁剖面尺寸，自坝顶往下，一般选取 5～10 道拱圈，绘制各层拱圈平面图。各层拱圈的圆心连线在平面上最好能对称于河谷可利用岩面的等高线,在竖直面上圆心连线应为连续光滑的曲线。

(4)切取若干铅直剖面,检查其轮廓线是否光滑连续,确定倒悬程度。并把各层拱圈的半径、圆心位置以及中心角分别按高程点绘,连成上、下游面圆心线和中心角线。

(5)进行应力计算和坝肩岩体抗滑稳定校核。

(6)将坝体沿拱轴线展开,绘成拱坝上游或下游展视图,显示基岩面的起伏变化,对于突变处应采取削平或填塞措施。

(7)计算坝体工程量,作为不同方案比较的依据。

第四节 拱坝的体形、尺寸和布置

一、拱坝体形和尺寸设计的要求

拱坝体形和尺寸的选择,应考虑坝址、河谷形状、地质条件、泄洪流量大小、坝体强度、坝肩岩体抗滑稳定以及施工条件等因素。V 形河谷有利于选用双曲拱坝,U 形河谷有利于选用单曲拱坝。而常遇的河谷往往是介于 V 形和 U 形之间,所以拱坝一般是双曲的。拱坝的体形在保证坝体应力分布较好的前提下,应尽量使悬臂梁的曲率减小,这样对设计和施工都较为有利。当坝址河谷对称性较差时,可设计成不对称拱坝。但如拱坝过于不对称,将使坝体应力分布很不均匀,可能出现较高的拉应力,应采取措施,如用垫座等,以改善坝体应力。当坝址河谷不规则,或河床有局部深槽时,岸坡应开挖平顺,在凹处和河床深槽应做混凝土塞和垫座。

拱坝体形和尺寸的选择,应尽可能使坝体应力分布均匀,满足强度要求,使坝肩岩体满足抗滑稳定要求。要合理选择水平拱的中心角。一般来说,拱圈中心角愈大、曲率愈大、拱圈半径愈小,在上游水压力作用下拱圈内的轴向力愈小,可减小断面,但拱圈会加长。但是拱圈中心角加大时,拱座处轴向力方向与岸坡边线的夹角会变小。例如中心角 134°时,上述夹角约为 20°,对坝肩岩体稳定不利,而且拱座处还有剪力,拱座所受合力方向与岸坡边线的夹角会更小。根据以往拱坝设计的经验,拱坝顶部拱圈最大中心角宜根据不同的水平拱型式,以采用 80°~110° 为宜。这样拱座轴向力方向与岸坡边线的夹角约为 35°~50°。一般要求拱端内弧的切线与岸坡利用岩面等高线的夹角不得小于 30°。应注意调整坝体各高程作用于拱座上的合力方向,使其尽量指向山体内。对于高拱坝,一般水平拱圈采用三心圆、抛物线或椭圆形曲线,这样一方面可使拱圈内的轴向力线更靠近拱圈的中心线,减少弯矩;另一方面,拱圈中间部分曲率较大,轴向力可减小;拱圈端部曲率较小,可使拱座所受合力方向与岸坡边线的夹角加大,有利于坝肩岩体稳定。为了改善靠近拱端的应力状况，可采用变厚拱或在拱端局部加厚拱圈。在双曲拱坝中，要合理设计悬臂梁断面。沿拱圈各悬臂梁断面体形和竖直向曲率都是不同的，要使坝面曲线光滑，以免局部应力集中。为了使拱坝中间悬臂梁底部上游面的拉应力减小，可把悬臂梁下部向上游倒悬。为了使拱坝两侧悬臂梁不过于向上游倒悬，拱坝中间悬臂梁顶部应向下游倒悬。有时为了把库水压力尽量传到坝肩中下部，把整个拱坝做成向下游倒悬。但为施工方便考虑，悬臂梁的倒悬度（水平比竖直）一般不宜大于0.3：1。拱坝施工时沿径向设温度收缩横缝，以避免混凝土因水泥水化热作用而产生裂缝。如拱坝下部悬臂梁向上游倒悬度过大，必要时可用临时支撑。如拱坝上部悬臂梁向下游倒悬度过大，必要时需对横缝提前进行灌浆，以起拱的作用。拱坝设有横缝，灌浆封拱的时间与悬臂梁的自重应力计算有关，在设计中要加以确定。

对于1、2级拱坝，坝体的最后形状和尺寸应经过优化设计选定，并应经过结构模型试验和有限单元法计算论证。值得注意的是，过去拱坝的损坏和失事，往往是由于坝肩岩体失稳或岩体变形过大而造成的，很少由于拱坝应力超过混凝土强度而失事的。所以对于拱坝坝肩岩体稳定和变形应十分重视。

拱坝体形和尺寸选择的目的是为得到拱坝的平面布置和各水平及竖直断面，也即确定拱坝的几何形状，并把坝布置在坝址，从而定出坝体和坝肩分析所需要的数据。

在拱坝设计过程中，先初选拱坝的体形和尺寸，进行初步的坝体应力和坝肩稳定分析，估其成果，再做体形和尺寸的进一步修改，以改善应力分布和坝肩稳定条件。如此反复进行，直至得到最优的拱坝体形和尺寸，使其尽可能满足以下准则：①应力分布均匀；②最高压应力接近混凝土的容许压应力；③最高拉应力不超过容许拉应力；④坝肩岩体稳定满足要求；⑤混凝土体积最小；⑥施工较为方便。有时在拱坝设计中不可能完全满足这些准则，而是综合这些准则的要求得出折中的较优方案。

拱坝各个设计阶段对设计的精度要求是不同的。在规划阶段，可根据坝高和河谷地形、地质条件，选择与其条件相似的已建拱坝作为依据，初选拱坝的体形和尺寸。

在可行性研究阶段，要选定坝址位置，较详细地设计拱坝体形、布置和尺寸，进行应力分析和坝肩稳定分析，做比较方案，择优选用。

初步设计阶段，要最后确定拱坝体形、布置和尺寸。对拱坝要进行全面的应力分析，包括基本荷载组合和特殊荷载组合，以及地震时的动力分析。温度荷载应根据实际资料进行详细分析后确定。初步设计完成后的拱坝应满足规范的各项要求，既安全，又经济。

在施工详图阶段，按照初步设计和施工开挖过程出现的新情况，设计施工图纸。

以上是对一般拱坝设计而言的。对重要的高拱坝，在可行性研究阶段就要做比较详细的拱坝设计和分析计算。在初步设计阶段要做详细的设计和分析，还要有模型试验论证。对于特殊问题，还要有专题报告。初步设计完成后尚需进行技术设计，对拱坝做更详细的设计和分析，并解决复杂的工程问题。

二、拱坝体形和尺寸选择的步骤

拱坝体形和尺寸选择的步骤如下：以水平拱为单中心、变厚度的拱坝为例，若选择其他形状的拱圈，如三心拱、抛物线拱或椭圆拱等，则只是水平拱圈的形状不同，其工作步骤仍相同。首先要确定坝址利用基岩面，岩基要挖去强风化、弱风化岩体，挖到符合要求的岩层。这一步工作很重要，难度也较大，要深入研究，挖多了不经济，挖少了不安全，是个经济、安全综合比较的问题。然后确定坝高程，即从坝顶高程到岩基最低点的铅直距离。

（一）选定坝轴线的位置、形状和中心角

拱坝坝轴线通常为拱坝坝顶拱圈的外弧（上游面）线，其左、右半中心角外和分别是顶拱左、右拱端法线和拱冠法线的夹角。在拱坝不同高程，拱圈的中心角是不同的，对称拱坝各高程的外都等于。拱坝坝轴线的位置、形状和中心角的选择在很大程度上决定了两岸拱座的位置、拱座合力方向和全坝各高程水平拱的曲率，所以应根据坝址地形和地质条件合理确定。当坝轴线为圆弧时，先选择圆心位置、坝轴线半径 r。和半中心角价。在河谷大致对称的条件下，可按下式初选

$r_0 = 0.61 L_1$

式中：L_1 为坝顶处河谷的宽度，m。

（二）确定拱坝基准面和拱冠悬臂梁断面

拱坝坝轴线选定以后，要定出基准面和拱冠悬臂梁断面。拱冠梁通常位于河床最低处，如有深槽要用混凝土填塞。单心拱坝的基准面是通过拱冠梁和圆心的竖直平面。最好基准面通过坝轴线的中心，但是大部分河谷对最低点是不对称的，所以基准面大多不通过坝轴线的中心。对二心和三心拱坝的基准面也是如此，抛物线和椭圆形拱坝的基准面是通过该种拱形曲线对称轴的竖直平面。

拱冠梁断面的形状，在很大程度上决定了拱坝的垂直曲率和自重应力分布。在拟定其形状时，应结合各高程水平拱拱座的适宜位置和中心角，使拱坝各悬臂梁的倒悬度和自重应力不超过允许的范围，同时又能使拱坝在各种荷载组合条件下应力状态良好，坝肩岩体稳定。

第五节 拱坝的应力分析

一、应力分析方法综述

（一）纯拱法

纯拱法假定坝体由若干层独立工作的水平拱圈叠合而成，每层拱圈可作为弹性固端拱进行计算。纯拱法没有反映拱圈之间的相互作用。由于假定荷载全部由水平拱承担，不符合拱坝的实际受力状况，因而求出的应力一般偏大。

（二）拱梁分载法

拱梁分载法是将拱坝视为由若干水平拱圈和竖直悬臂梁组成的空间结构，坝体承受的荷载一部分由拱系承担，一部分由梁系承担，拱和梁的荷载分配由拱系和梁系在各交点处变位一致的条件来确定。荷载分配以后，梁是静定结构；拱的应力可按纯拱法计算。荷载分配可采用试载法。

拱冠梁法是一种简化了的拱梁分载法。它是以拱冠处的一根悬臂梁为代表与若干水平拱圈作为计算单元进行荷载分配，然后计算拱冠梁及各个拱圈的应力，计算工作量比多拱梁分载法节省很多。

（三）有限元法

（四）壳体理论计算方法

（五）结构模型试验

二、地基变形计算

拱坝是超静定结构，地基变形对坝体的变形和应力影响很大，设计时必须加以考虑。

三、拱梁分载法

（一）基本原理

应用拱梁分载法关键是拱梁系统的荷载分配。拱系和梁系承担的荷载要根据拱梁各交点（称为共轭点）变位一致的条件来确定。

(二) 拱冠梁法

拱冠梁法是一种简化的拱梁分载法，计算时只取拱冠处的一根悬臂梁为代表与若干层水平拱圈组成计算简图，并仅按径向位移（它是拱坝最主要的位移）一致条件，对拱梁进行荷载分配。

四、拱坝的应力控制指标

1. 容许压应力

混凝土拱坝采用了与混凝土重力坝相同的抗压强度安全系数。据统计，国内混凝土拱坝的容许压应力一般采用 4～7MPa。

2. 容许拉应力

混凝土拱坝的抗拉安全系数一般均小于 2.0，比混凝土重力坝取值为小。据统计，国内混凝土拱坝的容许拉应力一般采用 1.0～1.5MPa。

第六节 拱坝坝肩稳定分析

一、概述

坝肩岩体失稳的最常见形式是坝肩岩体受荷载后发生滑动破坏。这种情况一般发生在岩体中存在着明显的滑裂面，如断层、节理、裂隙、软弱夹层等，见图 6-6-1 坝肩岩体抗滑稳定性能够满足要求，但过大的变形仍会在坝体内产生不利的应力，同样也会给工程带来危害。

二、可能滑裂面的形式

原因：一是岩体内存在着软弱结构面；二是荷载作用。
型式：可能软弱面和不利的结构面

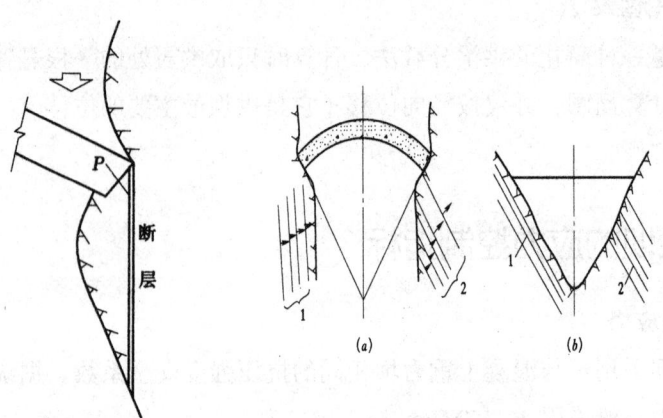

6-6-1 坝肩岩体失稳情况不利结构面对坝肩稳定的影响

三、稳定分析方法

1. 拱坝坝肩稳定分析目前常用刚体极限平衡法，其基本假定是：

（1）将滑移体视为刚体，不考虑其中各部分间的相对位移；

（2）只考虑滑移体上力的平衡，不考虑力矩的平衡，认为后者可由力的分布自行调整满足，因此，在拱端作用的力系中不考虑弯矩的影响；

（3）忽略拱坝的内力重分布作用，认为作用在岩体上的力系为定值；

（4）达到极限平衡状态时，滑裂面上的剪力方向将与滑移的方向平行，指向相反，数值达到极限值。

刚体极限平衡法是半经验性的计算方法，具有长期的工程实践经验，采用的抗剪强度指标和安全系数是配套的，方法简便易行，概念清楚，国内外广泛采用。

2. 改善坝肩稳定性的工程措施

（1）通过挖除某些不利的软弱部位和加强固结灌浆等坝基处理措施来提高基岩的抗剪强度；

（2）深开挖。将拱端嵌入坝肩深处，可避开不利的结构面及增大下游抗滑体的重量；

（3）加强坝肩帷幕灌浆及排水措施，减小岩体内的渗透压力；

（4）调整水平拱圈形态，采用三心圆拱或抛物线等扁平的变曲率拱圈，使拱推力偏向坝肩岩体内部；

（5）如坝基承载力较差，可采用局部扩大拱端厚度、推力墩或人工扩大基础等措施。

第七节　拱坝的泄流和消能

一、拱坝坝身泄水方式

泄水方式：自由跌落式、鼻坎挑流式、滑雪道式、坝身泄水孔。

（一）自由跌流式

泄流时，水流经坝顶自由跌入下游河床。适用于基岩良好，单宽泄洪量较小的小型拱坝。由于落水点距坝趾较近，坝下必须有防护设施。

（二）鼻坎挑流式

为了使泄水跌落点远离坝脚，常在溢流堰顶曲线末端以反弧段连接成为挑流鼻坎，堰顶至鼻坎之间的高差一般不大于 6～8m，大致为设计水头的 1.5 倍，反弧半径约等于堰上设计水头，鼻坎挑射角一般为 15°～25°。由于落水点距坝趾较远，可适用于泄流量较大的轻薄拱坝。

（三）滑雪道式

滑雪道泄洪是拱坝特有的一种泄洪方式，其溢流面曲线由溢流坝顶和紧接其后的泄槽组成，泄槽与坝体彼此独立。水流流经泄槽，由槽末端的挑流鼻坎挑出，使水流在空中扩散，下落到距坝较远的地点。由于挑流坎一般都比堰顶低很多，落差较大，因而挑距较远。适用于泄洪量较大，较薄的拱坝。

（四）坝身泄水孔式

在水面以下一定深度处，拱坝坝身可开设孔口。位于拱坝 1/2 坝高处或坝体上半部的泄水孔称作中孔；位于坝体下半部的称作底孔。拱坝泄流孔口在平面上多居中或对称于河床中线布置，孔口泄流一般是压力流，比堰顶溢流流速大，挑射距离远。

二、拱坝的消能和防冲

特点：

（1）水流过坝后具有向心集中现象，造成集中冲刷。

（2）拱坝河谷一般比较狭窄，当泄流量集中在河床中部时，两侧形成强力回流，淘刷岸坡。

拱坝消能形式：

1. 水垫消能

2. 挑流消能

3. 空中冲击消能

4. 底流消能

三、高混凝土拱坝泄洪消能形式的新发展

1. 挑跌流水垫塘消能型式
2. 底跌流水垫塘消能型式
3. 面跌流水垫塘消能型式
4. 多层水股射流式水垫塘消能型式

第八节 拱坝的构造及地基处理

一、拱坝对材料的要求

材料：主要是混凝土，中小型工程常就地取材，使用浆砌块石。

强度等级：对于混凝土拱坝，坝体混凝土的极限抗压强度一般以 90 天或 180 天龄期强度为准，极限抗拉强度一般取极限抗压强度的 1/10 ～ 1/15。控制表层混凝土 7 天龄期的强度等级不低于 C10。高坝近地基部分混凝土的 90 天龄期强度等级不得低于 C25，内部混凝土 90 天龄期不低于 C20。

浆砌石拱坝对砌体强度和整体性的要求也比浆砌石重力坝高。因而，胶结材料强度等级一般采用 M10 左右。

其他性能要求：抗渗性、抗冻性和低热等方面的要求。

二、拱坝的构造

（一）坝体分缝、接缝处理

拱坝是整体结构，不设置永久性横缝，为便于施工期间混凝土散热和降低收缩应力，需要分段浇筑，各段之间设有收缩缝，在坝体混凝土冷却到年平均气温左右，混凝土充分收缩后再用水泥浆封堵，以保证坝的整体性。

收缩缝有横缝和纵缝两类。

拱坝横缝一般沿径向或接近径向布置。

拱坝厚度较薄，一般可不设纵缝。对厚度大于 40m 的拱坝，经分析论证，可考虑设置纵缝。

收缩缝按封拱时填灌方式不同可分为窄缝和宽缝两种。窄缝是两个相邻的坝段相互紧靠着浇筑，因混凝土收缩而自然形成的缝，缝中预埋灌浆系统，坝体冷却后进行接缝灌浆，混凝土拱坝一般都采用这种窄缝。

宽缝又称回填缝，是在坝段之间留 0.7～1.2m 的宽度，缝面设键槽，上游面设钢筋混凝土塞，然后用密实的混凝土填塞。宽缝散热条件好，坝体冷却快，但回填混凝土冷却后又会产生新的收缩缝。

（二）坝顶

坝顶宽度应根据交通要求确定。当无交通要求时，非溢流坝的顶宽一般不小于 3m。溢流坝段坝顶布置应满足泄洪、闸门启闭、设备安装、交通、检修等的要求。

（三）坝体防渗和排水

拱坝上游面应采用抗渗混凝土，其厚度约为（1/10-1/15）H，H 为坝面该处在水面以下的深度。

坝身内一般应设置竖向排水管，排水管与上游坝面的距离为（1/10～1/15）H，一般不少于 3m。排水管应与纵向廊道分层连接。排水管间距一般为 2.5～3.5m，内径一般为 15～20cm，多用无砂混凝土管。

（四）廊道

为满足检查，观测，灌浆，排水和坝内交通等要求，需要在坝体内设置廊道与竖井。廊道的断面尺寸、布置和配筋基本上和重力坝相同。

（五）坝体管道及孔口

坝体管道及孔口用于引水发电、供水、灌溉、排沙及泄水。管道及孔口的尺寸、数目、位置、形状应根据其运用要求和坝体应力情况确定。

（六）垫座与周边缝

对于地形不规则的河谷或局部有深槽时，可在基岩与坝体之间设置垫座，在垫座与坝体间设置永久性的周边缝。

（七）重力墩

重力墩是拱坝坝端的人工支座。对形状复杂的河谷断面，通过设重力墩可改善支承坝体的河谷断面形状。

三、拱坝的地基处理

（一）坝基开挖

坝基开挖对于高拱坝应尽量开挖到新鲜或微风化的基岩，中坝应尽量开挖到微风化或弱风化中、下部的基岩。

（二）固结灌浆和接触灌浆

拱坝坝基的固结灌浆孔一般按全坝段布置。孔距一般为 3～6m，呈梅花形布置。孔深一般为 5～15m。固结灌浆压力，在保证不掀动岩石的情况下，宜采用较大值，一般为（0.2～0.4）MPa，有混凝土盖重时，可取（0.3～0.7）MPa。

为了提高坝底与基岩接触面上的抗剪强度和抗压强度，减少接触面的渗漏，要进行接触灌浆。接触灌浆的主要部位为坝与地基接触面的靠上游部分。

（三）防渗帷幕

拱坝防渗帷幕的要求比重力坝的要求更为严格。防渗帷幕一般采用水泥灌浆，当水泥灌浆达不到防渗要求时，可采用化学灌浆，但应防止浆液污染环境。

帷幕灌浆孔深度，应伸入相对不透水层。如果相对不透水层埋藏较深，帷幕孔深可采用（0.3～0.7）倍坝高。

帷幕灌浆孔一般用 1～3 排，其中 1 排孔应钻灌至设计深度，其余各排孔深可取主孔深的（0.5～0.7）倍。孔距是逐步加密的，开始约为 6m，最终为 1.5～3.0m，排距宜略小于孔距。

灌浆压力应通过灌浆试验确定，在保证不破坏岩体的条件下取较大值，通常顶部段不宜小于 1.5 倍、底部不宜小于（2～3）倍坝前静水头。

（四）坝基排水

排水孔与防渗帷幕下游侧的距离应不小于帷幕孔中心距离的 1～2 倍，且不得小于 2～4m。主排水孔间距一般在 3m 左右，孔径不宜小于 15cm。主排水孔深度在两岸坝肩部位可采用帷幕孔深的（0.4～0.75）倍，河床部位孔深不大于帷幕孔深的 0.6 倍，但不应小于固结灌浆孔的深度。

（五）断层破碎带或软弱夹层的处理

对于坝基范围内的断层破碎带或软弱夹层，应根据其产状、宽度、充填物性质、所在部位和有关的试验资料，分别研究其对坝体和地基的应力、变形、稳定与渗漏的影响，并结合施工条件，采用适当的方法进行处理。

第七章 土石坝

第一节 概 述

土石坝是以土、石等当地材料填筑的坝。按坝体采用的材料不同，土石坝大体可分为：①土坝。以土、砂、沙砾等填筑的坝；②堆石坝。不用胶结材料、坝体绝大部分由块石、砂砾石等经过抛填或碾压而修建起来的坝；③土石混合坝。土石材料均占相当比例。

对于由沙砾料或卵砾石料填筑而成的土石坝，应当归为土坝还是堆石坝，目前尚无统一的划分标准。根据以往工程建设的经验，当坝体沙砾料含砾量较低，如在60%～70%以下，砾石尚未能起骨架作用，渗透系数较小，可认为是土坝。反之，当沙砾料中含砾量较高，如大于70%，砾石已形成骨架，渗透系数较大，排水较通畅，可认为是堆石坝。

土石坝是一种古老的、由土料和石料填筑而成的挡水建筑物。中国历史上有文字记载的可上溯到公元前598～591年，但是直到1949年中华人民共和国成立，用现代技术建设的土石坝只有甘肃省的鸳鸯池水库大坝一座。这座土石坝在1947年基本建成，50年代后几次扩建加高，最终坝高37.5m，总库容11亿 m^3，1949年以后，随着水利水电建设事业的发展，中国土石坝工程得到了迅速发展，在理论和实践上逐步缩小了与世界先进水平的差距，并在坝工技术方面做出了贡献。

采用土料和石料填筑而成的挡水建筑物，除土石坝外，还有堤防工程。堤防是沿江河、湖泊、海洋的岸边或蓄滞洪区、水库库区的周边修建的防洪水漫溢或风暴潮袭击的挡水建筑物。这是人类在与洪水做斗争的实践中最早使用而且至今仍被广泛采用的一种重要的防洪工程。目前，中国在大江大河及支流上已兴建了各类大、中型水库，变过去的被动防御洪水逐步转为主动控制洪水，尽管如此，堤防在防洪工程中的重要地位和作用并未因此而削弱。在各种防洪措施中，堤防工程仍然占有重要的地位。

土石坝（或土质堤防）得到广泛应用和发展的主要原因如下：

（1）对不同的地形、地质和气候条件适应性好。任何不良的坝址地基和深层覆盖层，经过处理后均可填筑土石坝。

（2）可就地取材。由于设计方法、施工技术和筑坝材料基本特性等方面的研究取得了较好的成果，过去被认为是"劣质材料"的风化砾质土、红黏土、中细砂、开挖石渣、都可分区上坝，充分发挥就地取材的优越性，也为导流、泄水建筑物等项目的大量土方开挖创造了条件。

（3）经济效益好。由于就地取材，从而可以节省大量水泥、钢筋和木材，减少运输费用，大幅度地缩短工期和降低造价。在工程规模相同的条件下，土石坝的坝体方量一般虽然比混凝土重力坝大4～6倍，但其单价在国外仅为混凝土的1/15～1/20，有些国家甚至降到1/30～1/700。

（4）设计计算手段提高。由于土力学的理论、计算技术和测试方法不断发展，水平不断提高，土石坝的设计理论和计算精度有了较大的发展。

（5）施工速度加快。由于大容量、多功能、高效率施工机械的发展，配套成龙的流水作业法连续施工，以及计算机自动化管理水平的提高，加快了施工进度，缩短了施工工期，也保证了工程质量。

（6）导流易解决。随着筑坝技术的进步，解决了施工导流和大流量、高水头泄洪等的难题。高围堰兼作坝体部分断面的施工导流方案，极大地减少了导流隧洞的规模，简化了施工导流设计，提高了工程的综合经济效益。例如，委内瑞拉的拉武埃尔托莎坝（La Vucltosa Dam），最大坝高135m，利用上游围堰作为大坝上游坝壳的组成部分；中国陕西金盆黏土心墙砂砾石坝，最大坝高133m，利用上、下游围堰作为大坝坝壳的组成部分。

（7）性能强。经过多项工程论证研究，高土石坝的抗震性能优于混凝土坝。如塔吉克斯坦的罗贡坝（Rogun Dam），最大坝高335m，处于9级高地震区，不宜修建混凝土坝，改为斜心墙土石坝，墨西哥的奇柯森坝（Chicoasen Dam），最大坝高261m，也是因为处于强烈地震区而放弃混凝土坝，改为心墙堆石坝。

一、土石坝及堤防的设计要求

国际大坝委员会于20世纪90年代初的调研成果表明，按溃坝坝型统计，土石坝溃坝数量最多，其溃坝总数占总溃坝数的7000按溃坝高度统计，70%的溃坝小于30m。由中国水利部工程管理局编制的《全国水库垮坝记录册》分析了中国土石坝溃坝失事的主要原因有：

（1）漫顶。由于泄洪能力不足或洪水超设防标准而引起洪水漫坝失事。

（2）质量问题。如坝体和基础渗漏、坝体滑坡、溢洪道和坝内输水管渗漏等导致土石坝溃坝。

（3）管理不当。如超蓄而降低防洪标准，维护运用不良而失事。

土石坝发生险情破坏的主要类型有漫溢、溃决、渗漏和滑坡。因此土石坝的设计应满足以下基本要求：

（1）应有足够的断面维持坝坡的稳定。边坡稳定是土石坝安全的基本保证，从土石坝失事统计看，约有1/4是滑坡破坏。在正常运用期，坝体要承受各种荷载，坝坡应比天然坡角为缓，要根据土料的性质、荷载的条件进行坝坡稳定分析，以确定合理的坝坡。

（2）应有良好的防渗和排水设施以控制渗流。当坝挡水以后，坝体内形成渗流，浸润线以下土体承受上浮力，减轻了坝体的有效重量；渗流区内土料浸泡在水中，内摩擦角和凝聚力均减小；渗流在坝体内的动水压力加大了滑动荷载，坝体的土体与其他设施的接触部位容易产生集中渗流而引起管涌或流土破坏。这些都增加了坝坡坍塌、失稳的可能性。例如，1976年美国提堂坝（Teton Dam），最大坝高126m，由于地基防渗处理不当，造成大坝溃决。

（3）应按洪水标准设置容量足够大的泄洪建筑物，绝对不允许洪水漫顶，造成失事。洪水标准是国家保护工程防御洪水的准则，DL5180-2003《水电枢纽工程等级划分及设计安全标准（山区、丘陵部分）》规定，土石坝及其泄水建筑物失事将导致下游特别重大的灾害时，1级永久性壅水、泄水建筑物应以可能最大洪水或重现期为10000年的洪水作为非常运用洪水标准。考虑到可能最大洪水的计算方法不够完善，致使新建土石坝工程或加固工程的投资很大，2～4级土石坝可以根据失事后下游损失的大小，将非常运用洪水标准提高一级。当前美国采用的洪水标准有：①可能最大洪水（PMF）用于不允许失事的极重要工程；②标准设计洪水用于失事后造成严重经济损失的工程；③频率分析法，取50～100年一遇洪水，用于失事后不致造成灾害的次要工程。频率分析法是建立在大数定律基础上，需要较长的资料系列；可能最大洪水是基于对流域暴雨洪水特性的认识，以水文气象法推求的。目前中国学者强调，还应合理地利用历史洪水的调查来推求可能最大洪水。

堤防的洪水标准有3种：①采用实际洪水法，即直接采用历史上实际洪水作为设计依据；②洪水频率计算法；③实际洪水位或将其酌量提高，另加安全超高作为堤防设计依据。

（4）应尽可能选择比较容易满足稳定、防渗性能好和沉降量小的土料填筑坝体。对所选择天然土料的颗粒组成、可塑性、不透水性以及有机物和水溶盐的含量等应有明确规定。对坝体和堤防各部分的压实标准也应做出相应的设计，使土体具有足够的密实度、抗剪强度、适宜的渗透系数和较小的沉降变形。

（5）应有坚固耐久的护坡，以防止波浪的冲击淘刷、雨水的冲刷，以及夏季热胀、冬季冷缩等影响造成的裂缝。

除上述从坝的安全考虑出发的基本要求外，设计时还应注意节省投资、施工方便等。

二、土石坝的分类

对于土石坝，可以根据施工方法分为碾压式土石坝、水力冲填坝、水中倒土坝等。碾压式土石坝是用机械将土石料分层碾压密实，是应用最广泛的施工方法；水力冲填坝是用水力机械开采运输和填筑土石料；水中倒土坝是在坝址处修筑围埝形成水池，在静水中填土，使其自行崩解压密，逐步填筑升高。碾压式土石坝又分为（图7-1-1）：

（1）均质坝。坝体基本由透水性小的土料填筑而成，不需设置专门的防渗设备。一般采用透水性较小的砂质黏土或壤土，也可以采用几种土料配置的混合料。

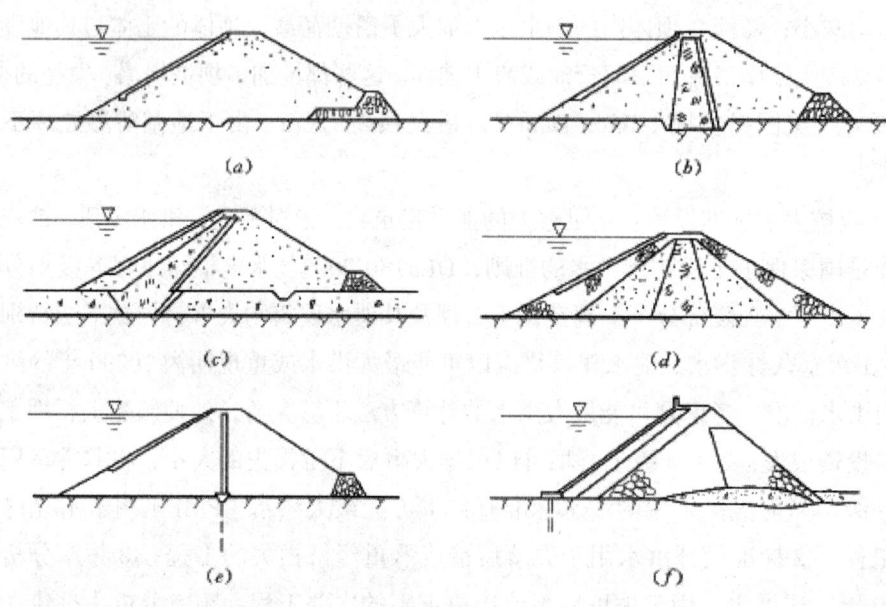

图 7-1-1　碾压式土石坝的类型
（a）均质坝；（b）土质心墙坝；（c）土质斜墙坝；（d）多种土质坝；（e）人工材料心墙坝；（f）人工材料面板坝

（2）分区坝。由土质防渗体和若干种透水性不同的土石料分区填筑而成。在坝体中央采用弱透水性土料，自中央向上、下游侧的土石料透水性逐渐增大，称为心墙坝；上游侧坝体采用弱透水性土料做成防渗斜墙，坝主体采用较透水的土料，其透水性可由上游向下游逐渐增大，称为斜墙坝。

（3）人工防渗材料坝。用沥青混凝土或钢筋混凝土做成防渗心墙或防渗面板的坝。

堤防按其所在的位置和作用不同，可分为河堤、湖堤、海堤、围堤和水库堤防等 5 种。这 5 种堤防因工作条件不尽相同，其设计断面略有差别。对于河堤来说，因洪水涨落较快，高水位持续历时一般不会太长，少则数小时，多者也不会超过一两个月，堤身浸润线往往不能发展到最高洪水位的位置，故堤防断面尺寸相对可以小些。一般湖水位涨落缓慢，高水位持续时间较长，一般可达五六个月之久，且水面辽阔，风浪较大，故湖堤堤身断面尺寸应较河堤为大，临水面应做好防浪护面，背水面需设置排渗设施；水库堤防多修筑在水库的回水末端或库区局部地段，用于减少水库的淹没损失，水库堤防断面设计一般与湖堤相同。围堤用于临时滞蓄超标准洪水，其实际工作机会远不及河堤和湖堤那样频繁。

三、土石坝的枢纽布置

土石坝枢纽地址的选择应考虑地形和地质条件有利于建坝和布置其他建筑物，特别是应重视泄洪建筑物的布置。泄洪建筑物的布置和型式，应根据枢纽的具体要求和条件进行综合比较后选定，宜以开敞式河岸溢洪道为主要泄洪建筑物，以提高土石坝枢纽的超泄能力和运行的可靠性。在泄洪建筑物进水口附近的土石坝坝坡与岸坡，应有可靠的对较高流速的防护措施。

第二节 土石坝的荷载及荷载组合

一、土石坝的荷载

土石坝的荷载与重力坝、拱坝的荷载基本相同，唯其中孔隙水压力的概念和计算应加以重视。

二、荷载组合

土石坝应根据所处的工作状况和作用力的性质，如作用持续时间、出现的概率等，将设计条件分为正常工作条件和非常工作条件，从而确定荷载组合。

1. 正常工作条件

对于碾压式土坝，正常工作条件包括以下几种情况：

（1）正常蓄水位或设计洪水位与死水位之间的各种水位下的稳定渗流期。

（2）库水位在上述范围内的经常性的正常降落。

（3）抽水蓄能电站库水位的经常性变化。

2. 非常工作条件

（1）施工期。

（2）校洪水位有可能形成稳定渗流的情况。

（3）水库水位骤降，如自校核洪水位降落、降落到死水位以下、大流量快速泄放库水等。

（4）正常工作情况遇地震。

非常工作条件+地震应视为特殊情况。

对于水中填土坝和水力冲填坝，应特别注意施工期的条件，因为这期间坝内的孔隙水压力较高。

第三节 土石坝的渗流分析

渗流分析的内容包括：①确定坝体浸润线的位置；②确定渗流的要素，如渗流流速与渗透坡降；③确定通过坝体和坝基的渗流量。

渗流分析的目的在于：①对初选的坝型与剖面尺寸进行检验，为核算上、下游坝坡稳定提供依据；②根据坝体内部的渗流要素与渗流逸出坡降，检验土体的渗流稳定性，进行坝体防渗布置与土料配置，防比渗流逸出处发生管涌和流土；③计算通过坝体和河岸的渗流水量损失，并设计排水系统的容量和尺寸。

一、土石坝的渗流特性

坝体中的渗流为无压渗流，有自由浸润而存在。在正常运行期，可看作稳定渗流；在水库水位骤降时，坝体中产生不稳定渗流，需要考虑渗流浸润而随时间变化对坝坡稳定的影响。

由于土体孔隙的断面大小和形状十分不规则，水在土体孔隙中的流动非常复杂。研究土的渗透性，只能用平均的概念，用单位时间内通过土体单位而积的水量，即平均渗透速度二来代替真实速度。

在渗流分析中，一般假定渗流流速和坡降的关系符合达西定律，即 $v=kj$，v 为平均渗透速度，k 为渗透系数，j 为渗透坡降。细粒土（黏土、砂等）基本满足这一条件。粗粒土（砂砾石、砾卵石等）只有部分能满足这一条件。当渗透系数 k 达到 $1\sim10m/d$ 时，按达西定律计算的结果和实际会有一定出入。

在均质坝中可假定各点和各个方向的渗透系数 h 是相同的，但在非均质坝中应考虑空间各点渗透系数的变化，并且考虑各个方向渗透的不均匀性。

对宽广河谷中的土石坝，一般采用二维渗流分析就可满足要求。对狭窄河谷中的高坝，则需进行三维渗流分析。由于三维分析的工作量很大，有时也可选择一些有代表性的剖而进行二维分析，然后对计算结果作适当调整。

二、渗流分析的水力学法

水力学法可以近似确定土石坝浸润线的位置、计算渗流流量、平均流速和渗透坡降。

（一）水力学法的基本假定

（1）坝体土料为均质、各向同性材料。

（2）渗流为缓变流（等势线和流线均缓慢变化），渗流场中任何铅直线上各点的流速和水头相等。

设渗流区可用矩形断面的渗流场模拟,由达西定律可得杜平公式:

$v=k(H_1-H_2)/L$

$q=k(H_1-H_2)/L\cdot(H_1+H_2)/2$

式中:H_1、H_2 分别为上下游水深,m；L 为渗流区的长度,m；k 为渗透系数,m/d。

(二)防比渗透变形的工程措施

土石坝和坝基产生渗透变形的原因主要取决于渗流的渗透坡降、筑坝材料的颗粒组成和孔隙率。土石坝防比渗透变形的工程措施主要是降低渗流的渗透坡降,或提高土体的抗渗强度,以防比渗透破坏。

坝的防渗设计在于选择好筑坝土料以及坝的防渗结构型式、过渡区、排水反滤的结构型式及尺寸等,以防比渗流变形对坝的危害。防渗体用以控制渗流,减小逸出坡降和渗流量；过渡区用以实现心墙或斜墙等防渗体与坝壳土料的可靠连接,并防比渗流变形；反滤则是实现坝体、坝基与排水的连接,防比管涌与流土。防渗设施构成防比渗流变形的第一道防线,但不易做到完全有效,所以必须同某种型式的排水设施、反滤层等相结合,以构成第二道防线。

(三)堤坝的抢险

水库或河道在汛期高水位时,由于堤坝浸润线增高,渗流溢出处渗透坡降增大,背水面极容易出现散浸、管涌、漏洞等险情,针对不同险情,分析其原因,可采取不同的抢护措施。

1. 散浸

散浸是土质堤坝常见的一种险情,表现为堤坝背水面土体潮湿、变软,并有少量水渗出。散浸若不及时处理,会逐步发展成管涌、漏洞,以至出现滑坡。处理的原则是"临水截渗,背水导渗",即在临水面用黏性土修筑前俄、土工膜截渗等方式,以减少渗水的浸入；背水面开挖导渗沟,铺设反滤料,使渗水集中到导渗沟中再排出,以避免土质堤坝中的细小颗粒被渗水带走。当堤坝背水面土体细软,不宜开设导渗沟时,还可采用在堤坝渗水面上满铺反滤层,或在背水面修筑沙土后,以安全地排除渗水。

2. 管涌

管涌将引起土质堤坝坍塌、沉陷、脱坡,甚至会造成决口险情。在发生管涌险情的背水坡附近或较远的池塘、稻田中会有冒水、冒砂现象,也称为翻砂鼓水。管涌抢护的原则是"导水抑沙"。具体方法有:

(1)反滤围井,在发生管涌处,用土袋垒成围井,然后在井内分层铺设粗砂、小石子、大石子反滤导渗,围井的高度以使渗水不夹带泥沙并从井口冒出为宜。

除采用砂石料作为反滤料外,还可以采用麦秸、稻草、芦苇等梢料作为反滤料,但在梢料上要用块石压住,以免漂浮冲失。

（2）反滤铺盖,在发生管涌处,采用砂石料、梢料或土工织物建造反滤铺盖,降低涌水流速,制比泥沙流失,稳定管涌险情。

（3）透水压渗台。在管涌出水口先用砂石或块石填塞,待水势消杀后,用透水性大的沙土修筑压渗平台,压渗平台的尺寸以能制比涌沙、渗透水由浑水变为清水为原则。

3. 漏洞

在汛期或高水位情况下,堤坝背水坡及坡脚附近出现的横贯堤坝的流水孔洞,即为漏洞。漏洞抢护的原则是"前堵后导,临背并举"。先在临水面探找进水口,漏洞进水口附近的水体易形成漩涡,漩涡不明显时,可利用麦糠、碎草等漂浮物撒在水面上观察,采用棉衣、草捆等物塞填洞口,待初步断流后,再抛填土袋并封土闭气,再用黏土封堵,到达完全断流为止。

4. 背水脱坡（滑坡）

当堤坝背水坡边坡失稳时,坝坡或坝坡连同部分地基会产生滑坡。开始时在堤坝顶部或边坡上出现裂缝,随着裂缝的发展即形成滑坡。背水坡边坡失稳抢护的原则是"导渗还坡,恢复边坡完整",即在背水坡滑坡范围内,全面修筑导渗工程,以减少渗水压力,降低浸润线,消除产生滑坡的条件,再在坝坡削弱处,加筑后俄,恢复边坡。具体方法有：

（1）滤水土撑法。先将滑坡松土略加清理,再在滑坡体上顺坡挖沟,沟内分层铺设砂石或土工织物等导渗反滤料,采用块石或土袋固脚,再分层填筑土撑。

（2）反滤层滤水还坡。采用反滤层结构恢复堤坝断面的措施。此法适用于背水坡土壤渗透系数偏小、堤坝浸润线较高、排水不畅而形成的严重滑坡的地段。

第四节 土石坝的稳定分析

一、土的强度特性

稳定分析是确定坝的设计剖面和评价坝体安全的主要依据,稳定分析的可靠程度对坝的经济性和安全性具有重要影响。土是一种具有强非线性性质的材料,目前人们对土坡失稳破坏机理的研究还不够充分,所以稳定分析的方法和控制标准,在相当大的程度上还要依靠工程经验。

土的性质十分复杂,尤其是土的强度特性,因此土的强度特性一直是许多学者的重要研究课题之一。在土力学中被广泛采用的强度理论是摩尔—库伦强度理论。摩尔认为,土体的破坏主要是剪切破坏。一旦土体内任一平面上的剪应力达到了土的抗剪强度,土就发生破坏。而任一平面上的抗剪强度是该面上法向应力的函数,这一函数可以描述为法向应力和剪应力的关系曲线，称为摩尔破坏包线，或摩尔强度包线。

二、土石坝的稳定分析方法及安全系数的选取

土石坝的稳定分析是验算土石坝在自重和各种情况的孔隙压力及外荷载作用下，是否具有足够的稳定性。

SL274-2001《碾压式土石坝设计规范》规定，对于由凝聚性土类组成的均质或非均质土石坝，比较简单实用的稳定分析方法是条分法。条分法是1927年由瑞典的费伦纽斯（Fcllenius）首先提出来的，故也称为瑞典圆弧法。该法假定土坡失稳破坏可简化为一平面应变问题，破坏滑动面为一圆弧形面，将面上作用力相对于圆心形成的阻滑力矩与滑动力矩的比值，定义为土坡的稳定安全系数。计算时将可能滑动面以上的土体划分成若干铅直土条，略去土条间相互作用力的影响，对作用于各土条上的力进行力和力矩的平衡分析，求解出极限平衡状态下土坡稳定安全系数，并通过一定数量的试算，找出最危险滑裂面位置及相应的最小安全系数。随着土力学学科的发展，不少学者致力于条分法的改进，他们的努力大致有两个方面：①着重探索最危险滑弧位置的规律，制作了表格、曲线，以减少计算工作量；②对条分法基本假定作修改和补充，提出新的计算方法，使之更加符合实际情况，其中毕肖普（Bishop）等提出的关于安全系数的定义，对条分法的发展起到了非常重要的作用。

对于无黏性土类组成的土坝，或以心墙、斜墙为防渗体的砂砾石坝体，其坝坡的稳定分析常采用楔体极限平衡理论，如直线法或折线法。

（一）荷载及荷载组合

1. 荷载

土坝的荷载主要有自重、渗透水压力、孔隙水压力和地震惯性力等。

孔隙水压力是黏性土体中常存在的一种力，孔隙水压力可由渗流作用、地震作用等产生。黏性土在外荷载作用下产生压缩时，土体孔隙内的空气和水来不及排出，也将引起附加的孔隙水压力。外荷载由土体骨架及空隙中的空气和水共同承担，计为总应力。由土体骨架承担的应力称为有效应力，它在土体产生滑动时能产生摩擦力。由空气和水承担的应力称为孔隙压力，它在土体产生滑动时不能产生摩擦力。由于孔隙水的存在降低了土体的有效应力，从而使其抗剪强度降低，对坝的稳定不利，设计时需予以考虑。用有效应力进行稳定分析时，要计算不同时期的孔隙水压力分布。孔隙水压力的大小，主要随土料的性质、填筑含水量、填筑速度、坝内各点荷载和排水条件不同而异，并随时间而变化，随荷载的增加而变大，同时又随孔隙水的排除而逐渐消散。因此，孔隙水压力的计算一般都比较复杂，且多为近似估算。

饱和土体中的孔隙水压力随坝体的运用情况而变化。

2. 荷载组合

（1）正常运用情况（设计情况）

1）正常高水位或设计洪水位时，下游坝坡的稳定计算。

2）上游库水位最不利时上游坝坡的稳定计算（上游最不利水位大致在坝底以上 1/3 坝高处）。

3）上游库水位正常降落，上游坝坡内产生渗透力时，上游坝坡的稳定计算。

（2）非常运用情况（校核情况）

1）上游水位骤降时，上游坝坡的稳定计算。

2）施工期到竣工期，考虑孔隙压力的作用，上、下游坝坡的稳定计算。在强震区这种工况还要与设计地震作用的 1/2 相组合。

3）正常高水位或设计洪水位时，排水设备失效或地震作用，下游坝坡的稳定计算。

（二）安全系数

目前有两个规范可以使用。

（1）DL5180-2003《水电枢纽工程等级划分及设计安全标准》规定，在土坝稳定分析计算时，应在假定的各个不同的滑裂面上进行重复计算，直到求得最小安全系数。计算的坝坡稳定安全系数，应不小于表 7-4-1 中的规定值。

运行条件		拦河坝的级别			
		1	2	2	4、5
基本组合（正常运用）		1.3	1.25	1.2	1.15
特殊组合	校核洪水	1.2	1.15	1.1	1.05
	正常运用 + 地震	1.1	1.05	1.05	1.0

稳定分析中所采用的计算方法与强度指标、安全系数的取值必须相互配套，因为安全系数值并不代表真正的安全度，而只是安全程度的一个相对评价标准。表 7-4-1 中的安全系数主要适用于瑞典圆弧法。对于 1，2 级坝、高坝以及一些比较复杂的情况，规范规定可采用计入条块间作用力的简化毕肖普法，或其他更为严格的方法。这时，最小安全系数应比表 7-4-1 中的规定值提高 5%～10%，且 1 级坝在正常运用条件下的安全系数应不低于 1.5，这是因为用这些方法算出的安全系数要比用瑞典圆弧法算出的大 10% 左右。

（2）SI274-2001《碾压式土石坝设计规范》规定：对于均质坝、厚斜墙坝和厚心墙坝，宜采用计及条块间作用力的简化毕肖普法；对于有软弱夹层、薄斜墙、薄心墙坝的坝坡稳定分析及任何坝型，可采用满足力和力矩平衡的摩根斯顿—普赖斯（Morgenstcrn-PriccMcthod）等方法。并规定：非均质坝和坝基稳定安全系数的计算应考虑安全系数的多极值特性。滑动破坏面应在不同的土层进行分析比较，直到求得最小稳定安全系数。坝坡抗滑稳定的最小安全系数见表 7-4-2。

表 7-4-2 坝坡抗滑稳定的最小安全系数

运用条件	工程等级			
	1	2	3	4、5
正常运用条件	1.50	1.35	1.30	1.25
非常运用条件 1	1.30	1.25	1.20	1.15
非常运用条件 Ⅰ	1.20	1.15	1.15	1.10

采用滑楔法进行稳定计算时，若假定滑楔之间作用力平行于坡面和滑底斜面的平均坡度，安全系数要求符合表 7-4-2 的规定；若假定滑楔之间作用力为水平方向，对 1 级坝正常运用条件最小安全系数不小于 1.30，其他情况应比表 7-4-2 规定的减小 8%。

三、土的抗剪强度指标的测定和选择

土的抗剪强度指标既可通过原位试验测定，也可在实验室内通过剪切试验测定。原位试验简捷、快速，但边界条件无法准确控制；室内进行的剪切试验，边界条件明确，且易控制。不同情况下抗剪强度指标的测定方法和应用，可参见 SL274-2001《碾压式土石坝设计规范》。

（一）黏性土的抗剪强度

黏性土一般通过室内试验测定工程设计所需用的抗剪强度参数。在三轴仪上可进行以下 3 种代表性的试验：

（1）不排水剪。试样在剪切前不固结，在剪切过程中保持含水量和试样原来的有效应力不变。该试验条件接近坝体竣工时的情况，也可模拟地基固结速率慢于坝体填筑速率的土层状况。这种试验通常用来测定坝体或坝基中非饱和土样的总强度指标。

（2）固结不排水剪（代号为CU或R）。剪切前将试样固结，然后在不排水条件下剪切。固结不排水剪的试样只在剪切时产生孔隙水压力，而且可以准确测定。因此，可用来确定总强度指标，也可用来确定有效强度指标。

（二）无黏性土的抗剪强度

无黏性土的透水性强，其抗剪强度取决于有效法向应力与内摩擦角，一般通过排水确定强度指标。对土石坝应按现场填筑的密实度与含水量制备试样，在浸润线以下采用饱和土的抗剪强度，在浸润线以上则采用湿土的抗剪强度。但核算水位降落期的稳定时，位于稳定渗流浸润线以下、降落水位浸润线以上的土体，也常偏保守地采用饱和土的抗剪强度指标。

（三）抗剪强度指标的选择

对某一种土来说，其强度指标并不是一个常量，它和土的性质、采样条件、应力历史、加荷速率、荷载条件以及破坏定义等诸多因素有关。所以，土的抗剪强度指标的测定和选用是一个十分复杂的问题。经验表明，对同一土坡采用相同的稳定分析方法，按不同试验方法求得的抗剪强度指标计算出的安全系数可以相差50%以上。这表明稳定分析的关键在于获得可靠的抗剪强度指标，因此，应使试验条件尽可能模拟土的实际受力情况，使试验指标具有一定的代表性。下面对抗剪强度指标的选用作一些说明。

1. 黏性土

对施工期和竣工时，按不排水剪或快剪测定的指标进行总应力分析将与实际情况比较接近。但是，坝体在施工期间一般都会在某种程度上得到固结，特别是填筑方量较大的土石坝，孔隙水压力会部分消散，故按总应力分析将偏于保守。如通过实测或分析对施工过程中坝体中的孔隙水压力与固结的发展情况有所估计，则可以应用指标进行有效应力分析。坝体或坝基中某点在施工期的起始孔隙水压力，可通过不排水剪在相应的剪应力水平下测定。对稳定渗流期，由于孔隙水压力可以根据渗流分析比较准确地确定，所以，采用有效应力强度指标进行有效应力分析具有良好的精度。但是，实际情况表明，对高塑性粘性土，在剪切过程中产生的孔隙水压力可能要占较大的比重，并有可能高于稳定渗流期的孔隙水压力。为了计入剪切过程中孔隙水压力变化的影响，可采用强度包线的指标进行有效应力分析，甚至进一步加大CD包线指标的比重，但在小应力区则采用CD强度包线不计负孔隙水压力的影响，以偏于安全。

2. 无黏性土

三轴试验成果表明，对碾压堆石、砂砾石等粗粒无黏性土，内摩擦角随法向应力增加而减小，呈现出明显的非线性现象。不考虑这种非线性变化，将使所取的抗剪强度指标偏低，安全系数偏小，设计的坝坡过于保守。

第四节 筑坝土料及填筑标准

就地取材是土石坝的一个主要特点。坝址附近土石料的种类及其工程性质，料场的分布、储量、开采及运输条件等是进行土石坝设计的重要依据。近年来，由于筑坝技术的发展，对筑坝材料的要求已逐渐放宽。原则上讲，一般土石料都可选作碾压式土石坝的筑坝材料。对设计者的要求是选择合理的坝的结构型式，将土石料在坝体的各部分进行适当配置，以使所选择的坝型和所设计的坝体剖面经济合理、安全可靠和便于施工。

对筑坝土石料的一般要求是：

（1）具有与使用目的相适应的工程性质。如防渗料具有足够的防渗性能。坝壳料具有较高的强度。反滤料、过渡料及下游坝壳水下部分土石料具有良好的排水性能等。

（2）土石料的工程性质在长时期内保持稳定。如在大气和水的长期作用下不致风化变质。在长期渗流作用下不致因可溶盐溶滤而形成集中渗水通道。在高水头作用下有足够的抗渗流稳定性；在地震等循环荷载作用下不会产生过大的孔隙水压力等。

（3）具有良好的压实性能。如防渗体土料的含水量接近最优含水量。无影响压实的超径材料，填土压实后有较高的密实度和均匀性，使坝体有足够的抗剪强度和承载力。有利于施工机械的正常运行等。

一、选择原则

（1）防渗性。渗透系数小于 1×10^{-5} cm/s 即认为满足要求，均质坝或较低的坝可放宽至 1×10^{-4} m/s。

（2）抗剪强度。坝体稳定主要取决于坝壳强度，一般防渗体的强度均能满足要求。斜墙防渗体的强度影响坝坡坡率，比心墙有更高的要求。

（3）压缩性。浸水后的压缩性变化不宜过大，以免蓄水后坝体产生过大的沉降。

（4）抗渗稳定性。级配较好，在渗流作用下有较高的抗渗流变形能力；有一定的塑性，发生裂缝后有较高的抗冲蚀能力。

（5）含水量。最好接近最优含水量，以便于压实。含水量过高或过低，需要翻晒或加水，增加施工的复杂性，延长工期和增加造价。特别在多雨地区，降低含水量十分不易。从降低孔隙水压力观点出发，希望将含水量控制在最优含水量以下 0.5%～1%。

（6）颗粒级配。小于 0.005mm 的粘粒含量不宜大于 40%，一般以 30% 以下为宜，因为粘粒含量大，土料压实性能差，而且对含水量比较敏感。土料中所含最大粒径不应超过铺土厚度的 2/3，以免影响压实。希望颗粒级配良好，级配曲线平缓连续，不均匀系数不小于 5。

（7）膨胀量及体缩值。胀缩土吸水膨胀、失水收缩比较剧烈，易出现滑坡、地裂、剥落等现象，应有限制地用于低坝。红土的天然含水量高，压实干容重低，但其强度较高，防渗性较好，压缩性不太大，可用来筑坝。不过，由于其粘粒含量过高，天然含水量常高出最优含水量很多，施工不便。对这样一些特殊类型的土，要加强研究，并采取适当的工程措施。

（8）可溶盐、有机质含量。应符合规范要求，有机质含量应小于 100，水溶盐含量应小于 3%。

对以上原则应结合料场的实际情况进行综合考虑、比较和选择，因为土料的某些性质常常是互相矛盾的。如在压实功能大体上相近的条件下，土料粘粒含量愈高，防渗性能愈好，可塑性也好，但强度愈低，压缩性愈大，施工困难增多。这就有一个权衡和优选的问题。

二、防渗体材料

中国修建了大量土石坝，但高土石坝数量不多。防渗体材料主要采用黏土、壤土等细粒土。对高土石坝防渗土料，中国曾进行了大量的试验研究，以确定满足工程要求和适合土料特性的压实标准，特别对过去认为是劣质土料或不能用的土料，通过研究而应用于实际工程，扩大了防渗体使用土料的范围，对工程的安全性、经济性起到了重要的作用。

（一）黏性土料

黏土、壤土等细粒土，常常是天然含水量高，压实性差，在南方潮湿多雨地区施工困难，造价高。另一方面，这种土压缩性大，容易形成拱效应，降低心墙抵抗水力劈裂的安全度。所以，纯黏性土料用作防渗料对修建高坝不利。除一般黏性土料外，在实际工程中常遇到红土、膨胀土、分散性土、黄土等黏性土类。

南方红土分布于中国长江以南，是热带、亚热带湿热地区的岩石风化产物。红土因其生成条件不同和母岩的不同，彼此间的性质差异可能很大。一般情况下，红土是一种高粘粒含量、低密度、高含水率而力学性质良好的特殊土，具有稳固的团粒结构，在压实过程中由于团粒牢固，其内部的孔隙不易改变，所以压实干容重低，一般不超过 1.4～1.5g/cm^3。但其压缩性中等偏小，抗剪强度高于一般黏土，渗透性比一般黏土大 1～2 个量级，在水中不崩解，抗冲刷能力强，在压力和浸水作用下也没有突然变形现象，是良好的筑坝材料，故可用于填筑均质坝和分区坝的防渗体。红土粘粒含量较高，因此天然含水量高于最优含水量很多，施工不便，往往需要经过翻晒或掺料工序，增加工程造且具有不可逆性。价。大多数红土对于干燥脱水非常敏感，干燥脱水以后的性质、指标皆有变化，故土样制备的方法不同（"由湿到干"或"由干到湿"），其最优含水量、最大干容重以及抗剪强度均可有很大差别在设计时应予注意。

目前，已有众多的土石坝采用红土修建，如云南的毛家坪红土心墙坝，坝高 80.5m，1971 年建成，运行情况良好。

与红土不同，膨胀土的结构不太稳定。膨胀土具有浸水膨胀、失水收缩特性的黏性土料。常用的鉴别指标有自由膨胀率、液限、缩限，以及不允许膨胀时的膨胀力，或自由膨胀时的膨胀量，这些指标可以评估其胀缩潜势。试验表明，在有约束条件下浸水，可限制土的膨胀，也不会因软化而降低强度。因此只要将膨胀土用于心墙或均质坝内部，表面有一定的压重层，使其具有足够的约束力，可防比土体浸水后发生膨胀软化而引起分层或裂缝。必要时还可在心墙顶部换用非胀缩土或人工掺和料。膨胀土的胀缩性与其密度、含水率相关，用膨胀土筑坝时，正确选择填筑标准可调节其胀缩性。中国应用胀缩土建成了一些均质坝和心墙坝，大多数使用正常，少数出现局部滑坡，经处理后恢复正常。

分散性土与膨胀土同属结构不稳定土类，且呈单颗粒状存在，土粒间的斥力超过吸力，一旦与低盐浓度的水接触，土体表面的颗粒逐渐依次脱落成悬浮状态，如遇渗流水，土料即被带走。黏性土的分散性来源于蒙脱石的不稳定结构，土中缺乏足以抑制膨胀和分散的胶结物质，土体又处于碱性介质环境所致。环境条件（如渗透水质，水泥、石灰等掺和料等）可以改变土的分散性。用分散性土修筑心墙时，需选择好反滤料，做好反滤层设计，在坝基面等易发生集中渗流的部位,应将裂缝用水泥浆仔细封闭,并有选择地填筑非分散性黏土,可以防比土体颗粒随渗透水流流失而产生渗透破坏的现象。

黄土在中国分布较广,由于各地区黄土的堆积环境、地质和气候条件不同,其物理力学性质也有很大差异。有些黄土层中含有大量孔隙,一旦浸水后,土料之间的大量可溶性盐类被软化或溶解,使粒间原有的连接受到破坏,强度显著降低,土体突然发生明显变形。具有这种性质的黄土称为湿陷性黄土。湿陷性黄土和黄土状土也可用于填筑均质坝和分区坝的防渗体,但应具有适当的填筑含水量与压实密度,使土料的原状结构得到破坏,防比浸水后湿陷和软化。黄土一般不耐冲蚀,要注意选好反滤料。

(二)砾石土防渗料

砾石土或称含砾黏性土,是一种含粗砾土(粒径大于5mm)大于20%以上的含砾土、黏土质砾、人工掺配的砾石土,也含有一定数量的细粒土(粒径小于0.1mm)的混合料。在这种土中粗砾起骨架作用,细粒土充填于其孔隙中。砾石土根据其粗粒土的含量以及细粒土的特性显示出偏于黏性土或偏于砂性土的性质。砾石土中粗粒含量约为30%时,粗粒间的孔隙完全为细粒所充填,砾石土中粗粒含量达到65%~80%后,粗粒开始架空,其中的细粒无法压实,透水性明显增加,故一般控制砾石土中粗粒含量在50%以内。

实践证明,级配优良的砾石土,压实性好,抗剪强度高,压缩性低,便于施工,是一种优良的筑坝材料。砾石土的特性可分析如下。

(1)防渗性。一些天然状态下的砾石土是透水的,但经过压实后可以变成相对不透水的。当粗料含量控制在50%甚至60%以下时,粗粒间的孔隙可以被细料所充填,渗透性主要取决于细料的性质。所以,只要级配良好,粗料不架空,有适当的细料,渗透系数就可满足防渗体的要求。

从渗流稳定性方面看,砾石土不如塑性大的细粒土。但级配良好的砾石土,其抗冲蚀能力仍很强,用作防渗料,一旦出现裂缝,粗料不易被冲走,对缝壁起稳定作用,可防止裂缝进一步扩大。同时,砾石土粒径范围广,即使被冲动,小颗粒也可堵塞大颗粒间的孔隙,逐步形成自然反滤,使裂缝"自愈"。

(2)可塑性、压缩性与抗剪强度。砾石土的变形模量高,可塑性差,抗拉能力低,适应坝体变形的能力差;但其压缩性低,沉降量小,抗剪强度高。砾石土的强度随其密度增大而增加,而其密度的大小与压实功、压实机械有关。水布娅大坝坝高为230m,土质心墙堆石坝为其主要的比较坝型之一。心墙防渗体的料源为庙王沟的坡积土和龙王冲的风化料,对这些土石料进行了标准和重型击实实验,以研究其颗粒破碎性能。标准击实后,小于5mm的颗粒含量可增加到41%,而重型击实后增加到4800,其击实性能良好,标准击实最大干密度分别为1.91~2.00g/cm3、2.04~2.19g/cm^3。增加击实功可以有效地提高破碎率和压实密度。

砾石土防渗料的设计与施工,应通过试验确定粗料含量的适宜比例,避免发生压实不够、粗料架空、坝体渗透性偏大的情况。不过在现代重型机械施工条件下，均能较好地获得良好的防渗性与压实性。

（三）填筑标准

SL274-2001《碾压式土石坝设计规范》对黏性土的填筑密度作了如下规定：

（1）对不含砾或少量砾的黏性土料，其填筑密度以压实干容重作为设计指标。黏性土料的压实程度受击实功能的控制，同时又随含水量而变化。在一定的压实功能条件下达到最佳压实效果的含水量称为最优含水量。填土所能达到的干容重与击实功能和含水量的关系（对称击实曲线）如图8-30所示。黏性土的填筑含水量一般控制在最优含水量附近。根据以往的实践经验，设计含水量应略高于塑限含水量。

在0℃以下筑坝时，为使土料在填筑过程中不易冻结，填筑含水量可略低于塑限。当要求填土具有良好的塑性时，可略大于最优含水量，当要求填土具有高密度时，可略小于最优含水量。

（2）含砾黏性土料一般应以全料大型击实实验结果，确定最大干密度和最优含水量。

（3）如果含砾黏性土料的料场分散，土料性质和压实特性差异较大，全料击实试验结果离散性大，难以整理出一条较为合适的最大干容重与含砾量关系曲线时，则应以细粒的压实度作为控制指标，以保证所有填土虽然具有不同的干容重，但在所要求的压实功能下都能得到有效的压实。

砾石土的全料级配含水量与细料含水量之间呈直线关系，所以，施工时可根据细料的含水量来控制全料的含水量。

三、坝壳料

坝壳料主要用来保持坝体的稳定，应具有比较高的强度。下游坝壳的水下部位以及上游坝壳的水位变动区内，要求具有良好的排水性能。砂、砾石、卵石、漂石、碎石等无黏性土料以及料场开采的石料和由枢纽建筑物中开挖的石渣料均可用作坝壳材料，但应根据其性质配置于坝壳的不同部位。均匀中细砂及粉砂等一般只能用于坝壳的干燥区，如应用于水下部位则应进行论证，并采取必要的工程措施，以避免发生不利的渗透变形和振动液化。

（一）风化岩、软岩等劣质石料的应用

随着土石坝堆石料施工机械的改进，施工方法已由抛填改为薄层碾压，因此提高碾压效率，降低了碾压费用，碾压后堆石表面平整，可以减少运输车辆轮胎的磨损，碾压的密实度高，碾压的堆石很少发生颗粒分离现象，沉降和扭曲变形都较小。为此，对堆石料的石质、尺寸、级配、细料含量等要求均大大放宽，并有可能采用风化岩、软岩等劣质石料修建高坝。

1. 风化岩、软岩等劣质石料的工程性质

这种石料的特点是：母岩石质软，抗压强度低，石块小，细料多，但级配良好，碾压密实，孔隙率低，其工程性质基本能满足筑坝要求。根据国内外一些工程的经验来看，有的细料（小于5mm）含量达10%～30%，尚能够自由排水，施工期无孔隙水压力。风化岩和软岩堆石料虽细料含量较多，但粒间接触点相应增多，压实后，其压缩性并不很大。有的坝软岩压实后的摩擦角达到37%～49%，与坚硬岩石相差无几。所以，用风化岩和软岩建成的土石坝坝坡也可以做得较陡。

2. 应用风化岩、软岩筑坝时应注意的几个问题

按石料质量分区使用，将坝壳从内向外分成几个区，质量差的、粒径小的石料放在内侧，质量好的、粒径大的石料放在外侧，这样可扩大材料的选用范围。现场和试验室观测资料表明，土石距表面的深度超过0.5m时遭受风化的影响便很小，设计时应在土石料表面铺一层1～1.5m厚的新鲜岩石保护层，以防比内部继续风化。土石中细料含量应适当控制，以保持必要的透水性和压实密度，如细料含量较多难以自由排水，则应将其填筑在坝壳内要求较低的任意料区。任意料区一般布置在下游坝壳的干燥区或坝壳内侧靠近心墙附近，任意料区的周围应包一层排水过渡层。还应防比细料过分集中，形成软弱面，影响坝体稳定和不均匀沉降。如岩石的软化系数较低，则应研究浸水后的抗剪强度降低和湿陷问题。

（二）填筑标准

1. 堆石料

堆石的压实程度与粒径尺寸、颗粒级配有关，一般要求孔隙率不大于20%～30%，SL274-2001《碾压式土石坝设计规范》规定，以孔隙率作为填筑标准，但这样做有一定困难，因为堆石料的压实性与岩性、最大粒径、级配等因素有关，而且往往在施工过程中有较大变化；其次，堆石粒径大，难以在试验室内进行原级配的击实试验或相对密度试验以确定其填筑标准。因此在实际施工时按碾压参数（碾压设备的型号、振动频率及重量、铺土厚度、加水量、碾压遍数等）和干容重同时控制，以保证一定的压实功能。初步拟定碾压参数时，可参照已有类似工程的经验。过去采用抛填，孔隙率较大，现在多采用振动碾压，孔隙率一般能达到20%～30%，压实后的堆石强度大，压缩性小。堆石的压实合格率应达到80%～85%。在施工中还必须测定干容重，以评定堆石体是否符合设计要求，并可验证和调整碾压参数。

四、反滤料、过渡料及排水材料

反滤层、过渡层及排水设施应采用质地致密坚硬，具有高度抗水性和抗风化能力的材料。风化料一般不能用作反滤料。应尽量利用天然沙砾料筛选，粒径小于0.1mm的颗粒含量不能超过5%，具有要求的透水性。当缺乏天然沙砾料时，亦可人工轧制，但应选用抗水性和抗风化能力强的母岩材料。

第五节　土石坝的构造

为满足边坡稳定和渗流稳定的要求，土石坝必须采用一定的构造设计来保障坝的安全和正常运行。

一、防渗体

均质坝坝体一般采用渗透系数较小的黏性土或壤土填筑，坝体材料自身能防渗，故不另设防渗体。多种材料土质坝，一般在坝断面中间用较不透水的黏性土料填筑成厚心墙，厚心墙的上、下游边坡坡率一般大于1.0（图7-5-1）。或在坝体断面的上游部分填筑较不透水的黏性土料，下游部分填筑较透水的土料，包括非黏性土和砾石料。较不透水土料与较透水土料间的分界线可以是向上游倾斜的，也可以是向下游倾斜的。透水材料和不透水材料是相对而言的，一般防渗体的材料相对土坝其他部位的材料透水性应更小些。

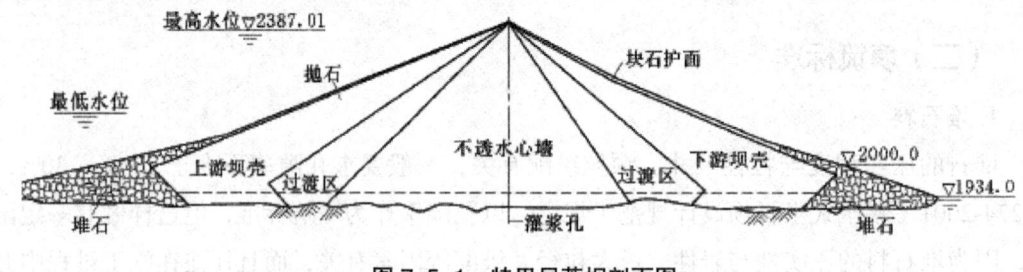

图7-5-1　特里尼蒂坝剖面图

（一）土质防渗体

土质防渗斜墙或土质防渗心墙，是土石坝中较常采用的防渗结构。一般土质斜墙或土质心墙较薄，由较不透水的黏性土或砾质黏性土填筑而成，其塑性指数大于8~10。含黏量过高的土不宜用于填筑防渗体，因为不易压实，施工较为困难。过去认为黏性土是最好的防渗材料，黏性土可塑性好，能适应坝体的变形，抗冲能力强。实际运行中，使用黏性土料和非黏性土料在出现的裂缝内发生集中渗流的情况下，其反应是不同的。高塑性黏性土在一定程度上能抵抗渗流对裂缝周壁的冲刷，但压实后的黏性土有较高的无侧限抗压强度，因而能在裂缝周围形成拱效应，使裂缝保持张开状态；非黏性土基本上没有无侧限抗压强度，因而裂缝周壁会自然塌落，使裂缝闭合。因此选用土质防渗体土料的原则应该是成本最经济的当地不透水土料，这些土料可以是黏性土，也可以是非黏性土、粉砂土或含砾料砂土等。

土质心墙位于土石坝断面的中心部位，与土质斜墙相比，能适应不均匀变形，抗震性能较好；上、下游边坡主要由坝壳材料确定，一般略陡于均质坝，所以以往高土石坝大多采用土质心墙，但心墙土料在雨季不宜施工，且心墙与坝壳的施工有干扰。土质斜墙的施工不受坝体主体的干扰，但土质斜墙对坝体主体的沉陷十分敏感，因坝壳的不均匀沉陷，易产生裂缝，在地震区是不利的。近年来，高土石坝又倾向于采用斜心墙，可减少坝壳对心墙沉降的限制，从而减少心墙的拱效应，防比产生水平裂缝。斜心墙对土坝抗震也有利，还可增加下游坝坡的稳定。

防渗体的尺寸首先应满足防渗要求，如防渗体中渗透梯度在容许范围以内，不致发生渗透破坏；下游坝壳的浸润线以及坝体与坝基的渗流量应在容许范围内；满足结构布置和施工要求。防渗体的容许渗透梯度视土的性质不同而不同，轻壤土为3～4，壤土为4～6，黏土为6～8。防渗体材料的渗透梯度可由最大作用水头与防渗体厚度的比值确定。渗流分析表明，土质防渗体中的渗透坡降不是呈直线变化的，在防渗体渗流逸出处，渗透坡降较平均渗透坡降大1.6倍，甚至更大，但设计时仍采用平均渗透坡降为控制标准。土质防渗心墙和斜墙的断面，一般应自上而下逐渐加厚，其顶部的水平宽度应满足用施工机械碾压的要求，一般不小于3m，最小为2m。

（二）沥青混凝土或钢筋混凝土防渗体

沥青混凝土具有较好的塑性和柔性，渗透系数约为10-7～10-10cm/s，防渗和适应变形的能力均较好，产生裂缝时，有一定的自行愈合的功能，而且施工受气候的影响小，故适于用作土石坝的防渗体材料。当坝址附近缺少防渗土料时，可采用沥青混凝土或钢筋混凝土作防渗体。钢筋混凝土而板在土石坝中很少采用，因为而板刚度较大，而土石坝坝面的沉降较大，且可能不均匀，易使钢筋混凝土而板产生裂缝。沥青混凝土防渗体可做成斜墙或心墙。

沥青混凝土心墙检修困难，而且不像面板那样可兼作护坡，但是心墙不受气候和日照的影响，可减少沥青的老化速度，对抗震也较有利。沥青混凝土心墙可做成竖直的或倾斜的，对于中、低坝，沥青混凝土心墙底部厚度可采用坝高的1/60～1/40，但不小于40cm，如采用埋置块石的沥青混凝土心墙，则其最小厚度为50cm。顶部厚度不小于30cm，对于重要的坝还要适当加厚。钢筋混凝土心墙底部厚度可采用坝高的1/40～1/20，顶部厚度不小于30cm。心墙两侧各设一定厚度的过渡层。心墙与基岩连接处设观测廊道，用以观测心墙的渗水情况。心墙与地基防渗结构的连接部分应做成柔性结构。

斜墙铺筑在垫层上，垫层一般为厚约1～3m的碎石或砾石，其上铺有3～4cm厚的沥青碎石层作为斜墙的基垫。垫层的作用是调节坝体变形。斜墙本身由密实的沥青混凝土防渗层组成，厚20cm左右，分层铺压，每一铺层厚3～6cm左右。在防渗层的迎水面涂一层沥青玛蹄脂保护层，可减缓沥青混凝土的老化，增强防渗效果。由于保护层表面光滑，还可减轻结冰引起的冻害。斜墙与地基防渗结构连接的周边要做成能适应变形和错动的柔性结构。按铺筑施工的要求，沥青混凝土斜墙的上游坝坡不应陡于1：1.6～1：1.7。

用作防渗体的沥青混凝土，要求具有良好的密度、热稳定性、水稳定性、防渗性、可挠性、和易性和足够的强度。

二、坝体排水

土石坝渗流控制的基本原则是防渗和排渗相结合。反滤排水是土石坝渗流控制中重要的环节。坝体排水的作用是：控制和引导渗流，降低浸润线，加速孔隙水压力消散，防止渗流逸出处土的渗流破坏，增强坝的稳定性，在寒冷地区，可保护下游坝坡免遭冻胀破坏。坝体排水要有充分的排水能力，并设有反滤层以保护坝体和坝基土。坝体排水宜便于观测和检修。

1. 坝趾棱体排水

常用的坝体排水是坝趾棱体排水。棱体排水是一种可靠的、被广泛采用的排水设施。它可以降低浸润线，防比坝坡冻胀，保护下游坝脚不受尾水淘刷，且有支持坝体增加稳定性的作用，工作可靠，便于观测和检修，适宜下游有水的情况。但石料用量大，费用较高，与坝体施工有干扰。棱体顶部高程应超出下游最高水位，超出的高度应大于波浪沿坡而的爬高，且不小于下列数值：对1，2级坝，不小于1.0m；对3～5级坝，不小于0.5m。设计排水棱体的顶部高程时，还应考虑使坝体浸润线下降到离下游坝坡面的距离大于该地区土体的冻结深度。棱体顶的宽度根据需要确定，但不小于1.5m。棱体顶部不宜作道路交通用，以防堵塞排水。棱体内坡根据施工条件决定，一般为1∶1.0～1∶1.5，外坡取为1∶1.5～1∶2.0。棱体与坝体以及土质地基之间均应设置反滤层。在棱体上游坡脚处应尽量避免出现锐角。

2. 坝趾贴坡排水

若当地石料较少时，可采用坝趾贴坡排水。贴坡排水是用一两层堆石或砌石加反滤层直接铺设在下游坝坡表面，不伸入坝体的排水设施，又称表面排水。贴坡排水能防比渗流逸出处土体发生渗流破坏，构造简单，用料节省，施工方便，易于检修，但不能降低坝体浸润线。贴坡排水顶高出浸润线逸出点的高度，对1，2级坝应不小于2.0m，对3、4、5级坝应不小于1.5m。当下游有水时，应满足护坡要求。贴坡排水的厚度应使坝体浸润线离坝坡而的距离大于该地区土体的冻结深度，在排水底脚处应设置排水沟或排水体，并具有足够的深度，以便在水面结冰后，下部保持足够的排水断面，避免因冰冻而排水失效。贴坡排水常用于中小型工程下游无水的均质坝或是浸润线位置较低的中等高度坝。

3. 褥垫排水层、网状排水带、排水管、竖式排水体

褥垫排水层、网状排水带、排水管、竖式排水体等属坝内排水设施。褥垫排水，设在坝趾部位的坝底，自坝趾坡而伸入坝体内，其长度一般小于1/3～1/4的坝底宽度。褥垫垫排水能有效地降低坝体浸润线，有助于坝基排水，加速软黏土地基的固结，并可节省石料，但不便于观测、检修。褥垫排水伸入坝体内的极限尺寸，对粘性均质坝为坝底宽度的

1/2，对砾质黏性土均质坝为坝底宽度的 1/3，对心墙坝可伸到心墙下游侧。褥垫排水周围应有反滤层，以保护坝体和坝基的土体。

为了节省石料，可采用纵向（平行坝轴线）和横向排水带组成网状排水，平行于坝轴线的纵向排水带可替代褥垫排水伸入坝体上游端部位置，其厚度和宽度应根据渗流计算确定。横向排水带的宽度不小于 0.5m，间距为 30～100m，向下游倾斜的坡度不超过 10%。网状排水周围也应有反滤层。当渗流量大，所需排水带尺寸过大时，可采用排水管，排水管的管壁上有孔或留有缝隙，以收集渗水，管径由渗流计算确定，但不小于 20cm，其坡度不大于 5%。排水管应埋在反滤层中。

对均质坝宜设置竖式排水体，以降低浸润线。竖式排水体在竖向应升高到上游坝面附近，其厚度由施工条件确定，底部用水平排水将渗水排出坝外。竖式排水体周围也需设置反滤层。

三、坝顶与护坡

1. 坝顶

坝顶可采用碎石、单层砌石、沥青或混凝土路面，以防雨水冲蚀。如有公路交通要求，还应满足公路交通路面的有关规定。

坝顶上游侧常设防浪墙，防浪墙应坚固而不透水，可用浆砌石或钢筋混凝土筑成，墙底应和坝体中的防渗体紧密连接；下游设路边石或栏杆。为了排除雨水，坝顶面应向两侧或一侧倾斜，形成 2%～3% 的坡度。

2. 护坡

土石坝上游坡面有波浪淘刷、顺坡水流冲刷、冰层和漂浮物的撞击等损害作用；下游坡面有雨水、尾水的风浪淘刷，冰层的撞击，冻胀干裂以及动物等因素的破坏作用。因此，上下游坝面都须设置护坡。

对上、下游坡面护坡的要求是：坚固耐久，能抵抗冰层的撞击和波浪的冲击，保护底层不受淘刷，施工简单，便于维护，经济美观。

上游护坡的常用型式为砌石或堆石，护坡石块的大小、级配和厚度应根据浪压力大小及波浪要素参照规范建议的公式计算确定。对波浪压力较大的坝段和部位，可以采用与其他部位不同的护坡厚度。砌石、堆石护坡下应按反滤原则设置碎石或砾石垫层。当库内风浪较大，干砌石护坡有可能遭到损坏时，可在砌石护坡上用水泥砂浆或细骨料混凝土灌缝，将石块连成整体，以提高抗冲能力。也可采用沥青混凝土、混凝土或钢筋混凝土护坡，混凝土或钢筋混凝土护坡块可以是拼装的预制块，也可以是直接浇筑的整体板。浆砌石和混凝土类型的护坡均应设置排水孔，以消除水库水位降落或其他原因产生的自坝体内向上游渗水对护坡的不利影响。护坡范围应自坝顶起延伸至水库最低水位以下一定距离，一般为 2.5m。对 5 级以下的坝，可适当减小到最低水位以下 1.5～2.0m。当最低水位不确定时，应护至坝底。

土石坝下游坝面除排水棱体外需全部护砌。通常采用干砌石、碎石或砾石护坡，厚约0.3m。对气候适宜地区的黏性土均质坝也可以采用草皮护坡，草皮厚约0.05~0.10m。若坝坡为砂性土，需在草皮下先铺一层厚0.2~0.3m的腐殖土，然后再铺草皮。为避免雨水漫流冲刷坝坡坡面，除砌石或堆石坝坡外，应设坝面排水系统，坝轴向排水沟一般设于马道内侧、顺坡向排水沟间隔为50~100m。排水沟采用混凝土或浆砌石砌筑。

位于严寒地区的黏性土坝坡，为使护坡不致因坝坡土冻胀而变形，应设防冻垫层，其厚度不得小于当地的冻结深度。

各种护坡在马道、坝脚及护坡末端，均需设置基座。

一般河堤除在堤外种植防浪林和堤坡种植草皮外，坡面不作专门处理。险工段如果堤外无滩，主流逼近，可结合护岸工程在临水坡采用干砌石块或混凝土预制块砌护，并在砌底下铺设反滤层。为防止雨水冲蚀堤防，在堤肩及堤坡上可相隔适当距离布设集水沟。对于特别重要的堤段，也有在堤的临水面修筑混凝土防水墙或土石结构的堤防，以增强抗洪能力。

四、反滤层

土石坝的渗流控制包括防渗体、排水体及反滤层3种构造单元。反滤层的作用是滤土排水，防止水工建筑渗流逸出处发生管涌、流土等渗透变形，以及不同土层接触面而的接触冲刷。无论是采用黏性土还是非黏性土填筑坝体，其出口由反滤层保护时，抗渗梯度都将大为提高，故用反滤层控制渗流出口，能顺利排除渗水，又能截留细颗粒，已成为工程界公认的渗流控制的第一道防线。反滤层设计的原则为：

（1）被保护土层不发生管涌等有害的渗流变形，在防渗体出现裂缝的情况下，土颗粒不会被带出反滤层，能促使裂缝自行愈合。这就要求反滤料必须具有足够小的孔隙，以防止土粒被冲入孔隙或通过孔隙而被冲走。

（2）透水性大于被保护土，能通畅地排除渗透水流，同时不致被细粒土淤塞而失效，因此要求反滤料必须具有足够大的孔隙。

（3）反滤料应质地致密，具有要求的级配和透水性，反滤料中粒径小于0.075mm的颗粒含量不超过5%。

反滤层一般由1~3层级配均匀，且耐风化的砂、砾、卵石或碎石构成，每层粒径随渗流方向而增大。水平反滤层的最小厚度为0.3m，铅直或倾斜反滤层的最小厚度为0.5m。采用推土机平料时，最小水平宽度不宜小于3.0m。反滤层的级配、厚度和层数宜通过分析比较，选择最合理的方案。对于1、2级坝还应经过试验论证。反滤层应有足够的尺寸以适应可能发生的不均匀变形，同时避免与周围土层混掺。

由于反滤层在渗流控制中的重要性，国内外许多专家都致力于此项研究，主要进展有以下几方面：

（1）由均匀反滤发展到不均匀反滤。最初的反滤料是相对均匀的，不均匀系数不大于5，而且必须人工制备，料源受到限制，价格昂贵。以后逐步转变采用不均匀系数不大于40的天然砂石料，拓宽了料源的范围，降低了造价，减少了筛选工作量。在机械化施工发展的同时，从便于施工出发，要求反滤层有一定的厚度，如采用汽车运料、卸料，用推土机摊铺时，其厚度一般在3m左右，用不均匀的天然反滤料就更为有利。目前常采用连续级配，最大粒径按铺土层厚度选定，一般限制为不大于80mm，其中大于5mm的粗颗粒含量要求不多于60，与相邻土层平起填筑。这样有利于防比不均匀反滤料施工分离的不良影响。

（2）被保护土为宽级配或不连续级配时的反滤料选择。对连续级配无黏性土反滤料的选择准则通常采用太沙基准则，而对不均匀系数较大的无黏性土，特别是不连续级配的沙砾料，用太沙基准则选出的反滤料一般偏粗，不能保护细颗粒的流失。而对于不均匀被保护土，必须保护其中的细颗粒部分，才能保护全料不发生渗透变形。

（3）黏性土反滤料的选择。以往对黏性土反滤料的选择以太沙基准则为依据，常用防比黏性土在接触而处剥落为前提条件，结果一般偏严格，而对宽级配的砾石料又不安全。针对薄心墙防渗体易产生裂缝，缝内的集中渗流使裂缝冲蚀扩大，将造成严重后果，谢腊德等专家提出应按防渗体裂缝不扩展且能自愈的原则选择反滤料。中国水利水电科学研究院的研究人员认为，黏性土的反滤料与其结构特性有关，对于具有稳定团粒结构的红土等，可选择较粗的反滤料；而对于单粒结构的分散性土，应选用较细的反滤料；一般黏性土则介于两者之间，即应根据土的抗渗强度不同，而选用不同级配的反滤料。

（4）土工合成材料的应用。土工合成材料已开始应用于反滤层和护坡垫层。如云南麦子河水库的下游贴坡排水、内蒙古红山水库下游排水沟、海南大广坝水库的上游护坡垫层等，均采用土工合成材料作为反滤层，应用效果良好。

现代土石坝设计中防渗体的反滤层大多只用1层，有时2层，较少用3层。如苏联的萨尔桑格、热瓦里斯克，哥伦比亚的契夫，中国台湾的石门，日本的御母衣、牧尾和鱼梁漱等坝，均采用1层反滤直接向坝壳过渡。塔吉克斯坦的罗贡、努列克、美国的奥洛维尔、中国的石头河等高坝，设两层反滤，第1层反滤料多为天然的或只经一次筛选的天然砂砾石，不均匀系数限制在50以下。第3层实际上是向堆石的过渡层，直接使用各种组成的天然砂卵石料，不均匀系数不加限制。防渗体上游侧的反滤都采用单层，直接使用天然级配的砂卵石料，其厚度大于3m，以便同时起过渡层的作用。反滤料在加工、运输和填筑期间要防比发生颗粒离析，在填筑过程中应尽量与坝平起。反滤料还应有压实控制标准，保证在水库蓄水后不致因其变形而导致心墙或斜墙出现裂缝。

第六节 土石坝与其他建筑物的连接

土石坝与坝基、岸坡及混凝土建筑物的连接是土石坝设计中的一个重要问题。应当妥善处理好防渗体与坝基、岸坡等接触而这些薄弱部位，使其结合紧密，避免产生集中渗流，保证坝体与河床、岸坡结合面的质量，不使其形成影响坝体稳定的软弱层面，不因岸坡形状或坡度不当引起坝体不均匀沉降而产生裂缝。

一、坝体与坝基、岸坡的连接

土石质坝基与岸坡应进行表面清理与压实，坝体范围内的低强度、高压缩性软土及地震时易液化的土层都需清除或处理，坝的防渗体与地基防渗设施之间应妥善连接，坝壳粗粒料与地基覆盖层之间如不符合反滤要求时，应增设反滤层。

与防渗体结合处的岸坡应大致平顺，避免反坡和阶梯状岸坡，为了不产生过大的不均匀沉降面引起坝体裂缝，岩质岸坡的坡度一般不宜陡于 1：0.5～1：0.75，当地形条件需要突破这一限制时，应采取必要的措施。目前国内外工程实践中，有的土石坝工程采用较陡的岸坡，例如，中国的密云水库白河主坝，坝高 66m，岩质岸坡，坡度为 1：0.3，多年来运行正常；美国的布鲁买札坝，岩质岸坡坡度为 1：0.1～1：0.2，未出现异常现象。这是因为现代碾压机具和施工工艺的发展使土石坝施工质量好、压实度高、填土与岸坡结合紧密。防渗体与岸坡连接处的断面加宽，并铺设了含水量稍高于最优含水量的土料，以适应地基的变形；在渗流出口处设置的反滤层，增加了岸坡面的抗渗能力。土质岸坡的坡度不宜陡于 1：1.5。同时岸坡本身的整体性和稳定性也是十分重要的，因为蓄水后会使岸坡稳定条件恶化。如果岸坡岩体风化层深厚、节理裂隙发育，或有较大的断层破碎带，可采取挖除回填截水槽，或灌浆、加设铺盖等防渗措施，必须使岸坡与河床坝基的防渗体系连成整体，结合土石坝整体的排水设施，控制有害的绕坝渗流。

二、坝体与混凝土建筑物的连接

土石坝与混凝土建筑物的连接处，不仅容易产生集中渗流，而且由于建筑物荷载和结构的不同，还容易产生不均匀沉陷。塑性防渗体与刚性建筑物之间的结合，除保证填土夯实使之结合紧密外，还应使结合面的渗径有一定的长度和适应变形的能力。土石坝与混凝土建筑物的连接一般有两种型式：插入式与翼墙式。

1. 插入式

这种连接型式结构简单，从混凝土坝与土石坝的连接部位开始，混凝土坝的断面逐渐缩小，最后成为刚性心墙插入土石坝心墙内。例如，美国的夏斯塔坝，在坝高 48m 处与土石坝连接，断面逐渐变化，最后形成顶宽 1.5m、底宽 3.0m 的混凝土心墙伸入河岸地基，日本的宫川坝，坝高 29.5m，插入后下游坝坡按 1：0.5、1：0.3、1：0.1 分三段变化，最后形成顶宽 1.5m，上、下游坝坡坡度均为 1：0.1 的混凝土心墙伸入扩展的土质心墙中。

采用这种连接型式，土石坝的坡脚要向混凝土坝方向延伸较长，故不适用于中、高坝。从抗震观点看，土与混凝土两种性质不同的结构，地震时易于分离，插入部分断面变化易引起应力集中，结合部位不便于施工，开裂后自愈作用小，修复困难。特别是对于高坝，采用高插入墙，根据受力条件，每隔一定高度需设置柔性铰。但因结构简单，对于低坝尚有一定的适用性。中国三道岭水库，坝高 24m，与土坝黏土心墙连接处坝高 17.0m，采用插入式连接。海城地震时，该坝位于 8 度地震区，距震中 18km，地震时水位距坝顶 7m，震后发现土坝坝顶有一条延伸很长的宽大裂缝，缝宽 3～15cm，混凝土插入墙外的土坡锥体沉降 60～70cm，墙两侧黏土心墙下沉 8cm，并在接触面上形成肉眼可见的裂缝，缝的深度达到 1m 以上，运用中未发现漏水异常，说明这种结构型式具有一定的抗震能力。

2. 翼墙式

在结合部位做成混凝土挡土墙并向上、下游延伸，形成翼墙，土石坝与船闸、混凝土溢流坝等建筑物连接时常采用这种型式。

为使接触而结合紧密，并具有良好的抗震性能，可采取以下措施：

（1）混凝土挡土墙宜采用 1：0.5 左右的坡度，使填土高度缓慢变化，避免出现裂缝。

（2）为避免土和混凝土两种不同类型的结构地震时变形不协调，在结合部位脱开或产生间隙，应尽可能增大接触面积，将土石坝的防渗体适当扩大。如日本四十四田坝，将土石坝心墙上、下游均做成 1：0.5 的坡度。

为了泄洪、灌溉、发电和供水的需要，可在土石坝下的岩基或压缩性很小的土基上埋设涵管。此时，在坝的防渗体与涵管相接的部分，应将防渗体的断面适当扩宽，并在涵管上设截流环，以增长渗径。涵管本身分缝，缝中设止水。在坝壳与涵管相接的部分，应在伸缩缝处做好反滤层。

第七节　土石坝的坝型选择

土石坝可充分利用当地材料。对地形、地质条件的要求较混凝土为低，所以得到广泛应用。中国已建成的坝中，土石坝占绝大多数，但在高坝中土石坝占的比例不大。今后高坝中土石坝的比重会增加，这是因为：①这是世界坝工发展的一个趋势；②具有良好地质条件的高坝坝址逐渐减少，坝址条件只能选择建造土石坝。坝型选择关系到整个枢纽的布置、工程量大小、施工工期安排以及总投资金额，因此土石坝设计中首先应确定的重要问题就是坝型选择。影响坝型选择的主要因素有坝高、筑坝材料、地形、地质、气候、施工和运行条件等。

均质坝、土质防渗体的心墙坝和斜墙坝，对地形、地质条件适应性好。在不具备先进的施工机械时，土石坝也可以采用比较简单的施工机械修筑，因而对中小型工程是值得优先考虑的坝型。

均质坝坝体材料单一，施工方便，当坝址附近有足够数量的适宜土料时，可以选用均质坝。均质坝所用土料的渗透系数较小，施工期坝体内会产生孔隙水压力，影响土料的抗剪强度，所以均质坝坝坡较缓，在相同坝高情况下，工程量较大，但均质坝施工简单、方便，因此低坝多采用均质坝。例如土堤一般都是均质的。近年来，均质坝也有向高坝发展的趋势，如可以采用具有较大内摩擦角的含黏性的砂质和砾质土，可以降低坝体内的浸润线，并减少孔隙水压力。

高土石坝宜采用多种材料分区坝。坝体土料分区还可缩小断面，减少工程量。高坝用料较多，要尽可能采用当地材料，充分利用枢纽中其他建筑物地基和地下洞室开挖的废料。对于坝壳，最适宜的材料是碎石、砾石、砂砾石或用爆破方法开采的石料，也可用砂土、砂壤土等材料。土质心墙和斜墙，应便于与坝基内的垂直和水平防渗体系相连接。心墙坝和斜墙坝可以在深厚的覆盖层上修建。斜墙坝的坝壳可以提前于防渗体进行填筑，而且不受气候条件限制，也不依赖于地基灌浆施工的进度，施工干扰小，但由于斜墙抗剪强度较低，且位于上游面，故上游坝坡较缓，坝的工程量相对心墙坝为大，斜墙对坝体的沉降变形也较为敏感，与陡峻河岸的连接较困难，故高土石坝中斜墙坝所占的比例较心墙坝为小。心墙坝的防渗体位于坝体中央，适应变形的条件较好，特别是当两岸坝肩很陡时较斜墙坝优越。目前世界上已建的高200～300m级的土石坝几乎都是心墙坝，例如，塔吉克斯坦的努列克坝（Vurek Dam）为心墙土石坝，最大坝高超过300m。中国陕西的金盆水利枢纽大坝，采用黏土心墙砂砾石坝，坝高133m碾压技术的进步和采用砾石土作为防渗体，为建造高心墙坝创造了条件。心墙的高度超过105m时，会影响坝坡的稳定，需将坝坡放缓。近年的发展趋势是采用薄心墙，这样有利于降低孔隙水压力。心墙土料的压缩性较坝壳料高，易产生拱效应，对防比水力劈裂不利，对坝的安全有影响。为了克服拱效应和改善心墙的受力条件，更广泛采用的是斜心墙坝坝型，例如，塔吉克斯坦的罗贡坝（Rogun Dam）为斜心墙土石坝，最大坝高超过335m，中国的黄河小浪底工程也是采用土质斜心墙坝坝型，坝高154m。心墙在施工时必须和两侧坝壳同时上升，施工干扰大。高心墙坝和斜墙坝，以及斜心墙坝等分区坝或多种土质坝的材料分布，应从坝体的上游到下游，颗粒由细到粗逐渐过采而渡，这对于充分利用土石料，增加坝的稳定性和抗震能力都是有利的。

除上述选择原则外，还应综合考虑下列因素，在多雨地区，宜选用砂性材料筑坝，采用斜墙坝比心墙坝有利，因为斜墙坝的沙砾料与坝壳为一连续整体，可在降雨季节施工，而斜墙可在旱季赶筑；若运行期间水库水位变化频繁或有骤降情况时，游坝壳用细土料的坝型。总之，应综合考虑土石坝及枢纽的总工程量素，选用最经济的坝型。

第八章 水 闸

第一节 概 述

一、水闸的功用

水闸是一种低水头水工建筑，在水利水电工程中应用很广。

水闸用闸门挡水。通过闸门的启闭，水闸可以控制闸前水位，调节过闸流量，发挥挡水和泄水、取水的作用。在一些水利枢纽中，水闸被用于防洪、排涝、挡潮、排沙，以及供水、发电、灌溉、航运等多种目的。

1949年以来，中国修建了上千座大中型水闸和难以数计的小型涵闸，大大增强了所在地区的防洪抗旱和排涝能力，保证了城镇供水和发电用水。与此同时，在水闸的结构型式、消能防渗措施，特别是地基处理技术方面取得了很大的发展和进步。

二、水闸的工作特点

水闸可建于各种地基上。在中国，绝大多数水闸建在土基上，作为土基上低水头的挡水、泄水建筑物，水闸有如下工作特点。

1. 水的方面

水对水闸的作用方面，需要解决以下两方面的问题：

（1）水闸在关闭闸门挡水的时候，闸室上下游形成一定的水位差。在水的推力作用下，闸室必须在自重和水重的作用下维持自身稳定；上下游水位差在水闸的闸基下部和闸室两岸均会产生渗流；闸基渗流和岸坡绕渗导致水库漏水，并可能在闸室下游渗流出逸处发生渗透变形，渗压还对闸室和两岸连接建筑物的稳定产生不利影响。水闸的抗滑稳定和闸下渗流都是水闸设计中要解决的重要问题。

（2）水闸在开闸泄水时，需尽可能地在闸室下游的消力池中消刹水能，防止高速下泄水流对河床和河岸产生不利冲刷。水闸泄水消能的最危险的工况不一定发生在最大流量下。水闸初始开门泄流、闸门小开度控制泄流或多孔水闸部分开启闸门泄流时，闸室下游无水或水深很浅,过闸下泄水流可能形成远驱。如果直接冲刷河床,将严重威胁闸室的安全。随着闸门的开度增大或开启孔数的增加,泄水量增加,下游水深急剧变化,消力池内形成临界水跃,直至淹没度较大的水跃。特别是在全部闸孔开启泄水时,上下游水位差很小,水流弗劳德数低,难以形成水跃,给消能带来困难,同样可能造成对下游的不利冲刷。这时,重要的是顺利地进行上下游水面衔接。

此外,水闸下游常因水流弗劳德数较小出现波状水跃,或因枢纽布置不当产生折冲水流,这些水流现象会进一步加剧对河床和两岸的淘刷。

此外,水闸下游常因水流弗劳德数较小出现波状水跃,或因枢纽布置不当产生折冲水流,这些水流现象会进一步加剧对河床和两岸的淘刷。

2. 地基方面

平原地区的水闸常建于土基上。这种地基的特点是土层分布复杂,常夹有压缩性大、承载能力低、抗震强度差的软土,或含有结构松散、易于液化、抗冲能力低的粉砂或细砂层,其抗冲刷能力和允许渗透坡降低,对防渗、消能不利。软土地基对闸室本身的稳定和沉降也将带来严重的影响,而且这些问题处理起来都比较复杂。因此,在水闸设计时,不仅要适当控制渗流,加强消能防冲措施,还要妥善解决闸室结构与地基处理的问题,以确保闸室和闸基的稳定,并使闸室结构与地基变形相适应。

建于岩基上的水闸在挡水泄水、地基处理方面与岩基上的混凝土坝相类似,在结构型式方面两者区别不大。

3. 结构方面

水闸的闸室结构与大体积的重力坝或散粒体的土石坝有较大差别。水闸是由闸墩、底板、胸墙等薄壁构件组成的空间结构体系,承受水压力、自重、地基反力等不同性质的荷载。闸室内的薄壁、轻型结构在强度和刚度方面均有一定要求,整体结构和某些构件受力条件复杂。在进行闸室结构设计计算时,一般不采用有限元法,而是将整个结构视为板、梁、柱等独立构件,分别对这些构件用结构力学、材料力学方法进行设计计算。在对构件进行结构设计中,如何选用合理的受力图形(包括如何简化成合理的平面结构受力图形),也是一个值得重视的问题。合理的结构受力图是保证结构设计安全、经济的前提。

三、水闸的类型

1. 按承担的主要任务分类

(1)进水闸。又称取水闸,建在河流、湖泊、水库或引水干渠等的岸边一侧,其任务是为灌溉、发电、供水或其他用水工程引取足够的水量。由于它通常建在渠道的首部,又称渠首闸。

(2)拦河闸。拦河闸的闸轴线垂直或接近于垂直河流、渠道布置,其任务是截断河渠、抬高河渠水位、控制下泄流量。在航运工程中,拦河闸不仅能为上游航运提供稳定的航道水深，也能通过保持一定泄流量为下游提供稳定的航道水深。在取水工程中，为进水闸（或分水闸）提供高保证率的取水流量。拦河闸控制河道下泄流量，又称为节制闸。拦河闸在枯水期尽量维持上游水位，以满足取水或航运等需要；在洪水期需要随时泄放上游库区无法容纳的多余流量，避免上游水位过度上涨导致淹没或水灾，同时，还必须有足够的泄流能力，以排泄洪水。

（3）泄水闸。用于宣泄库区、湖泊或其他蓄水建筑物中无法存蓄的多余水量。在水闸枢纽中，由拦河闸和冲沙闸承担泄水闸的任务。建在土石坝等水利枢纽中的泄水闸是河岸溢洪道的控制段，下接泄槽或泄水渠。

（4）排水闸。常建于江河，排除河岸一侧的生活废水和降雨形成的渍水。当江河水位较高时，可以关闭排水闸，防比江水向河岸倒灌；当江河水位较低时，可以开闸排涝。由于它既要排除内涝，又要挡住江河的高水位，故具有闸底板高程较低、闸身较高以及承受双向水头作用的特点。

（5）挡潮闸。在沿海地区，潮水沿入海河道上溯，易使两岸土地盐碱化；在汛期受潮水顶托，容易造成内涝；低潮时内河淡水流失无法充分利用。为了挡潮、御咸、排水和蓄淡，在入海河口附近修建的闸，称为挡潮闸。挡潮闸类似排水闸，也承受双向水头的作用，但操作更为频繁。

（6）分洪闸。常建于河道的一侧。在洪峰到来时，分洪闸用于分泄河道暂时不能容纳的多余洪水，使之进入预定的蓄洪洼地或湖泊等分洪区，及时削减洪峰，确保下游河道安全。待河道洪水过后，分洪区积水又要经过排水闸排入原河道。

（7）冲沙闸。为排除泥沙而设置，防比泥沙进入取水口造成渠道淤积，或将进入到渠道内的泥沙排向下游。在取水枢纽中，冲沙闸的位置一般布置在靠近进水闸处，底板高程低于进水闸的底板高程，以利于降低进水闸前的泥沙淤积高度。冲沙闸在水闸枢纽中往往兼作节制闸。

此外，还有排冰闸、排污闸等。

2. 按闸室的结构型式分类

（1）开敞式水闸。开敞式水闸的闸室上部没有阻挡水流的胸墙或顶板，过闸水流能够自由地通过闸室。开敞式水闸的泄流能力大，一般用于有排冰、过木等要求的泄洪闸，如拦河闸、排冰闸等。

（2）胸墙式水闸。当上游水位变幅大，而下泄流量又有限制时，为了避免闸门过高，可设置胸墙。胸墙式水闸在低水位过流时也属于开敞式，在高水位过流时为孔口出流。胸墙式水闸多用于进水闸、排水闸和挡潮闸等。

（3）封闭式水闸。闸（洞）身上而填土封闭的水闸，又称涵洞式水闸。填土可增加闸室的稳定，代替交通桥，当水头较高时往往是经济的，但地基压力较大，常用于穿过堤防的水闸。涵洞可做成有压的或无压的，前者多用于排沙闸和排水闸，后者则多用于小型分水闸。

3. 按施工方法分类

（1）现浇式。在闸址处架立模板现场浇筑，是目前多数水闸的施工方法。

（2）装配式。闸室底板在现场浇筑，其他部分在预制件厂制作完成，然后再运到闸址进行现场装配组成。装配式水闸的构件质量稳定，施工方便，周期短，节省模板，受水文气象的影响较小，但构件之间的连接强度较差。装配式水闸的构件设计要考虑运输、吊装能力，以及在运输和吊装过程中构件的受力，防止出现裂缝。在充分发挥材料强度的同时，要尽量减少构件重量。构件的接缝、连接要满足受力和防渗等要求。

（3）浮运式。适用于建造挡潮闸或排水闸等靠近海边（或湖边）的水闸。首先在海边（或湖边）选择某一合适位置建造完成闸室，待涨潮（或用明渠引水）时将闸室漂浮到闸轴线处，定位下沉。浮运法可以避免施工导流，降低工程造价，缩短施工工期。

第二节　水闸的组成及枢纽布置

水闸由闸室段和上、下游连接段三大部分组成。

一、闸室段

闸室段是控制水流，并连接两岸和上、下游连接段的主体。闸室段包括闸门、闸墩、底板、工作桥、交通桥、胸墙、启闭机等。

闸门用于控制上游水位和调节下泄流量。闸门安放在闸底板上，横跨孔口，由闸墩支撑。闸门分为检修闸门和工作闸门。工作闸门用于正常运用时挡水，控制下泄流量。工作闸门常用的型式有平面闸门和弧形闸门。检修闸门多用平面叠梁门。

闸墩用来分隔闸孔，支撑闸门，同时用作桥墩支撑上部桥梁，安装闸门启闭机等设备。闸墩将闸门、胸墙以及闸墩本身挡水所承受的水压力传递给底板。

胸墙设于工作闸门上部，帮助闸门挡水。在上游水位变幅较大的情况下，完全用闸门挡水将导致闸门尺寸和启闭机等设备过大，设置胸墙后，可以减小闸门尺寸。胸墙也可以做成活动型，当遭遇特大洪水时，开启胸墙加大泄流量。

底板是闸室段的基础，它将闸墩、上部结构的重量、底板自重和所承受的水重一起传给地基。建在软基上的闸室主要由底板与地基间的摩擦力来维持稳定。底板还具有防冲、防渗的作用。

工作桥用于安装卷扬式启闭机，便于工作人员操作。交通桥连接两岸交通，供汽车、拖拉机、行人通过。

底板、闸墩和胸墙通常为混凝土或钢筋混凝土结构，小型水闸也可采用浆砌石结构。

二、上游连接段

上游连接段处于水流行近区，主要作用是引导水流从河道平稳地进入闸室，同时有防冲、防渗作用。一般包括上游翼墙、铺盖、护底和两岸护坡等。

上游翼墙的作用主要是导引水流，使之平顺地流入闸孔；抵御两岸填土压力，保护闸前河岸不受冲刷；并有侧向防渗的作用。

铺盖主要起防渗作用，其表面还应进行保护，以满足防冲要求。护底设在铺盖上游，起保护河床的作用。铺盖或其防护的上游端有时设置上游防冲槽，以保护铺盖不被损坏。

上游两岸要适当进行护坡，目的是保护河床两岸不受冲刷。

三、下游连接段

从闸室出来的水流具有相当的能量，下游连接段的主要作用是消除下泄水流的动能，顺利与下游河床水流连接，避免发生不利冲刷现象。下游连接段的建筑物一般有护坦（包括消力池）、海漫、下游防冲槽（防淘墙）、下游翼墙、护底和两岸护坡等。

下游翼墙导引水流均匀扩散，并有挡土、防冲作用。消力池是消刹水能的主要区域，护坦是消力池底板，保护河床底部，从而保护闸室的安全。有时，要在消力池内设置辅助消能工，增强消能效果。海漫则用于进一步消除水流余能，保护河床免受冲刷。下游防冲槽的作用是防海漫末端冲刷，避免河床局部冲刷向上游发展。下游护坡和护底的作用与上游相同。

四、枢纽布置

拦河闸一般布置在主河床上，使水闸建成后的下泄水流尽量符合天然河道的水流特性。拦河闸闸轴线一般选在河道较狭窄处，以节省工程量。

泄水闸前缘总宽度由过闸洪水流量确定。当泄水闸的前缘总宽度等于或略小于天然河床宽度时，拦河闸泄水水流对天然河势的改变不大，水闸的上下游连接建筑物的工程量相对较小。在多数情况下，总是尽量减小前缘总宽度，以减少造价高昂的闸室数量。所以，水闸总宽度小于天然河道。这时，往往需要较长的上、下游连接段，使过闸水流平顺地与天然河水相连接。

在某些宽阔的河道上，拦河闸的宽度远小于闸址处的河道宽度，在沿闸轴线的其余部分用拦河坝或水电站厂房挡水，水闸的上、下游连接建筑物简化为上、下游导墙。在宽阔的河道上，拦河闸也可以修建在靠近主河道的一侧滩地上，使主体工程在旱地上施工，便于施工导流，但是，往往需要一定长度的进水渠和出口渠以平顺进出闸水流。这时，还应对局部河势改变作充分的预测和评估，防比不利淤积和冲刷。

在无坝取水枢纽中，进水闸最好是位于河道转弯段凹岸，以利用弯道环流，引取表层清水，避免泥沙进入引水渠道。进水渠的轴线与主河道的夹角一般为30°～45°。

在水闸枢纽中，冲沙闸的位置要紧靠进水闸。进水闸前设置导沙坎，阻止泥沙进入闸室，使冲沙闸能够顺利、有效地泄水拉沙。

第三节 水闸的孔口尺寸

水闸的孔口尺寸应根据水闸的类型和闸室结构型式确定其设计方法。

一、泄流能力

不管用于何种用途的水闸，都应该具有足够的过流能力，以完成它所承担的任务。水闸的泄流能力与闸孔宽度、孔数、闸墩厚度、闸底板堰型、堰顶高程、过流时的上下游水位等因素有关。

拦河闸在通过校核洪水流量时，下游水位较高，常处于淹没出流状态，一般为计算泄流能力的控制工况。在枯水期，为了维持上游水位，常常采用孔口局部开启或敞开部分孔口来控制下泄流量，此时下游水位较低，甚至无水，多为孔口自由出流。进行泄流量计算时要考虑这两种不同情况。一般来说，拦河闸孔口尺寸的控制因素是下泄最大洪水时的泄流能力。拦河闸在上游一般没有调蓄能力，泄流量等于相应重现期的洪峰流量。置于有调节能力水库的泄水闸，其泄流量由调洪演算确定。

进水闸要求在上游水位为河道或水库的最低运行水位时，能够引取到足够的取水流量。下游水位由总体设计布置确定。为了减少水闸进流前缘宽度和闸孔数量，一般要求设计为非淹没出流，或尽量采用小淹没度出流。

二、拦河闸

拦河闸的孔口尺寸与洪水流量、河床地形地质条件、上游奎高限制条件、下游水位流量等外部条件有关，还与闸孔结构型式、泄水方式等自身条件有关。

1. 洪水流量

拦河闸的洪水流量根据其工程等别（表1-3）及水文分析确定。由于拦河闸上游水库的库容较小，一般没有调蓄能力，过闸流量等于河道来水流量。

值得注意的是，在具有发电或灌溉任务的枢纽中，设计过闸流量可以从洪水流量中扣除发电流量或灌溉流量。但是，许多拦河闸在通过洪水的时候，闸上、下游的水位差往往很小，没有足够的水头发电。这时，也往往因降水量大而不需要灌溉。

2. 单宽流量

单宽流量的选择是确定拦河闸总宽度的主要因素。选择较大的单宽流量时,可以减少拦河闸的闸室数量和缩短泄水前缘总宽度,降低闸室总造价。但是,较大的单宽流量对河床冲刷破坏的能量增大,容易发生冲刷破坏,需要加强消能防冲设施和护底措施,造价相应增大。因此,河床抗冲能力是决定单宽流量的重要因素之一。

河床抗冲能力还与水流条件有关。在水深较大,上、下游水位差较小,出闸水流扩散较平顺的情况下,同样的土基条件可以承受较大的单宽流量冲刷。

3. 上下游水位

拦河闸的下游水位由下游河道水位流量关系曲线确定。

拦河闸建成后,将在相当长的一段时间内改变河道的水沙平衡,下游河道往往呈现出先冲后淤的现象。此外,修建水工建筑以后,必然在局部改变天然河道的地形和水流形态,泄水造成闸址周边一定范围的冲刷和淤积,进一步改变了闸址附近的河道形态,对原河道水位流量关系会造成一定的影响。这种改变在拦河闸建成初期比较显著,随着一段时间的运行,局部冲淤逐渐趋于新的平衡。中小型工程在初步设计时,可以直接引用原天然河道的水位流量关系曲线。大型工程或重要工程则应该对工程建成后的冲淤对下游水位的影响情况进行综合评价以后确定。

拦河闸的上游正常蓄水位,要根据泄水闸承担的任务、建成后上游淹没损失等因素确定。在正常运用情况下,拦河闸的任务是控制上游水位为正常蓄水位,以满足取水、航运的要求。

泄水闸的上游最高水位由水闸的泄水能力特性决定。泄水闸泄放校核洪水时,其上游水位为最高水位。此时,闸门全开下泄洪水流量,上游水位等于校核洪水流量下天然河道水位加上上游水位壅高。在平原地区建水闸,往往对上游水位壅高值的限制较严。一般在洪水期泄洪时,上游水位壅高值只允许控制在 $0.1 \sim 0.3m$,否则将造成较大的上游淹没。修建在山区和丘陵地区的水闸,其上游水位壅高往往没有严格限制。可以根据水闸的任务、上游淹没损失、工程造价、两岸堤防、地下水位等因素,经多方案综合比较后确定。

4. 闸孔型式

土基上建拦河闸,闸孔型式多采用开敞式宽顶堰。这种型式结构简单,施工方便,地基应力均匀,泄流能力大,上游水位壅高较小,有利于完成冲砂、排污等其他任务。宽顶堰的流量系数为 $0.36 \sim 0.385$。在地基条件较好的拦河闸可以采用驼峰堰。岩基上的水闸常采用实用堰。驼峰堰和实用堰的流量系数较宽顶堰大,可以使枢纽布置更紧凑。水闸上的实用堰多为低堰,其流量系数可参考有关文献。值得注意的是,实用堰在淹没出流的情况下,流量系数急剧减少,因此,经常或主要工况为淹没出流的泄水闸适宜于选用宽顶堰或驼峰堰。

对于上游水位变幅较大的水闸,可以考虑设置胸墙,以减少闸门挡水高度和闸门受力。

在高水位情况下也需要用闸门控制泄水时,泄流量按孔流计算。

5. 堰顶高程

水闸闸室堰顶高程是指宽顶堰的上表面高程或驼峰堰、实用堰的堰顶高程。宽顶堰的堰顶高程又称为底板高程。堰顶高程一般根据水闸的任务,综合考虑工程任务、过闸单宽流量、地形地质条件、河床抗冲能力、施工和工程总投资等因素确定。在满足运用和安全要求的前提下,要使工程总投资最省。

拦河闸的底板为平底板时,闸底板高程等于或略高于河底高程,有利于减轻闸前泥沙淤积。闸底板应尽量建在较坚硬的土层基础上,必要时可适当降低底板高程。闸底板高程往往与水闸过流前缘总宽度相关。较低的底板高程可以获得较大的泄流能力,从而缩短水闸前缘总宽度。但是,水闸要承受较大的上、下游水位差,单宽流量增大。拦河闸全开敞泄洪水时,上、下游水位差最小,过流量最大,往往是确定闸底板高程的主要工况。小型拦河闸可以适当调整闸室底板高程,使总宽度与天然河床的宽度相当,以减少两岸连接建筑物的工程量。大中型水闸,特别是多孔水闸,如抬高底板将使闸孔数量增多,从而增加总投资。

三、进水闸

进水闸的闸孔尺寸应该在设计保证率的年份内能够取到额定引水流量。其孔口尺寸应根据引水流量,综合考虑上下游水位、单宽流量、闸孔型式和闸底板高程等因素确定。

进水闸的上游水位为水库正常蓄水位或河道最低水位。从河道取水流量较大时,要考虑取水口处河道水位局部降落。

进水闸的下游水位由渠系规划确定,取水流量由工程任务确定。

灌溉渠首可根据灌区规划,绘出全年的流量过程线(Q-T 曲线),并据此计算出渠首处的闸下水位过程线。同时,根据河流或库区水位变化绘出上游水位过程线。在上、下游水位过程线基础上,取最小水位差较小且引水流量较大的情况作为确定闸孔尺寸设计的控制工况,取上、下游水位差较大工况作为闸抗滑稳定安全校核的控制工况。当上游水位变幅较大,可以用胸墙降低闸门高度,胸墙尺寸以不影响取水流量为原则。

进水闸的底板高程应该高于冲沙闸或泄水闸的底板高程。在地基条件好和上游水位较高的情况下,可以尽量提高底板高程,或采用泄流能力高的实用堰。库区或河道水位变幅较大时,进水闸常采用胸墙来减小闸门高度,胸墙的下缘高程以不影响取水流量为宜。可以将其设计在正常取水情况下为堰流。

进水闸的总宽度与引水渠宽度接近时,便于水流衔接和消能防冲。这时,进水渠闸室单宽流量约为引水渠宽度的 1.2~1.5 倍。

闸孔泄流方式分为堰流和孔流。一般情况下为堰流,闸门挡水或有胸墙时为孔流。

四、排水闸

排水闸应设计为自流排水。由于在湖区降水后，外江外湖水位也会相应上涨，因此，要求在排水闸能够短时间内迅速地排除低凹区域的渍水，尽可能在外湖水位上涨前完成排水任务。一般要求"一天渍水三天排，两天渍水五天排"。影响孔口尺寸的因素有：涝区水位（上游水位），江、河水位（下游水位），暴雨强度和持续时间，渍水区对排水时间的强度等。

排水闸的闸底板在条件允许的情况下，首先应考虑采用开敞式平底板，以利于快速排水。江河水位变幅较大的排水闸，可以设置胸墙来适应水位变化，降低闸门高度。在城市等地区，多采用涵洞式。排水闸的底高程往往较低。暴雨是产生低凹区渍水的原因，暴雨标准（历时和强度）根据防涝地区的重要性选定。排水流量根据渍水积水区域的暴雨标准和汇流特性经水文计算确定。江河水位往往在排水期间是上涨的，其泄流量在江河水位的顶托下逐渐减小，可以分段计算，验算排水时间能否满足要求。各影响因素难以精确选定，即使采用较短的计算时段和复杂的计算方法也不能提高计算精度，在实际工程中，常根据当地情况，采用"平均流量法"计算。根据所选定的暴雨历时计算径流总量，除以规定的排渍时间，得到过闸平均流量，再按一般规定的 10～30cm 的设计水头，计算孔口尺寸。

在外江水位较高而难以自流排水或难以全部自流排水时，往往要设置机排泵站，或机排和自排结合。

第四节 水闸的消能防冲

一、水闸消能防冲的特点

与高水头泄水建筑物相比较，水闸的消能防冲有以下显著的特点：

（1）上游水头小。由于水闸大部分建在平原，水闸的上游水头较小，下游水深变化大，加上河床土壤抗冲能力较小，一般无法采用挑流式消能工。只有下游河道有足够的稳定水深，并且河床条件较好的个别情况下，才考虑采用面流式消能方式。因此，在水闸工程中，广泛地采取底流式消能方式。

（2）上、下游水位落差小，水流弗劳德数低。这种情况多发生在大流量泄流情况。此时往往形成不完全水跃，甚至是波状水跃，消能极不充分，加大了下游防冲的护岸、护底工程量。

（3）大流量泄流不一定是最危险工况。泄水闸在下泄大流量时，上、下游水位差很小，消能防冲的任务更多地在于防冲，顺利地完成上、下游水面线的衔接。小流量泄流时，上、下游水位差相对较大。不论是部分开启闸孔还是闸门控制开启泄流，由于总下泄流量较小，因此下游水位较低。此时，如果设计不当，容易因水深不足而形成远驱水跃冲刷河床。泄水闸最危险工况常发生在下游无水的初始开启状态。宽敞河道上的多孔水闸中，如果全开其中一孔，往往因下游水深较浅，局部单宽流量大，水流流速高，能量集中，从而产生不利冲刷。

（4）地基条件较差。土基抗冲能力低，经过消能工的余能如处理不当，仍然可能冲刷河床。

水闸消能设计的基本原则是：促使水跃发生在闸下一定范围内，最大限度地通过表面水滚消能，避免造成下游河床冲刷。

二、消能防冲布置

多数水闸采用底流消能方式。在底流消能中，水跃发生区域的水流非常紊乱，只有将水跃限定在指定位置，对其底部采取专门的保护措施，才能保护河床不被冲刷。这种特殊保护措施就是护坦板。护坦板一般是钢筋混凝土结构，要求能够抗冲抗浮。为了将水跃位置固定在护坦板上，将护坦板高程下降并低于下游河床或用高于下游河床的尾坎使之形成消力池。消力池就是形成水跃、消刹能量的地方，消力池的两侧设置边墙保护两岸。出消力池的水流仍然具有相当的余能，需要设置海漫、防冲槽，防止河床被冲刷，进而保护水闸闸室的安全。图8-4-1为水闸闸下消能防冲典型布置图。

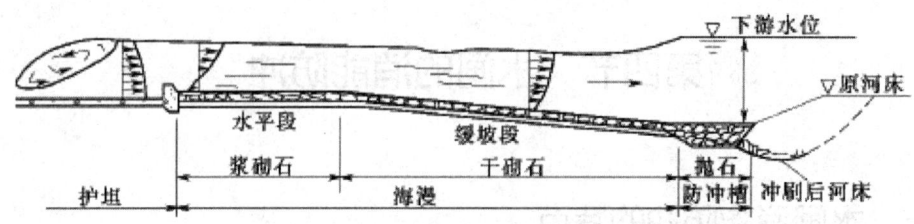

图8-4-1 水闸闸下消能防冲典型布置图

三、消能防冲设计中的若干问题

1. 下游水位

河道下游水位由河道天然特性决定。下游水深与水跃共轭水深之间在不同流量下的关系一般有5种。

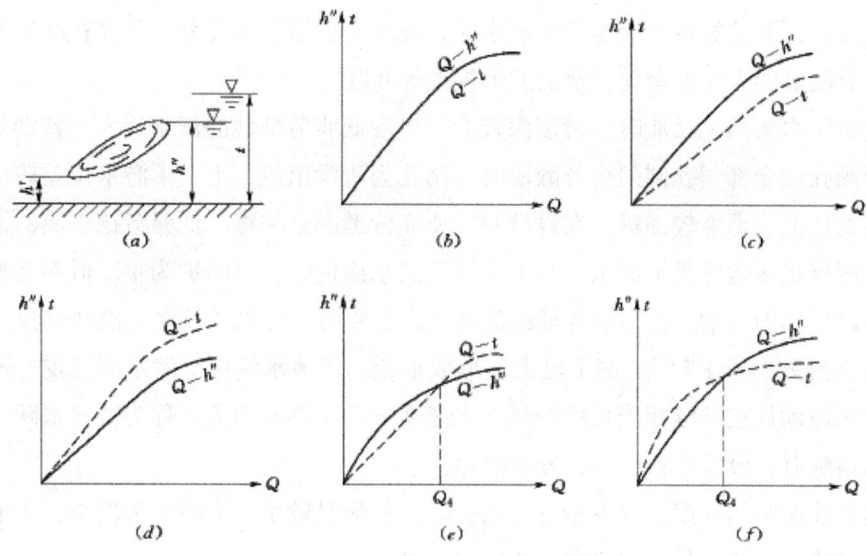

图 8-4-2　Q-h" 和 Q-t 关系曲线图

（1）Q-h" 曲线与 Q-t 曲线重合（如图 8-4-2（b）），表示在任何泄量下都能产生临界水跃。这时，只需在水跃范围内稍微降低护坦高程，使护坦上的临界水跃成为淹没度不高的淹没水跃，淹没系数为 1.05～1.10。在实践中很少遇到这种情况。

（2）Q-h" 曲线位于 Q-t 曲线之上（如图 8-4-2（c）），表示在各种流量下，t<h"，即尾水深度不足以形成临界水跃。这种情况在拦河闸中很少见，在进水闸中较多见。这时，采用消力池或综合消力池，必要时还可布置一些辅助消能工促成水跃发生，避免发生远驱。必要时，采用适当的闸门开启组合方式使下游水深 z 能满足共轭水深的要求。

（3）Q-h" 曲线位于 Q-t 曲线之下（图 8-4-2（d）），表示在各种流量下，t>h"，水跃都将被尾水淹没。当下游水深淹没度太大时，消能效果将大为降低，甚至成为高速潜流，不能形成水跃，对下游相当长的一段河床会产生冲刷。这时，应尽可能提高闸底高程，并将护坦前部做成倾斜的，称为斜坡护坦，使临界水跃向前推移，发生在斜坡上，以保证消能。否则，只能在淹没水跃范围内的护坦上加设辅助消能工。这种情况一般不太危险，在水闸中也不常见，在低滚水坝中可能发生。

（4）图（8-4-2（e））所示的情况，表示在小泄流量时，下游水深不足，产生远驱水跃；在大泄流量时，水深较大，产生淹没水跃。这时可按较小流量设计消力池，并参照第（3）种情况，有条件时在池前设置斜坡护坦，无条件时在池内设置辅助消能工，以满足流量大时的消能需要。这种情况，在拦河闸中常常遇到。

（5）图（8-4-2（f））所示的情况正好与情况（4）相反。这时可按要求池深较大的流量设计消力池；小流量时产生淹没水跃，一般问题不大，必要时也可设置一些辅助消能工。在水闸中很少遇见这种情况。

2. 低弗劳德数问题

入池水流弗劳德数对水跃消能影响显著。当入池水流弗劳德数 h'rG4.5 时，称为低弗劳德数水流。低弗劳德数水流难于形成水跃，或水跃的漩滚不充分，常存在跃后流速分布不均匀、有明显的大尺度紊动、水面波动较大等问题。

水闸由于水头低，敞泄时下游水深较大，出现低弗劳德数的概率较大。特别是当水闸的大部分闸孔或全部闸孔闸门全开敞泄时，闸孔为淹没出流，上、下游水位差较小，下泄水流弗劳德数低，消能较困难。在设计时，要充分考虑这一点。低弗劳德水流的消能防冲设计时，应该更多地注重下泄水流与下游河道的水面衔接，以防护为主。低弗劳德数的消能措施可以采用消力梁、消力墩等辅助消能工，必要时，可以通过水工模型试验选择。

当弗劳德数小于 1.7 时，闸下已无法形成水跃。下泄水流在下游水面呈现一连串水面波动，水面波动往往延续相当长的距离，水能在波动中逐渐消失，称为波状水跃。消除波状水跃的措施有：设置平台小坎、分水墩等。

水闸在控制闸门开度，或少量开启闸孔时，总泄量较小，下游水深较小，入池水流弗劳德数相对较高。往往是消力池设计的控制工况。

3. 多孔闸

在江河的干流上修建拦河闸，按其最大洪水流量标准设计，往往需要采用多孔闸方案才能达到泄流能力。多孔闸在下泄小流量时，可以有多种组合闸门开度方案，运行方便灵活。

多孔闸一般在单孔全开的情况，是消能防冲的控制工况。这时下游水位最低，依靠下游天然水位难以形成正常水跃，往往需要很深的消力池才能满足共轭水深的要求。实际工程中，可以根据工程运行要求、下游水深变化、上游水位控制标准等因素，或采用一定的工程措施，或对闸门运行工况加以限定等，来保证工程安全。

葛洲坝二江泄水闸，27孔，分为3个区，分别为6孔、9孔和12孔。采用不同的分区或分区组合开启，可以适应不同的泄流量。

湖北庙子头泄水闸的2孔泄水闸兼作冲沙闸，弧形工作闸门，消力池长度较另两区长，设有尾坎，要求运行时自左向右顺序开启。左岸两孔首先在小流量下运行，只有河道洪水流量超过此2孔的泄流能力时才依次开启第2区、第3区。所以，第2区、第3区的消力池护坦板的长度也相应依次缩短。

4. 闸门的开启方式

消能防冲设计与闸门的开启运行方式有关，合理的设计应该尽量减少对水闸运行方式的限制。

少孔水闸的开启方式较简单，尽量采用对称均匀开启。

当河道天然来水小于取水流量时，拦河闸闸门全部关闭，闸下游河床无水。在下游无水的情况下开启闸门泄水，是下游消能防冲最危险的时刻。同样，当泄水闸增大开度变化泄流量时，下游水位的上涨也需要一个时间变化过程。在水闸消能设计中，下游水位往往取下泄流量的相应水位，这是泄水稳定工况。对于上述泄水闸增加下泄流量的过渡过程中的消能问题，应该采取一定的工程措施，避免发生流量变化的瞬间冲刷。常见的工程措施有：设置消力墩，提高承受冲击力的能力；逐级开启闸门，向下游分级充水，使下游河道涨水过程与闸门开度相适应。

水闸在闸室处收窄河床，然后扩散。如闸室布置不当（如布置在河床的某一侧），或闸门开启方式不当（如开启孔数不多，且过于靠近河床的某一岸）时，容易产生折冲水流。这时，水流左冲右撞，在河道中蜿蜒前进，使主流集中，局部单宽流量大，淘刷河床和河岸。折冲水流一旦形成，很难自行消失。消除折冲水流的首要措施是做好平面布置，尽量使水闸下泄水流与天然河道水流相符合，选择合理的扩散角，避免出闸水流出现水流分离，使局部回流挤压主流，形成折冲水流。避免出现折冲水流的另一重要措施，就是要安排合理的闸门开启方式，一般是采取隔孔对称开启，使出闸水流均匀扩散。折冲水流多发生在下游水深较浅、上下游水位差较大的情况，或发生在下泄水流消能不充分的情况。对于下游水深较大的多孔水闸，采取隔孔开启时，不开启闸孔的下游水体受相邻闸孔水流的影响，产生局部回流，从而反过来影响水流正常下泄。这时可以采用闸孔分区，用较长导墙将各区分开。

第五节　闸下的防渗排水

水闸在上、下游水头差的作用下，不仅在闸基土体中会产生渗流，同时还会产生绕过两岸连接建筑物的岸坡绕渗。水闸闸基渗流在闸底板上形成的扬压力，不利于闸室稳定；岸坡绕渗对连接建筑物的侧向稳定不利。闸基渗流和岸坡绕渗还可能造成渗流出逸处的渗透变形破坏，甚至导致水闸失事。渗透引起水量损失，但是，在水闸枢纽中，除非水量损失过大或形成特殊通道，水量损失往往不是渗流分析中的主要问题。

一、水闸的地下轮廓布置

水闸闸下防渗包括上游铺盖、板桩、闸底板和不透水护坦板等设施。水流经地基渗向下游，形成地下渗流场。从防渗铺盖前端开始，沿铺盖、板桩、底板及护坦，到下游排水的前端为止，是闸基渗流场的第一根流线，称为地下轮廓线。地下轮廓线的长度称为渗径长度。在地下轮廓线上，渗透水压力自上游向下游沿程递减。地下轮廓线所在的建筑物承受渗透水压力，因此，闸下渗流为有压渗流。

水闸防渗排水设计的首要任务是布置地下轮廓线。地下轮廓线的布置原则是"上防下排"，即在闸基靠近上游侧以防渗为主，采取水平或垂直减渗措施，阻截渗水，消耗水头。在防渗体的下游侧以排水为主，尽快排除渗水，降低渗压。

闸下防渗排水的布置方式不同，对减少建筑物的渗压和防比闸基渗透变形的作用也显著不同。图 8-5-1 表示了防渗及排水布置对闸底渗压的影响。

图 8-5-1（a）中，闸底板及护坦下均无排水，虽然采取了铺盖、板桩等防渗措施，但作用在底板及护坦上的渗透压力仍然较大。图 8-5-1（b）中，闸下排水向上游延伸到护坦板的底部，护坦板底部没有渗透压力，闸底渗压也明显减小。图 8-5-1（c）中，闸下排水进一步前伸到闸底的后半部，闸底板承受的渗压更小。图 8-5-1（d）中，在铺盖上游端加设板桩，并且使排水前伸到铺盖下游端，闸底板完全没有渗压。由此可见，要减小闸底渗透压力，提高闸室抗滑稳定性，应将水头尽量消耗在渗径上游部分，即延长上游铺盖和板桩，或将排水的起点前伸。

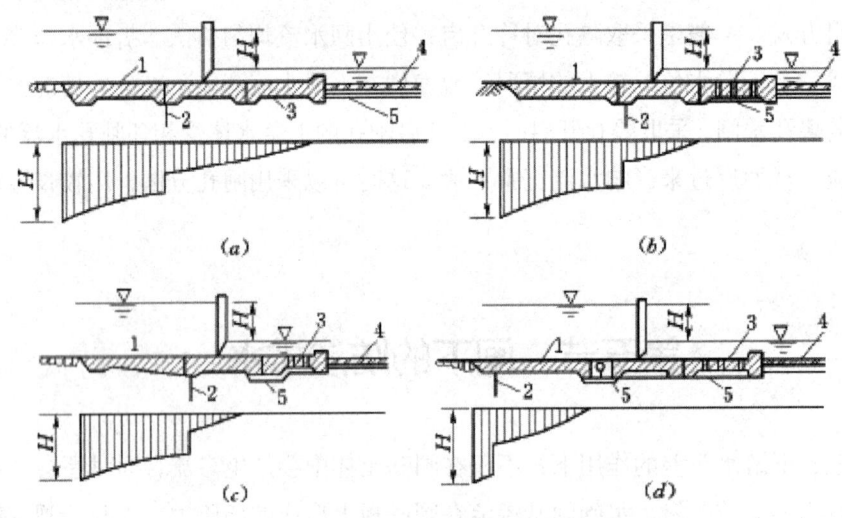

图 8-5-1　地下轮廓布置对渗压的影响

（a）底板首端板桩及海漫排水布置；（b）底板首端板桩及护坦排水布置；
（c）底板首端板桩及后部排水布置；（d）铺盖首端板桩及底板排水布置

1—铺盖；2—板桩；3—护坦；4—海漫；5—排水及反滤层

如果上游防渗设施不变，单纯地将排水设施向前延伸，渗径长度缩短的同时，闸下的平均渗流坡降增大，对防比渗透变形不利。特别是当排水开始处的逸出坡降增大到土壤的临界渗透坡降时，很容易引起渗透变形，必须加强反滤层或其他防止渗流破坏的专门措施。这说明，降低渗压和防比渗透变形的要求往往是互相矛盾的。设计时，必须根据闸基土壤条件抓住主要矛盾，全面考虑，力求做到经济合理。

地下轮廓的布置型式与地质条件密切相关。

黏性土闸基自身的渗透系数较小，摩擦系数也较小。在进行地下轮廓布置时，应该以降低闸底渗压、提高闸室稳定性为主。这时，应该尽可能将排水向上游延伸，而防渗设施也不必过长。黏性地基在固结后，土体结构致密。如果设置板桩，则可能破坏黏性土的天然结构，在板桩与地基间形成集中渗流通道，反而不利于防渗。例如，固结后的淤泥、黏土地基的渗透系数可以达到 10-6cm/s 或更低，与一般的粘性防渗土料在同一数量级。闸室上游以防冲为主，如采用混凝土铺盖，将闸下排水的上游端延伸到闸底板，甚至延伸到整个底板（图 8-5-1（d））。排水垫层还能帮助闸基黏性土加速排水固结。

粉砂地基容易在动荷载作用下发生液化，应尽量将闸基四周用板桩封闭起来。这时，由于下游侧增设了板桩，底板下渗透压力有所增加，应在上游侧适当加强防渗。图 8-5-1（d）为江苏某挡潮闸防渗排水的布置方式，因其受双向水头作用，故水闸上下游均设有排水设施，而防渗设施无法加长。设计时应以水头差较大的一边为主，另一边为辅，并采取除降低渗压以外的其他措施，提高闸室的稳定性。

对于上层为弱透水面下层为强透水的双层或多层地基，除根据上层地基情况采取防渗措施外，还需考虑承压水作用，验算上部覆盖层的抗渗、抗浮稳定性，必要时还可在消力池设深入强透水层的排水减压井。

二、防渗排水设施

1. 水平防渗

水平防渗的型式为铺盖。铺盖材料有黏土、混凝土板、钢筋混凝土板、土工膜等黏土铺盖。

黏土铺盖在与底板上游而接触处紧密贴紧，铺盖与底板连接处的水压力呈渐变。底板处铺盖上下面的水压力等于渗水沿铺盖底部的渗透损失，因此，铺盖与底板连接处的厚度应由铺盖土体的允许坡降控制。黏土铺盖的厚度自上游向闸底板逐渐加厚，上游端的最小厚度由施工条件决定，一般为 0.5～0.75m。底板处的厚度由黏土的渗透坡降决定，一般为上、下游最大水头差的 1/4。黏土或壤土铺盖的表面应设保护层，防止水流冲刷或其他破坏。

在混凝土板铺盖与闸室底板连接处要设置比水，止水片的材料为紫铜片、塑料片。混凝土或钢筋混凝土铺盖的最小厚度不小于 0.4m，顺水流方向每隔 8～20m 设一道永久缝，适应温度变化和不均匀沉陷。

铺盖的长度根据闸基防渗需要确定，一般采用上、下游最大水位差的 3～5 倍。过度向上游延伸铺盖长度对降低闸基渗透坡降、减少扬压力作用不大，工程量却增加不小。因此，当铺度长度不能满足防渗要求时，可采用垂直防渗、改变排水布置等方法解决问题。

防渗土工膜的厚度根据作用水头、膜下土体可能产生裂隙宽度、膜的应变和强度等因素确定，一般不小于 0.5mm。土工膜上部铺设保护层，下部设垫层，防比树枝、石子等硬物刺破。

2. 垂直防渗

防渗体垂直于地面布置。垂直防渗设施有钢板桩、钢筋混凝土板桩、木板桩、混凝土防渗墙、高压旋喷灌浆帷幕等。

木板桩易劈裂，施工质量难以保证，除某些小型临时性工程外，木板桩已很少使用。

钢板桩强度大，容易打入地基，用锁扣连接后漏水少。钢板桩成本较高，在一些大型工程中使用能够加快施工速度。

钢筋混凝土板桩下端为楔形，以便于打入地下。板桩两侧采用梯形榫槽，用锁扣装置连接，可减少板桩成形后的桩间漏水。板桩用强夯逐渐打击进入预定位置。钢筋混凝土板桩的最小厚度不小于0.2m，宽度不小于0.4m。

板桩与底板之间应避免刚性连接，以适应闸身沉陷。

混凝土墙用冲击钻逐段凿槽灌浆形成。槽宽60～80cm，长5～10m，深可达20～30m。

3. 排水措施

闸下排水设施的作用是顺利地排除渗水，一般采用透水性很好的卵石、砾石、碎石等材料平铺在设计位置。排水石料的粒径为1～2cm，在下部与地基面之间要设置反滤层。闸下排水向上游延伸的位置由地下轮廓布置确定，在黏性土地基上可以一直延伸到闸底板下面。在消力池护坦板下部设有排水层时，常在消力池护坦板的后半部设排水孔。排水孔呈矩形或梅花形，孔径5～8cm，孔距1.0～1.5m。

第六节 闸室的布置与构造

闸体是水闸的主体部分。闸室的结构型式、布置和构造，应该在满足应用要求的前提下，尽量做到重量轻、整体性好；各构件受力明确、刚性大；闸室布置应合理匀称，运行管理方便；底板上应力尽可能趋于均匀，能够适应地基可能产生的沉降变形。

水闸的结构在整体上属于空间结构，受力比较复杂，如果采用有限元法进行结构计算，能够更为准确地计算出结构构件的受力情况。但是，有限元法计算复杂，工作量大。因此，除了受力条件复杂的大型水闸外，一般是将闸室结构分解成若干受力构件，采用结构力学和材料力学的方法进行内力计算，并进行构件配筋设计。

一、底板

闸室底板的作用是承受上部荷载，防比水流冲刷，延长闸下渗径。底板结构型式最常见的是平底板，即宽顶堰。此外，还有采用低堰底板、箱式底板、斜底板、反拱底板、钻孔灌注桩底板等其他型式。

平底板按其与闸墩的连接方式，分为整体式和分离式两种。

（一）底板结构型式

1. 整体式平底板

闸室底板与闸墩一起浇筑，在结构上形成一个整体，称为整体式底板。整体式底板能够将上部桥梁、设备及闸墩的重量传递给地基，使地基应力趋于均匀。整体式平底板可用于地基条件较差的情况。

整体式底板一般在 1～3 个闸室之间设一道永久变形缝，形成数孔一联，以适应温度变化和地基不均匀沉降。在岩基上，缝距不宜大于 20m；在土基上，缝距不宜大于 35m。变形缝设在闸墩中间时，闸室整体性更好，在发生不均匀沉降时，仍然能够正常工作。设有变形缝的闸墩称为缝墩，缝墩一般较中墩厚些。在较坚硬地基土层上，变形缝可以设在闸室中间的底板上，以减小闸墩厚度和泄流前缘总宽度。板中分缝的闸孔单孔净宽不宜大于 8m（图 8-6-1）。

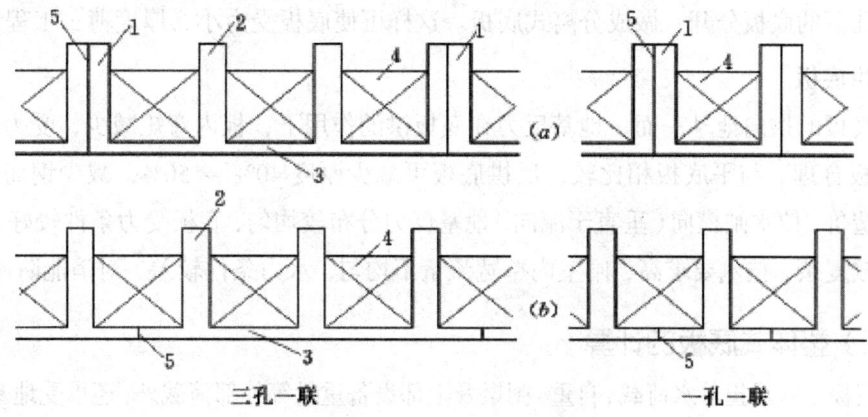

图 8-6-1 整体式平底板示意图
（a）墩中分缝；（b）板中分缝
1—缝墩；2—中墩；3—底板；4—闸门；0—永久缝

底板顺水流长度根据闸室稳定、地基应力分布以及上部结构布置要求确定。水头越高、地基越差、底板要求越长。初拟底板长度时，碎石和砾（卵）石地基可取（1.5～2.5）H，砂土和砂壤土地基可取（2.0～3.5）H，粉质壤土和壤土可取（2.0～4.0）H，黏土可取（2.5～4.5）H。

平底板是最常用的一种型式，构造简单，施工方便，地基应力分布较均匀。平底板通常是等厚度。底板厚度应根据闸室地基条件、作用荷载及闸孔净宽等因经过计算并结合构造要求确定。初拟时，对于大、中型水闸，闸室平底板厚度可取闸孔净宽的 1/6～1/8，约为 1.0～2.0m，最小厚度不宜小于 0.1m。

在土基上，底板的上下游端常设有短齿墙，齿墙长 0.5～1.0m。齿墙能够增加底板刚度，增大闸室抗滑稳定安全系数和闸下地下轮廓线的长度。

当地基承载力允许时，常采用实体底板；当地基承载力较差时，可以采用刚度大、重量轻的空心底板。

2. 分离式平底板

分离式平底板的两侧设置分缝，底板与闸墩在结构上互不传力。闸墩和上部设备的重量通过闸墩传到地基，底板只起防渗、防冲的作用。分离式底板的厚度只需要满足自身的稳定要求，厚度较整体式底板薄。

3. 钻孔灌注桩底板

桩基础通常是先钻孔，然后在现场浇筑钢筋混凝土桩，称钻孔灌注桩。当软土层下卧的硬土层距离表面较浅时，可以使桩直接支撑在硬土层上，水闸的荷载通过钢筋混凝土桩传递到硬土层，称为承重桩。当硬土层埋深较大时，桩只能插入软土层一定深度，荷载通过桩与周围土体的摩擦力来支撑，称为摩擦桩。

钻孔灌注桩一般布置在闸墩基础底板部位，构成桩基承台。承台由永久缝（缝内设比水）与闸孔下的底板分开，做成分离式底板。这样可使底板受力小，厚度薄，工程量小。

4. 反拱底板

反拱底板的拱向地基一面，地基反力在底板拱的作用下，板内弯矩减少，受力条件明显比平底板合理。与平底板相比较，反拱底板可减少厚度40%~50%，减少钢筋用量，降低工程造价，使水闸横向（垂直于流向）地基反力分布较均匀，底板受力条件较好。但是，施工条件较复杂，技术要求高，闸室内单宽流量不均匀，水力条件较差，对消能防冲不利。

（二）整体式底板的计算

水闸底板上除承担着水荷载、自重、闸墩及上部设备重量等外部荷载外，还承受地基反力。

水闸的底板紧贴地基，地基反力作用在底板上为分布力，其大小与其在外力作用下底板的变形性能相关。因此，地基反力与底板上的外部荷载、底板的结构性能以及地基的土料特性有关。底板是一个双向受力结构，设计计算时，将其简化为两个方向独立受力结构考虑。整体式底板的底板与闸墩连成整体，在顺水流方向上，底板连同闸墩连接成T形梁结构，整体刚度很大，不考虑其在这个方向上的变形。底板纵向（顺水流方向）地基反力呈直线分布，按偏心受压公式计算。

底板垂直流向的长厚比较大，柔度大，容易产生变形。在这个方向上，地基反力和内力沿底板呈曲线分布。结构设计时，在闸门上、下游各取一条1m宽的板条作为计算单元，计算板条上的内力，并进行配筋。下面介绍几种计算方法。

1. 反力直线法

此法假定底板在垂直水流方向（横向）的地基反力为均匀分布，横向反力分布按偏心受压公式计算。

反力直线法计算简单，地基土层的相对密度大于0.5的砂土地基受荷后，其内部应力会自动调整并接近于均匀分布，计算结果与实际情况较接近。对于其他地基，反力直线分布不能反映实际情况。

2. 倒置梁法

与反力直线法相同，倒置梁法也是假定地基反力在垂直水流方向为均匀分布，并且将底板视作支座在上的一个倒着放置的梁，闸墩作为梁的支座，单孔闸视为简支梁，多孔闸视为连续梁。地基反力作为梁上的分布荷载之一。

梁上的均布荷载 q 为

$$q = q_3 + q_4 - q_1 - q_2$$

式中：q_1 为底板自重，q_2 为水重；q_3 为扬压力；q_4 为平均地基反力。

3. 弹性地基梁法

此法将底板切条视为平卧在地表的一条弹性地基梁，在上部外荷作用下，底板与地基面共同变形。计算板条内力时，利用静力平衡条件（进行剪力分配）和变形相容条件（底板变形与地基沉陷一致），求出板条下的地基反力和板条内力。

弹性地基梁法的计算步骤如下：

（1）计算底板上的荷载。如图 8-6-2 所示，作用在底板切条上的集中力有：闸墩的不平衡剪力 ΔQ、闸墩重量 G（包括闸墩上的永久设备）；作用在板条上的分布力有：水重 q_2、底板自重 q_1、扬压力 q_3、地基平均反力 q_4、分配在板上的不平衡剪力。

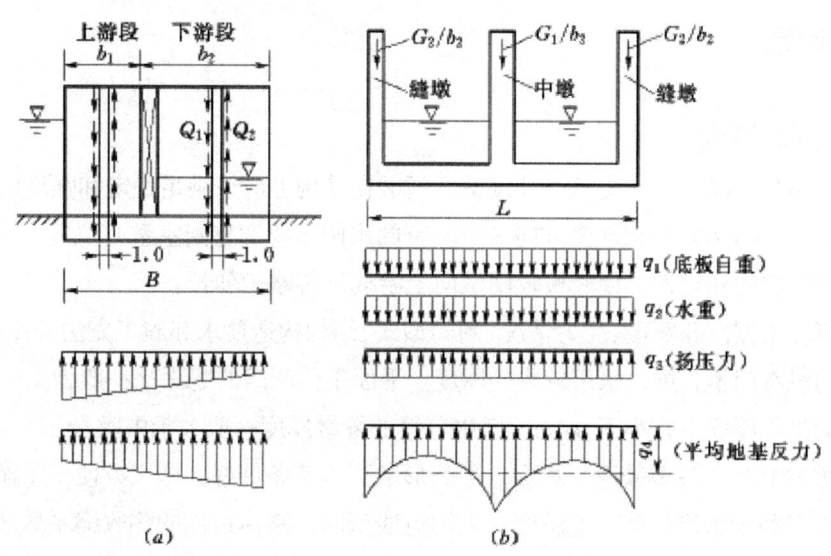

图 8-6-2 地基反力分布示意图

（a）闸底板纵向地基反力分布图；（b）闸底板横向地基反力分布图

SL265-2001《水闸设计规范》规定：采用弹性地基梁法时，可不计闸室底板自重。这是因为，水闸的闸室底板绝大多数是挖埋式，底板自重产生的应力远小于基坑开挖前的原始应力。底板自重产生的地基沉降是土基回弹后的再压缩，不像排水固结那样需要较长的时间，可以在很短时间内完成。但是，如果不计底板自重将致使作用在其底面上的均布荷载为负值时，则应计算自重。此时，自重的大小应使底板上的均布荷载的总和为零。

（2）计算底板平均地基反力。底板上的平均地基反力强度为板条所在位置的纵向应力，按偏心受压公式计算地基平均反力。

（3）确定切条上的不平衡剪力。闸室底板上的纵向地基反力是均匀变化的，但是，水重在闸门处是突变的，荷载的突然变化使得板条截面上的上述各力不平衡，此不平衡力由板条截面两侧上的剪力之差 $Q_1 \sim Q_2$ 提供，称为不平衡剪力。

（4）分配不平衡剪力。不平衡剪力作用在闸墩和底板形成的 T 形截面梁上根据材料力学，假定剪力在闸墩和底板组成的 T 形梁上按二次抛物线分布，分别计算板穿和闸墩上的剪力分布。板条上的剪力作为分布力，闸墩上的剪力作为集中力。

（5）计算边荷载的影响。靠近岸坡的闸孔受到回填土的影响，应力会发生变化。相邻闸孔间由于施工次序的先后也会影响底板应力，计算时应根据施工程序加以考虑。边荷载对闸底板的影响是复杂的，设计原则按偏于安全考虑。在实际工程中，一般按以下方法考虑边荷载的影响：①计算闸孔在相邻闸孔之后建。如边荷载的作用减小底板内力，则不考虑边荷载的影响；如边荷载的作用增加底板内力，则在砂土地基上考虑 50% 的影响，在黏土地基中考虑 100% 的影响；②计算闸孔在相邻闸孔之前建。由于边荷载使底板内力增加，考虑 100% 的影响。

一、闸墩

（一）闸墩结构

闸墩的作用是分隔闸室、支承上部设备。闸墩在结构上应该满足稳定和强度的要求。

闸墩长度一般与闸底板顺水流方向一致。有的水闸需要调整闸室重心位置，或利用上游水重以增加闸室的稳定性，使底板较闸墩向上游或下游略微伸长。

闸墩的厚度根据闸孔宽度、受力情况、闸门型式、结构构造要求和施工方法等条件确定。弧形工作闸门没有门槽，可以采用较小的厚度。平面工作闸门的宽深比一般为 1.6~1.8，闸墩门槽处的最小厚度不宜小于 0.4m。墩中分缝的缝墩厚度一般大于中墩。

水闸闸墩的上游墩头多采用半圆形，半圆形墩头水流条件好，施工方便。下游墩头多采用流线型，有利于水流扩散。上游墩头采用流线型时，整体过流的侧收缩系数较半圆形小，但是，在一孔过流，邻孔关闭的情况下，头部容易形成分离水流，水流流态和侧收缩系数均不如半圆形墩头。为了闸墩上部桥面和设备安装，常将闸墩上部不过流部分的上、下游端均做成方形。

（二）闸墩整体应力计算

闸墩是一个双向受力结构，除了受到自重等垂直荷载外，同时还受到纵向（顺流向）

和横向（垂直流向）两个方向的水荷载作用。

闸墩不同高程截面上的应力不同，顺序向下以墩底应力最大，作为计算应力的控制截面。将闸墩结构看作固结在底板上的悬臂梁，可近似地按偏心受压公式计算闸墩应力，并据此配筋。闸墩结构分运行工况和检修工况两种工况计算。

1. 运行工况

（1）闸门关闭。闸门关闭时，闸墩的作用荷载为水压力、自重和上部结构、设备重量。地震力作为校核情况考虑。

（2）一孔全开，邻孔关闭或局部开启。闸墩需要验算纵、横双向受力的墩底边缘应力。

2. 检修工况

闸墩的一侧闸孔关闭检修、另一侧开门过水时，闸墩双向受力。

墩中分缝的缝墩受力情况与此类似。

（四）弧形闸门支座的应力和配筋计算

弧形闸门支承体的结构型式主要有牛腿、大梁和锚块。锚块为复杂得多的面体结构，比较经济，但施工复杂，多用于大型工程或重要工程。

牛腿为简单的六面体结构，与闸墩整体浇筑，呈悬臂状。牛腿轴线应尽量与闸门关闭时门轴作用力的方向一致，与水平线的斜度一般为 1:2.5~1:3.5，通常牛腿宽度 b≥50~70cm，高度 h≥80~100cm，常在其端部设 1:1 的斜坡。

牛腿承受闸门支臂传来的水压力，并且将其传给闸墩，每支牛腿上的力均为闸门上总水压力的一半。牛腿按短悬臂梁计算内力，包括力矩、剪力和扭矩。

牛腿在集中力的作用下，会使闸墩内产生相当大的拉应力。根据三维光弹模型试验结果，闸墩内仅在牛腿前约 2 倍牛腿宽、1.5~2.5 倍牛腿高的范围，闸墩的拉应力大于混凝土的允许拉应力。在此范围外，只需按构造配筋或不配筋。在虚线范围内可近似地按下式计算：

$$A_g = KN'/f_y$$

式中：A_g 为牛腿处闸墩受力钢筋总面积，m^2；K 为强度安全系数，f_y 为钢筋抗拉屈服极限强度，kN/m^2，N' 为牛腿拉应力超过混凝土允许拉应力范围的总拉力，$N'≈(0.7~0.8)N$，N 为 R 在牛腿轴线方向上的分量，kN。

三、胸墙

胸墙的结构分为板式和板梁式。胸墙下缘迎水面做成圆弧形或椭圆形，有利于水流顺利通过。

水闸胸墙承受的荷载有自重、水压力、波浪压力等。有的水闸还要考虑漂浮物的撞击力。板梁式胸墙由面板、顶梁和底梁三部分组成。而板的上、下缘支撑在梁上，两侧支撑在闸墩上。当胸墙高度较大时，可在中间增加一根中梁。

梁支撑在刚度较大的闸墩上。板梁一般是共同浇筑而成。板在受力变形时，会带动梁扭转。所以，板在上、下缘的支撑介于铰结和固结之间。结构计算时将板、梁分开依次进行。梁与闸墩浇在一起时，结构上为固支，两端承受弯矩和扭矩。梁简支在闸墩上时，只承受弯矩。板的上、下支承为弹性支承，目前还没有确定的计算方法，只能根据具体情况研究决定。一般是，当板的长短边之比小于2时，按四边支承的双向板计算；当板的长短边之比大于2时，按单向板计算。

板梁式胸墙的板厚不小于20cm，顶梁高度不小于闸孔宽度的1/12～1/15，底梁高度为孔宽的1/8～1/9。板梁式受力条件比板式好，多用于大型水闸。

板式胸墙常做成上薄下厚，顶厚不小于20cm。板的结构型式与其施工方式有关。与闸墩共同浇筑的为固结，预制吊装在预留竖槽的为简支。结构计算时取单位高度的水平板条进行计算。板式胸墙适用于挡水高度和闸孔宽度较小的水闸。

二、分缝和止水

凡具有防渗要求的缝，都应设比水设备。止水分铅直比水和水平比水两种，前者设在闸墩、岸墙、翼墙以及它们之间的铅直缝靠近高水位的一侧，后者设在铺盖、底板、护坦以及它们与底板、岸墙、翼墙连接处的水平缝内（图8-6-3）。在无防渗要求的缝中，一般铺贴沥青油毡。

止水一般采用一道塑料或橡胶比水。重要的大型水闸，应设两道比水，其中第一道采用紫铜片。止水型式应能适应不均匀沉降和温度变化等要求。铅直比水与水平比水相交处必须连接成密封系统。

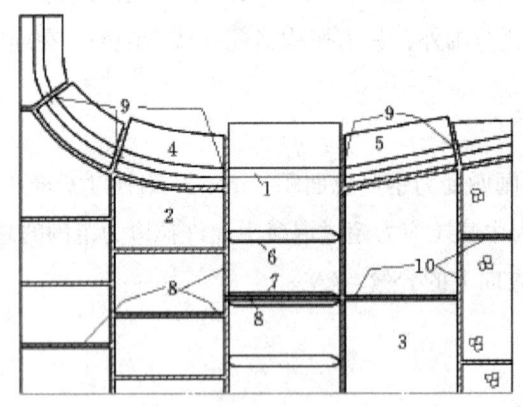

图 8-6-3 水闸分缝布置图

1—边墩；2—混凝土铺盖；3—消力池；4—上游翼墙；5—卜游翼墙；6—中墩；
7—缝墩；8—柏油油毡嵌紫铜止水片；9—铅直止水片；10—柏油油毡止水片

图8-6-4为铅直比水构造图。图（a）、图（b）为闸墩比水，一般布置在闸门上游，

以减少缝墩侧向压力。图（a）施工简便，采用较广；图（b）能适应较大的不均匀沉降，但施工麻烦。图（c）构造简单，施工方便，适用于不均匀沉降较小或防渗要求较低的缝位，如岸墙与冀墙的比水等。

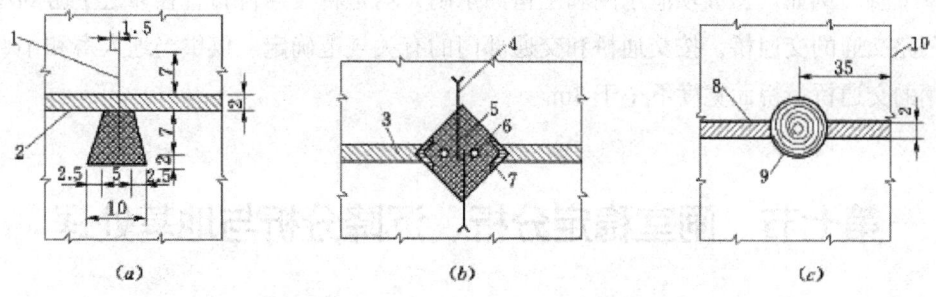

图 8-6-4　铅直止水构造图（单位：cm）

1—紫铜片和镀锌铁片；2—两侧各 0.25cm 柏油油毡伸缩缝及柏油沥青；
3—沥青油毡及沥青杉板；4—金属止水片；5—沥青填料；6—加热设备
7—角铁；8—柏油油毡伸缩缝；9—Φ10 柏油油毡；10—临水面

图 10-29 为水平比水构造图。图（a）、图（b）适用于地基沉降较大或防渗要求较高的缝位，图（c）适用于地基沉降较小或防渗要求较低的缝位。在接缝底部与地基土壤接触处常铺有 2~3 层油毛毡沥青麻布，或回填黏土，以提高防渗效果。

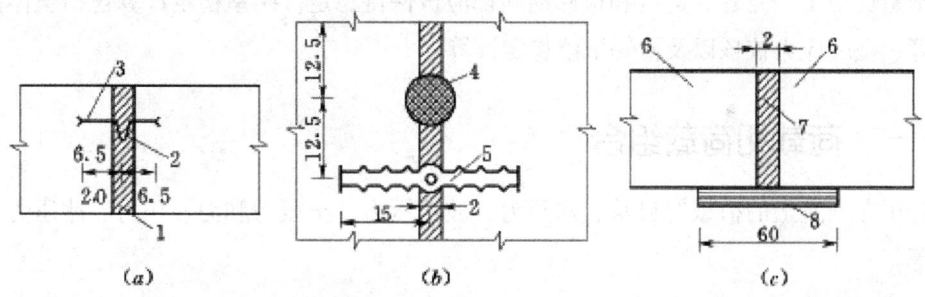

图 8-6-5　水平止构造图（单位：cm）

1—柏油油毡伸缩缝；2—灌 3 号松香柏油；3—紫铜片；4—柏油麻绳；
5—塑料止水片；6—护坦；7—柏油油毡；8—三层麻袋二层油毡浸沥青

三、工作桥和交通桥

工作桥是为安装启闭机和便于工作人员操作而设于闸墩上的桥。工作桥的宽度取决于启闭机的型式、容量和操作的需要。当桥面很高时，也可在闸墩上部另设支柱、排架以及工作桥。工作桥的桥面高程视门型而定，如为固定式启闭机时，由于闸门开启后悬挂的需要，桥的高度应使闸门提升后不阻挡水流，并留有一定的裕度；如采用升卧式平面闸门，由于闸门全开后接近平卧位置，工作桥可以做得较低。采用液压式启闭机的水闸常常不设工作桥。

需要架设交通桥的水闸，交通桥的位置应根据闸室稳定及两岸交通连接等条件确定。交通桥通常布置在闸室下游，可以降低桥面高程。当闸门操作系统在下游时，也可以布置在闸室上游。例如，葛洲坝泄水闸和王甫洲水闸，均是将交通桥布置在靠近上游的位置。连接公路交通的交通桥，按交通桥和交通部门的有关规范确定。仅供当地人畜和小型农用车使用的交通桥，桥面宽度不小于3m。

第七节　闸室稳定分析、沉降分析与地基处理

闸室竣工后，闸室及上部设备的全部重量由地基承担，这时地基承受的压力最大，需要有足够的承载力。在闸室自重作用下，往往可能产生较大的地基沉降和不均匀沉降。较大的闸室沉降将使闸室的顶高程达不到设计要求；不均匀沉降将使闸室倾斜，不能正常工作，甚至出现底板断裂，特别是闸室边墩外侧回填土后，更容易在边闸孔产生这种情况。闸基压应力超过地基允许压应力后，地基可能失去稳定。水闸挡水后，在水平推力等荷载作用下，可能产生沿地基而的表层滑动，也可能连同一部分土体产生深层滑动。闸室还可能在检修时，因重力不足而浮起。

闸室在施工、完建、运行和检修期间都应该保持稳定。闸室稳定计算包括整体抗滑稳定计算、基底应力校核以及检修抗浮稳定计算。

一、荷载和荷载组合

作用在闸室上的荷载有自重、水压力、波浪压力、土压力和泥沙压力、冰压力、地震荷载等。

1. 自重

闸室自重包括闸墩、底板及闸室固定设备。

活动设备自重对水闸影响较大，需要根据设计工况合理确定。如移动式启门机，在计算正常工况和检修工况下的闸室稳定时，不应该考虑其作用，偏于安全。在计算完建工况时的地基承载力时，则应考虑其作用。

2. 水压力

水压力分为水平水压力和垂直水压力。

当上游铺盖为黏性土材料时，铺盖以上闸室水平水压力为静水压力；铺盖底部的压力强度为该点的渗透压力强度；在铺盖与底板接触面上，假定渗水压力均匀分布。所以，闸室底的水平水压力为上大下小的直线分布形态，如图8-7-1所示。

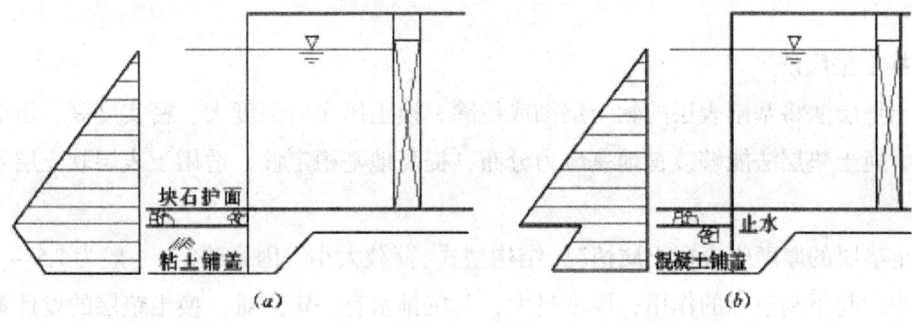

图 8-7-1 水闸的上游水平水压力分布图
（a）黏土铺盖；（b）混凝土铺盖

当混凝土铺盖与底板间设有止水片时，止水片以上部分的闸室上游水平水压力为静水压力，止水片以下部分，铺盖与底板之间存在间隙，且没有渗流流动，所以，底板上游面的水平水压力为该面的扬压力分布。在该面上，渗透压力相等，而浮托力上小下大，水平水压力分布为上小下大的形状，如图 8-7-1（b）所示。

底板上、下游齿墙内侧的水平水压力也为该处的扬压力强度，垂直水压力为闸室内水重。

二、沉降计算

闸室基底应力满足允许承载力的要求时，地基沉降量一般能够满足要求。对于较重要的工程和要求控制沉降量的工程，需要进行沉降量计算。地基允许最大沉降量和沉降差应该以保证水闸的安全和正常使用为原则。一般来说，最大允许沉降量不超过 15cm，最大沉降差不超过 5cm。地基最终沉降量 S 可用下式计算

$$S = m \sum_{i=1}^{n} \frac{e_{1i} - e_{2i}}{1 + e_{1i}} h_i$$

式中：n 为地基压缩层计算深度范围内的土层数，e_{1i} 为基础底面以下第 i 层土在平均自重应力作用下，由压缩曲线查得的相应孔隙比；y 为基础底面以下第 I 层土在平均自重应力加平均附加应力作用下，由压缩曲线查得的相应孔隙比；h 为基础底面以下第，层土的厚度。为地基沉降量修正系数，可采用 1.0～1.6（坚实地基取较小值，软土地基取较大值）。

当地基承载力不够或计算最大沉降量超过允许值时，可以采取一定的工程措施：①改变结构型式（采用轻型结构），加强结构刚度；②增大基础面积和埋置深度；③采用沉降缝；④进行必要的地基处理；⑤选择合适的施工程序，尽量减少相邻建筑物或填土的重量。

三、地基处理

多数水闸的基础为土基，闸室尽可能建在天然地基上。对于表层植被、浮层土等，应全部挖除。当天然地基不能满足抗滑稳定、承载力、沉降量等要求时，需要对地基进行适

当处理，使其达到运用要求。不同的地基存在的问题不同，地基处理要针对其存在的问题进行。

1. 换土垫层法

换土垫层法将基础表层的软土层彻底挖除，换土压实后强度大、密实度高、压缩性小的土料。换土垫层法能够改善地基应力分布，提高地基稳定性，适用于表层软土层不厚的情况。

换土垫层的厚度应根据土质情况、结构型式、荷载大小等因素确定，一般为 1.5～3.0m。厚度过小，起不到垫层的作用；厚度过大，基坑排水有一定困难。换土垫层的设计宽度按压力扩散角计算。

换土土料以中壤土、含砾黏土等较为适宜。这类土料易于压实，容易满足设计干容重的要求。级配良好的中砂、粗砂和沙砾料易于振动密实，也适用于作垫层材料。避免采用粉砂、细砂、轻砂壤土或轻粉质砂壤土。垫层材料中不应含有植物和杂质。

2. 沉井法

沉井基础是预先浇筑钢筋混凝土井圈，然后再挖除井圈内的软土，使井圈逐渐下沉到地基中，最终下落支撑到硬土层或岩石基础上。沉井可以增加基础承载力，提高闸室抗滑稳定性，减小沉降量。沉井基础适用于表层为软土层或流沙层、下部为硬土层或岩石基础的情况。

沉井基础的平面布置多呈矩形，简单对称，以便于施工浇筑和均匀下沉。沉井的钢筋混凝土的长边不宜超过 30m，长宽比不宜超过 3，以便于控制下沉。较长的矩形沉井中间应设隔墙，增加长边的刚度。沉井的边长也不宜过小，否则接缝多，止水麻烦。沉井底部井壁呈刃状，刃脚内侧斜面与底平面的夹角一般为 45°～60°，刃脚底面宽度约 0.2m。隔墙底面应高于刃脚底面 0.5m 以上。

沉井在下沉过程中分节浇筑，使沉井逐渐增加重量下沉。分节高度根据地基条件、控制下沉速度等因素确定。沉井应均匀下沉，下沉系数（沉井自重与井壁摩擦阻力之比）为 1.15～1.25。沉井切入硬土层的深度一般不小于 0.3～0.5m。沉井落位后是否封底取决于下部硬土层的承载力，在承载力足够的硬土层上，尽量不要封底，因为地下水将使封底施工困难。沉井完成后要进行回填，回填土应选用渗透系数与井底基土相同的土料，分层夯实，以防比渗透变形和减少沉降。

3. 砂井预压法

砂井预压法是在地基中布置和埋设砂井，再在地基表面施加临时荷载，以达到压实和固结软基的目的。通过预压固结，使软土层在施工期间完成全部或大部分沉降，提高地基的抗剪强度和承载能力。砂井预压法一般适用于软土层接近建基面或埋深较浅的地基。

砂井在预压固结中的作用是增加软土地基的排水面，改善软土层的排水条件，加速土层固结，减少预压时间。

砂井的直径一般为20~30cm。砂井间距为其直径的4~12倍,一般为2~4m,呈方格形或等边三角形布置。砂井深度以打穿软土层为宜。井中填料要求具有较大的透水性,且具有一定的反滤作用。

砂井预压加载的方法有：加压重法、真空预压法和降低地下水位法。加压重法简单,工作量较大,一般用石料作为加载物。真空预压法是利用抽气机在地基内形成真空,以大气压力作为预压荷载。

4. 桩基础法

在软土层厚度较大的地基上,桩基础是解决地基承载力不足的有效方法。

桩基础按其形成方式分为打入式混凝土预制桩和钻孔灌注混凝土桩两种。

打入式混凝土预制桩,直径 d=0.25~0.55m,现场预制桩的长度为25~30m,工厂预制桩长度一般不超过12m,以便于运输,到现场再根据需要将桩连接到设计桩长。

钻孔灌注混凝土桩是在地基内先钻孔,然后在现场浇注。钻孔灌注桩施工机具简单,工期较短,桩的直径较预制桩大,承载力较大。灌注桩的直径一般为0.6~1.5m。钻孔灌注桩的关键在于施工造孔。

桩基按其受力型式分为摩擦桩和承重桩。当硬土层埋深较浅时,使桩直达硬土层,水闸的荷载全部由桩传递到硬土层,称为承重桩。当硬土层埋深较深时,桩只能插入到软土层的一定深度,利用桩与周围土壤的摩擦力支承上部荷载,称为摩擦桩。水闸多采用摩擦桩。

桩基础很少采用单排桩,而是采用多排桩。桩的根数和尺寸按底板底面以上的全部荷载确定,桩的平面布置应尽可能使桩群的重心与桩台底面以上各种荷载组合的合力作用点相接近,单桩的竖直荷载最大值与最小值之比不大于给定的闸室底面应力不均匀分布系数的允许值,桩的布置型式常采用梅花形、矩形和正方形。桩距一般为(3~-6)d,且不小于25cm。

5. 强力夯实法

强力夯实法是将重锤提高到10~15m的高度,使其自由下落,对地基产生巨大的冲击力,使土体瞬时液化,从而产生较大的瞬时沉降,使土体压实。

强夯时,应在表层铺设1~2m厚的透水垫层,并设置排水砂井,以利于土体固结。每夯一遍后,要间歇一定的时间后才能进行复夯。夯点距离和夯击遍数可在夯实工作前选择试点通过现场试验确定。

6. 振冲桩法

振冲桩法是用一根带有上、下喷水嘴的振动器插入需要加固的土层中,通过振动,并借助于下端喷水口射出的高压水松动土层,使之下沉,直至设计深度处。孔四周的土体振动加密后,关闭下端喷水口,打开上部喷水口,边向孔内填砂,边进行振动,同时逐渐向上提振动器。通过振动、充填,使孔及其周边一定范围内的土体达到密实,并且形成一根碎石桩。

振冲桩法能够增加地基的承载力，减少沉降量，提高抗振动液化的能力，适用于松砂、软弱的壤土和砂卵石地基。

振冲砂石桩的孔径一般为 0.6～0.8m，桩距为 1.5～2.5m，呈梅花形或正方形布置。孔深根据设计要求和施工条件确定，当松软土层不厚时，振冲孔可穿过土层。砂石桩的填料要采用级配良好的材料，碎石最大粒径不宜大于 5cm，含泥量不大于 5%。

第八节　两岸连接建筑物

一、连接建筑物的型式

水闸闸室的两端与两侧河岸相连接。当河道较宽时，其余部分布置土石坝等挡水建筑物。水闸与河岸和土坝之间需要设置专门的连接建筑物，包括边墩、翼墙、导墙（堤）、岸墙等，以利于两岸边坡的稳定，使水流平顺地通过闸室。

二、翼墙的型式和布置

上游翼墙引导水流平顺地进入闸室，挡住两侧回填土；防比从两侧绕渗形成的渗流，同时保护填土不受进闸水流冲刷；上游翼墙的长度要满足防渗要求。

下游翼墙水流与上、下游平顺连接。

1. 角墙

角墙由两段相互正交的垂直墙体组成，转角处用半径不大的圆弧段连接。上、下游顺水流段长度分别满足防渗和防冲要求，垂直水流段插入岸坡内。角墙式翼墙防比侧向绕渗效果好，但工程量大，进闸水流收缩条件不好。

2. 八字墙式

八字墙式翼墙仍采用垂直墙，但上、下游端均向两岸扩大，在平面布置上呈八字形，称为八字墙。八字墙的下游扩散角一般为 7°～12°，过大容易使出闸水流产生分离，在导墙后形成回流。上游收缩角可以较下游扩散角大。

小型工程中，常将翼墙自闸室向上、下游逐渐降低，与两岸连接，成为斜降墙。斜降墙工程量省，水流条件较差。

3. 圆弧式

从边墩分别向上、下游用铅直的圆弧形翼墙与两岸连接，适用于上、下游水位差及单宽流量较大的大、中型水闸。上游圆弧半径为 15～30m，下游半径为 30～40m。

4. 扭曲式

扭曲式翼墙的迎水面为双曲面，与闸室连接端为铅直，与河床连接端与河岸坡坡度一致，中间坡度逐渐均匀变化。扭曲式翼墙的进出闸水流较平顺，施工较复杂，适用于地基为较密实的黏性土的情况。

5. 导水墙和导水堤

在河道宽敞的闸址修建水闸时，闸室宽度往往远小于河道宽度。闸室的一侧或两侧与土石坝或其他挡水建筑物相连接，这时，水闸的边墩上游可以设立独立导墙（堤），以引导平顺水流。否则，边孔受横向水流的影响，流态恶化，严重时可能导致边孔接近为盲孔，泄流能力大为降低。此外，导墙阻碍横向水流，降低闸室外侧土石坝坝面上的水流流速。导水墙宜采用混凝土或浆砌石，迎水面铅直，采用圆弧曲线或椭圆曲线，水流条件好。导水堤易于填筑和稳定，但是在近闸室段需要用扭曲面以平顺水流，局部施工较复杂。

下游导水墙可以采用直导墙，导墙长度应与消力池护坦长度一致，出池水流自由扩散。

王甫洲泄水闸，前缘长度388.5m，约为河道宽度的1/4，布置于左岸滩地。主流从泄水闸右侧进入闸室。两岸均采用独立式导水墙，左岸导墙长70余m，由长轴50m、短轴20m的1/4椭圆段和20m的长直段组成；右侧导墙接近主河床，长180余m，由双抛物线组成。下游右导墙为直墙，长45m；左侧为长约1600m的防护堤。

三、挡土墙的型式

翼墙的墙后多为回填土。当翼墙墙后的回填土坡度陡至不能维持自身稳定时，翼墙同时要起挡土墙的作用。挡土墙的结构型式有重力式、悬臂式、扶壁式、空箱式等。

1. 重力式

重力式挡土墙一般用浆砌石或混凝土材料。重力式挡土墙型式简单，施工方便。一般用于边墩岸墙或高度小于 4～6m 的翼墙。

重力式挡土墙在土压力等荷载作用下应该满足抗滑、抗倾和地基承载力要求。土基上的挡土墙基底面抗滑安全系数的要求与闸底板的抗滑稳定安全系数相同。基底平均应力不得超过地基承载力，最大应力不大于地基允许承载力的1.2倍，基底应力不均匀系数应满足表10-6。岩基上的挡土墙除了满足抗滑稳定要求外，抗倾稳定安全系数在基本荷载组合情况下不小于1.50，特殊荷载组合情况下不小于1.30。

2. 悬臂式和扶壁式

悬臂式挡土墙由钢筋混凝土直墙和底板组成，施工简单。悬臂式挡土墙依靠墙后的土重维持稳定，可降低基底应力，一般适用于 6～10m 高的翼墙。

上、下游翼墙段的悬臂式挡土墙底板常用沉陷缝与防冲板和护坦板分离开来，呈土形结构。悬臂墙和底板上、下游端均按悬臂梁结构计算，悬臂梁应满足自身稳定、地基应力和结构应力的要求。

当悬臂式挡土墙高度大于9~10m时，每隔3~4.5m设一道扶壁支撑，形成扶壁式挡土墙。扶壁与悬臂墙组成整体，使挡土墙成为三面固定、一面自由的双向板结构，改善了悬臂墙的受力条件，可以减少配筋。一般扶壁厚0.30~0.40m；挡土墙顶厚不小于0.20m，向下逐渐加厚；底板总宽约为墙高的0.6~0.8倍；底板向挡水面延伸1/3~2/5的底板长度；底板厚约为墙高的1/12~1/10，一般不小于0.40m悬臂式和扶壁式每隔10~20m设一道温度、沉陷缝。

扶壁式挡土墙的结构计算，首先按偏心受压公式计算整体地基应力，再对挡板、底板和扶壁进行结构应力计算。挡土墙在底板上部1.5倍扶壁净距离的部分按三面板计算，其余以上部分板墙接单向连续梁计算。作用在挡土墙上的荷载有水压力、土压力、渗透压力、自重等。挡水面的水压力为静水压力分布，背水面（挡土面）的水压力为侧向绕渗水压力。挡土墙的整体抗滑和抗倾的方向主要是向挡水面，土压力一般按主动土压力计算。

3. 空箱式

当地基较差面墙又较高时，可以采用钢筋混凝土空箱式挡土墙。空箱式挡土墙能够减少闸室的边荷载，结构较复杂，造价较高。空箱内可根据地基情况，回填部分土或不填土，以满足整体抗滑和改善地基应力。空箱的挡水面可设通水孔和通气孔，使空箱内、外水压力随水位变化得到平衡。

采用连拱式空箱挡土墙较一般空箱式挡土墙节省钢筋和造价。

第九章 水工隧道

第一节 概 述

一、水工隧洞的功能和类型

为满足水利水电枢纽综合利用水资源的要求，在地层中开凿的一种水流通道，称为水工隧洞。其功能主要有：作为主要泄洪或配合溢洪道宣泄洪水；发电、灌溉、供水和航运等的引水和输水；排泄水库泥沙；放空水库；水利水电枢纽施工期导流等。因此，水工隧洞按其功能可以分为泄水隧洞、引水隧洞、输水隧洞、排沙隧洞、导流隧洞、通航隧洞等。

水工隧洞按洞内的水流状态，又可分为有压隧洞和无压隧洞。从水库内引水发电一般是有压隧洞，而通航则是无压隧洞。为泄水、引水、排沙、导流等目的而设置的隧洞，可以是有压的，也可以是无压的，甚至设计为前段有压而后段无压。除了流速很低的施工导流隧洞外，在隧洞的同一段内应避免出现时而有压、时而无压的明满流交替状态。

二、水工隧洞的工作特点

（1）水工隧洞是一种地下建筑物，其结构性状与围岩密切相关。开挖隧洞后改变了围岩原来的应力平衡状态，引起孔洞附近围岩应力重新分布和发生变形。特别是软弱的岩层部位和进出口附近，还可能发生塌方。因此，常设置临时性支护和永久性衬砌以承受因围岩变形而出现的围岩压力等荷载。

（2）水库枢纽中的隧洞，进口常处于水下，与开敞式溢洪道的表孔相比，水头增加时泄量相对增加较小，超泄潜力要小些，但可提前泄水，故常配合溢洪道宣泄洪水或作为引水之用。在高速水流作用下，若体形设计不当或施工缺陷使不平整度过大，有形成局部负压、产生空蚀、引起洞身振动和破坏的可能性。泄水隧洞出口水流的流速高、单宽流量大，应有专门的消能防冲设施。

（3）隧洞的断面较小，洞线较长，施工工序较多，施工场地狭窄，作业干扰较大；地下施工，发生事故的可能性较大，改建和加固比较困难。此外，高水头泄水隧洞对施工质量要求较高，施工导流隧洞的施工速度要求往往较快。因此，改善施工条件、防止事故发生、合理组织施工、提高施工质量和加快施工速度等，都是水工隧洞建设中的重要课题。

随着水利水电建设的日益发展，水工隧洞建设越来越多，规模也越来越大，有的隧洞长度达 10 余 km，断面近 $400m^2$。新的设计理论、施工方法和新型结构也有了新的发展，更趋经济、安全、合理。但由于隧洞是地下建筑物，影响因素较多，地质条件和隧洞结构较复杂，一些荷载计算和设计理论还存在着某些不尽符合实际的假定，有待于进一步研究解决。

第二节 水工隧洞的布置及线路选择

水工隧洞的布置是一个关系到快速施工、安全运行、经济合理的关键问题。一般包括线路选择，进出口高程、纵剖面、闸门布置等内容。

一、总体布置及其程序

（1）首先根据枢纽任务，确定隧洞的功用，是专建专用还是一洞多用，进而结合地形、地质和水流条件，以及运用要求等拟定进口的位置、高程和相应的布置。

（2）进行线路选择，根据地形、地质等条件选择进口段的结构型式，并确定闸门在隧洞中的布置。

（3）确定洞身的纵向底坡和横断面的形状、尺寸，分段拟定隧洞衬砌和临时支护结构型式。

（4）根据地形、地质、尾水位和施工条件等确定出口位置和底板高程，选用适宜的消能方式。

（5）对隧洞工程多个布置方案的水流条件、技术经济性、安全运行与施工条件等进行综合分析、比较，选定最优总体布置。

二、进口及纵剖面布置

在布置隧洞的进口和纵剖面时，应注意隧洞所在地段的地形、地质条件及施工和运用要求等因素。泄水隧洞的进口可以是深孔（孔口潜没于水下）或表孔，也可以是无压或有压。无压隧洞进口两侧必须开挖得顺直对称，否则容易产生涡流，影响洞内流态；有压隧洞则对进流条件无严格要求。隧洞的进口高程应根据运用要求和调洪演算确定。纵剖面体形可分为：①平或斜直线型；②陡槽型；③龙抬头型；④龙落尾型；⑤竖井型。

仅用于泄洪和降低水库水位的隧洞，进口可设置在水库中的某一深度，不必置于水库底部，这样既可以达到泄洪和降低水库水位的目的，同时也减轻了进口建筑物、闸门及启闭机的荷载，当然也就降低了造价。当进出口高差较大时，可布置成陡槽型；反之则布置成直线型。

当泄水隧洞与导流洞结合时,由于导流隧洞高程较低,常需在导流隧洞的上方另设进口,布置成龙抬头的型式,即在进口之后用曲线斜洞段与较低的导流隧洞相连接。若两者洞径相当,可利用的导流隧洞较长,能够满足技术、经济条件时,这种结合是合理的。

当水库有排沙要求时,可考虑将排沙隧洞与泄洪隧洞结合起来,由于排沙要求进口较低,施工期还可结合导流,共用一个进口,导流后改建为排沙洞。由于进出口高差一般不大,可以布置成直线型。

对于深孔泄水隧洞,进口应具有符合水流条件的流线型轮廓,以减小水头损失及避免因水流脱壁而发生的局部真空。另外,进口应具有一定的潜没深度,以免泄洪时将空气带入进口内,引起振动。无排沙任务的泄水隧洞,进口应设在泥沙淤积高程以上。

有压隧洞的底坡取决于进出口高程;无压隧洞的底坡应根据水力计算确定,大多采用陡坡。若下游水位较高,在选择无压隧洞的底坡时,应避免在洞内产生水跃。为了自流排水,便于检修,底坡应大于 0.002。为了便于开挖出渣和衬砌施工,有轨运输施工的隧洞底坡宜小于 0.01。

三、闸门在隧洞中的布置

在泄水隧洞中一般需要设置两道闸门,一道是工作闸门,用来调节流量或封闭孔口,一道是检修闸门,当工作闸门或隧洞发生事故与老化、局部破坏时用来挡水检修。

检修闸门一般设在进口。根据下游水位情况,在出口处有时还需设置叠梁检修闸门。大、中型泄水隧洞常要求检修闸门能在动水中下降、静水中开启,以满足发生事故时的需要,因而也称事故检修闸门。

工作闸门可以布置在进口、出口或隧洞中的某一适宜位置。

工作闸门布置在进口的隧洞,一般为无压洞。为了保证洞内为稳定的无压流态,门后洞顶应高出洞内水面一定高度,并需向门后充分通气。这种布置的优点在于:工作闸门和检修闸门都在首部,运用管理方便,洞内不受压力水流作用;易于检查维修。缺点是:如体形设计不当或施工质量不良,在高速水流作用下容易产生空蚀破坏。闸门设在进口的隧洞也可以是有压的,但在闸门启闭过程中洞内将出现明满流过渡的不稳定流态,水流情况复杂,可能引起空蚀或振动,这种布置方式除流速较低的施工导流隧洞外,应避免采用。

工作闸门布置在出口的隧洞,洞内为压力流。洞内水流平稳,门后通气条件好,便于部分开启,管理方便,隧洞线路布置适应性强;但洞内经常承受较大的内水压力,一旦衬砌开裂,渗水将对岩体和土石坝等建筑物的稳定产生不利影响。实际工程中,常在进口设事故检修闸门,不泄洪时用来挡水,以免洞身承受内水压力。

四、泄水隧洞的线路选择

选择泄水隧洞线路应当根据运用要求，结合地形、地质、水文地质、水流、施工条件以及枢纽布置和安全运用等因素，按如下几方面的原则和要求，选择几条洞线，通过技术经济比较后从中确定最优方案。

（1）洞线在平面上应力求短而直，最好布置在凸岸，既可减少工程量，降低造价，又可减小水头损失，便于施工，并具有良好的水流条件。由于地形、地质、施工和枢纽布置等条件的限制不能保持直线时，应以曲线相连接。对低流速无压隧洞，曲率半径不宜小于5倍洞径（或洞宽），转角不宜大于600，曲线两端设直线段，其长度不宜小于5倍洞径（或洞宽），对高流速无压隧洞，应力求避免曲线段，对高流速有压隧洞，当需要采用曲线布置时，应通过试验研究确定。

（2）洞线宜选在沿线地质构造简单、岩体坚硬完整、具有足够的上覆岩层厚度、地下水微弱和围岩稳定的地段，以减小作用于衬砌上的围岩压力和外水压力。洞线与岩层层面、构造破碎带和主要节理面应有较大的交角。在整体块状结构的岩体中，其夹角不宜小于30°，在层状岩体中，特别是层间结构疏松的高倾角薄岩层，其夹角不宜小于45°，在高地应力地区，原则上应使洞线与最大水平地应力方向一致。

（3）隧洞的进出口靠近地表，一般都有不同程度的风化，裂隙发育，开挖时易塌方，在运用中也容易受地震作用而破坏。所以，进出口应选在覆盖层或风化层较浅、岩石比较坚固完整的陡坡地段，避开有严重的顺坡卸荷裂隙、危岩和滑坡地带。

（4）泄水隧洞的出口方向要与下游河道顺畅衔接，以减轻对岸边的冲刷。出口与土石坝坡脚或其他建筑物应保持一定距离，以防淘刷坝脚或影响其他建筑物的正常运行。

（5）洞线遇沟谷时，应根据地形、地质、水文及施工条件，进行绕沟或跨沟方案的技术经济比较。当洞线穿过坝基、坝肩或其他建筑物地基时，要求隧洞与其他建筑物之间有足够的岩层厚度，以满足结构和防渗的要求。

（6）对于长隧洞，为了增加工作面，加快施工进度和均衡各段的工程量，便于通风，根据地形、地质条件，需要设置一些施工支洞或竖井。引滦入津工程在9.68km长的引水隧洞中共布置了15个斜井支洞和4个竖井，结合后期工程管理选择了部分施工支洞作为永久支洞。

第三节　进口段

一、进口建筑物的型式

表孔的开敞式进水口，建筑物比较简单，可参考本书第十章和第十一章。深孔的进口建筑物按结构及布置方式可分为竖井式、塔式、岸塔式和斜坡式4种基本型式。

1. 竖井式

竖井式是在隧洞进口部位的山体中开挖竖井，井的底部装置闸门，顶部设置操纵室和启闭机。优点是结构简单，全部埋在山体中，抗震及稳定性较好，比较安全可靠；进口明挖少，对边坡要求不高；在地形、地质条件合适时，工程量小，造价也较低。缺点是竖井之前的隧洞不便检修，有时竖井开挖也较困难。

竖井内可能有水也可能无水，视洞型及工作情况而定。如井后为无压洞，常使用弧形闸门或前比水平面闸门作为检修闸门设于井内。当采用后比水平面闸门作为检修闸门设于井内时，则井内总是充水的；当采用前比水平面闸门作为检修闸门设于井内时，则检修时井内是无水的。进行竖井的结构计算时，应根据不同情况确定其荷载，一般起控制作用的多是施工或检修时井内无水的情况。进行结构计算时，一般是沿井的不同高程，根据不同地质条件和施工条件分别确定围岩压力，按单位高度的封闭框架进行分析计算。

2. 塔式

在山坡前的水库中建造封闭式塔或框架式塔，塔顶设置操纵室和启闭机的进口结构为塔式。封闭式塔身横断面可以是矩形的、圆形的或其他形状的。大中型泄水隧洞多采用矩形横断面的钢筋混凝土结构。

这种进口建筑物适用于岸坡较平缓、边坡破碎、覆盖层厚、不宜于大开挖，即不宜采用在岸坡或岩体内布置建筑物的情况。缺点是远离岸边，工作桥长；塔身段较高，抗震性和稳定性差。优点是闸门关闭时，可对整个隧洞进行检修；特别是当采用封闭式塔时，可在不同高程设置进水口，适用于水库水位变化范围较大，且要求自不同高程处引取所需要的水（如温度较高的或含沙量较少的水），即分层取水的情况。进水塔是直立于水中的悬臂结构，在水库中受风浪、冰凌及地震等的作用，需要认真地对塔身进行应力、变形以及抗倾、抗滑稳定的计算。

框架式塔结构轻便，受风浪等的作用也较小，因而比较经济，但只能在低水位时进行检修，而且泄水时门槽进水、流态不良、容易引起空蚀等，在大型工程中较少采用。

3. 岸塔式

在隧洞进口紧贴岸坡修建封闭式或框架式塔，其下部紧靠岸坡，稳定性好，甚至可以对岩坡起一定的支撑作用。这种型式施工、安装方便，工作桥短（有时甚至不需要工作桥），适用于岸坡较陡、岩石比较坚固稳定的地区。

4. 斜坡式

直接在岸坡上进行平整开挖并加以衬砌而成。闸门轨道直接安装在斜坡上，优点是结构简单、施工方便、稳定性好、工程量小。但闸门面积要加大；关门时不易靠自重下降，常需另外采取措施（如加压重）以保证闸门下降。这种型式一般可用在岸坡岩体条件较好的中小型工程中。

二、进口建筑物的组成及构造

1. 渐变段

闸门前的渐变段一般就是喇叭口段。其作用是使水流平顺，减少水头损失。喇叭口自进口最前端矩形断面处开始，在顶上和两侧沿水流方向以圆弧曲线或椭圆曲线逐渐收缩，直至与闸门井的矩形断面相接，底边仍采用平底。当闸门井前的洞身较长时，可在喇叭口段与闸门井间采用 1/4 的椭圆曲线，其方程式为

$$\frac{x^2}{a^2}+\frac{y^2}{b^2}=1$$

式中：a 为椭圆的长半轴，洞顶曲线可取为闸门处孔口的高度，边墙曲线可取为闸门处孔口的宽度；b 为椭圆的短半轴，洞顶曲线可取为闸门孔口高度的 1/3，边墙曲线可取为闸门处孔口宽度的 1/3～1/5。而积收缩比不大于 0.5～0.55。在实际应用中，可比椭圆取得稍短一些，但所取的长度一般不要小于闸门处孔口高度的 1/2。重要的工程要由水工模型试验来确定喇叭口的形状。喇叭口常以检修闸门槽为其末端。对于无压隧洞，检修闸门与工作闸门之间的洞顶，最好以 1∶4～1∶6 的坡度向下游收缩，以增加进口处的压力，防比发生空蚀。

闸门后的渐变段是由闸门井处的矩形断面变化到隧洞本身的圆形（或其他非矩形）断面的过渡段，其长度一般不应小于洞径（或洞宽）的 2～3 倍，以便于水流平顺连接。

2. 通气孔

通气孔是向闸门后通气的一种孔道。在闸门开启过程中，特别是当闸门局部启闭时，高速水流会带走门后的空气而产生负压，可能引起门槽或门后的洞壁和洞顶发生空蚀。设置通气孔后，既可避免这种现象，又可减弱水流的波动。下放检修闸门进行洞内检修时，也可以用它来对洞内进行补气。检修完毕后，常在检修门与工作闸门之间充水平压，以减少检修闸门的启门力，这时通气孔也可起到排气作用。通气孔是保证泄水隧洞正常运行的一种非常重要的设施。

3. 平压管

设在前后两个闸门中间的闸墩或边墩内，或设在检修闸门上的一种管阀。当隧洞检修

完毕后，放下工作闸门，通过平压管向两个闸门之间充水，使检修闸门前后的水压力相等，可以有效地减少检修闸门的启门力。平压管的大小需根据灌满两闸门间的空间所需要的时间来确定，一般不超过 8h。设计时，还应计入第 2 道闸门（工作闸门）的漏水量。

4. 拦污栅

设在进口最前端的一种格栅，用以防比较大的浮沉物进入隧洞。电站引水隧洞的进口常需设置拦污栅。泄水隧洞则视需要设置，但要求可较低，格栅的间隙也可较大。有关拦污栅的详细内容可参考水工隧洞设计规范及有关资料。

第四节　洞身段

一、洞身断面的型式

洞身断面的型式与尺寸，应根据其用途、水力条件、工程地质条件、地应力情况、衬砌工作条件、施工条件等因素，通过技术经济分析与安全运行要求确定。

有压隧洞应尽量采用圆形断面。若洞径和内外水压力不大也可采用有利于施工的其他断面形状。地质条件较差时，宜选用圆形或马蹄形断面。

无压隧洞宜采用圆拱直墙断面巨也称城门洞形断面，圆拱中心角一般为 90°～180°。当需要加大拱端推力时，也可选用小于 90°的中心角。

断面的高宽比应与水力条件、地质条件特别是地应力条件相适应，一般取为 1～1.5。洞内水位变化较大时，或铅直地应力大于水平地应力时，宜用较大比值；反之，则用较小比值。

对较长的隧洞，可采用多种断面形状和衬砌型式，但种类不宜过多。不同断面或衬砌型式之间应设置曲线平缓并便于施工的渐变段。有压隧洞渐变段的圆锥角采用 6°～10°为宜，其长度应不小于 1.5～2.0 倍洞径（或洞宽）。高流速无压隧洞渐变段的体形，应通过试验选定。

二、洞身断面的尺寸

隧洞的断面尺寸，可根据给定的泄流量、作用水头及纵剖面布置，通过水力计算及水工模型试验确定。有压隧洞水力计算的主要内容是核算泄流能力及沿程压坡线，对于无压隧洞主要是计算泄流能力和洞内水面线，对流速较高的泄水隧洞，还要研究由于高速水流引起的掺气、空蚀及冲击波等问题。

根据能量方程可求出洞内压坡线。为了保证洞内水流处于有压流态，一般要求洞顶有 2m 以上的水压力余幅。流速大，压力余幅也应加大，对于高流速的有压泄水隧洞，压力余幅可高达10m以上。

无压隧洞的泄流能力决定于进口压力段，在工作闸门之后的陡坡段，可用能量方程分段求出其水面曲线。为了保证洞内为稳定的明流状态，水面线以上应有一定的净空。当流速较低，通气良好时，要求净空不小于隧洞断面面积的15%，且净空高度不小于40cm；对于流速较高的无压隧洞，还应考虑掺气、空蚀和冲击波的影响，在掺气水面以上的净空应约为洞身断面面积的15%～25%，对于城门洞形断面，冲击波波峰还应限制在直墙范围之内。

在确定隧洞断面尺寸时，还应考虑到洞内施工和检查维修方面的需要，一般非圆形断面不宜小于1.5m×1.8m，圆形断面的内径不小于1.8m。

三、洞身衬砌

1. 衬砌的作用

洞身衬砌的作用是多方面的，包括承受围岩压力及其他荷载，或加固围岩共同承担荷载，保持隧洞安全和围岩稳定，平整围岩表面，减少糙率，提高输水能力，防止渗漏，防比水流、空气、温度和干湿变化等对围岩的冲刷与破坏作用。

2. 衬砌的类型及其选择

（1）护面衬砌。用混凝土、喷浆、砌石等做成，也称平整衬砌或抹平衬砌。它不承受荷载，只起防比渗漏和减小糙率的作用。适用于岩体较好、水头较低的情况。

（2）单层衬砌。由混凝土、钢筋混凝土及浆砌石等做成。单层衬砌应用最广，适用于中等地质条件、断面较大、水头较高的情况。混凝土及钢筋混凝土的厚度，根据工程经验，一般约为洞径或跨度的1/12～1/8，且不小于25cm，根据作用荷载经计算后最终确定。

（3）组合式衬砌。有内层为钢板、钢筋网喷砂浆，外层为混凝土或钢筋混凝土，有顶拱为混凝土，边墙为浆砌石，顶拱为锚喷，边墙和底板为混凝土或钢筋混凝土等型式。三峡水利枢纽工程由于发电引水洞断面大、水压力大，采用了钢衬钢筋混凝土组合衬砌。

在软弱、破碎的岩体中开挖隧洞，由于自稳能力差，极易引起塌方，采用传统的施工方法，费时、费料、容易发生人身事故。而锚喷支护能够限制围岩有害变形的发展，保证施工安全。实践证明，在稳定性较差的岩体中开挖隧洞，先用锚喷支护，再作混凝土或钢筋混凝土衬砌也是一种很好的组合型式。引滦入津引水隧洞在1700m长度范围内采用了这种型式，收到了很好的效果。

（4）预应力衬砌。可用于高水头圆形有压隧洞。由于预加了压应力，可使衬砌厚度减薄，节省材料和开挖量。预加应力的方法过去多采用简便的压浆式，其内圈为混凝土、钢筋混凝土块（也可以是整体的），外圈为混凝土修整层，用以平整岩石表面，内外圈之间留有3～5cm的间隙，以便灌浆预加应力。

洞身衬砌类型的选择，应根据隧洞所担负的任务、地质条件、断面尺寸、受力状态、施工条件等因素，通过综合分析比较后确定。

在有压圆形隧洞中，一般以采用混凝土、钢筋混凝土单层衬砌最为普遍。当内水压力较大、岩石条件较差、单层钢筋混凝土衬砌不能满足要求或不经济时，可采用内层为钢板的组合式双层衬砌，甚至是内层为钢板的钢衬钢筋混凝土衬砌（如三峡水利枢纽）。

洞身衬砌的类型有时还与施工开挖及其临时支护有关。在配合光面爆破的情况下，锚喷是一种新型的、经济的支护型式。在软弱岩体地区，由于在施工时采取了具有很强承载力的临时支护，则二期支护的强度可适当减小，且一般采取钢筋混凝土衬砌。如南水北调中线穿越黄河的输水隧洞采取盾构法施工，施工中即用盾构板进行了衬砌；东深供水工程凤岗隧洞进口段和穿广深公路隧洞采取分期施工，采用了50cm厚的钢管排架与锚喷组合临时支护。

如地质条件较好，开挖时无须支撑，且岩石不易风化和渗漏时，有些导流隧洞可以不做衬砌。而在水流及其他因素长期作用下，岩石不致遭受破坏的引水隧洞，也可以考虑不衬砌，如渔子溪一级电站引水隧洞就有几段没有衬砌。但为了防比脱落的岩块破坏隧洞及水轮机，在不衬砌段的末端设置了底部集石坑，以收集可能落下的石块。不衬砌的隧洞糙率大，宣泄同样流量需要较大的断面尺寸或需要加大无压洞的底坡。而发电引水隧洞不加衬砌，由于水头损失加大和漏水等原因，将长期损失电能。因此，在设计中对不加衬砌的方案应当进行充分的论证。对于高流速的泄水隧洞，一般都要进行衬砌。

混凝土和钢筋混凝土衬砌，应根据围岩条件、防渗要求、隧洞工作状态和工程的重要性，提出抗裂和限制裂缝的要求。混凝土强度标号不应低于C15，一般按28d龄期，经论证也可采用后期强度，如三峡水利枢纽永久船闸输水隧洞后来改为90d龄期强度设计。

3. 衬砌分缝

由于混凝土及钢筋混凝土衬砌是分段分块浇筑的，所以，衬砌中必然有横向及纵向施工缝。横向施工缝间距由浇筑能力决定。纵向施工缝根据浇筑能力，设在顶拱、边墙及底板分界处或内力较小的部位。对施工缝需进行凿毛处理或设插筋以加强其整体性，缝内可设键槽，必要时还应设置比水。

为防比混凝土干缩和温度应力而产生裂缝，沿洞轴线应设置横向伸缩缝。缝的间距，根据工程资料统计，约在6～12m之间，缝内应设比水，岩体坚硬完整时，间距宜取小值，如三峡水利枢纽永久船闸输水隧洞起先设计间距为12m，但较多部位沿中部发生裂缝，经研究后改为8m，并采取了一些有效的温控防裂措施，再也没有裂缝发生。

隧洞通过断层破碎带或软弱带，衬砌需要加厚。当破碎带较宽时，为防比因不均匀沉陷而开裂，在衬砌厚度突变处，应设沉陷缝。此外，在洞身和进口、渐变段等接头处可能产生较大位移的地段也需设置横向沉陷缝，缝内设比水。

4. 灌浆

隧洞灌浆分为回填灌浆和固结灌浆两种。

回填灌浆的目的是为了充填衬砌与围岩间的空隙，使之紧密结合，共同工作，改善传力条件和减少渗漏。做法是当衬砌施工时在顶拱部预留灌浆管，待衬砌完成后，通过预埋管进行灌。回填灌浆的范围，一般在顶拱中心角90°～120°以内，孔距和排距一般为2～6m，灌浆压力为0.2～0.3MPa，灌浆孔深入围岩5cm。

固结灌浆的目的在于加固围岩，提高围岩的整体性，减小围岩压力，保证岩石的弹性抗力，减小地下水对衬砌的压力和减少渗漏。固结灌浆孔一般深入岩体2～5m，有时可达6～10m，根据对围岩加固和防渗的要求而定，一般为隧洞半径的0.5～1.0倍。灌浆孔常布置成梅花形，相邻断面错开排列，按逐步加密法灌浆。一般排距为2～4m，每排不宜少于6孔，对称布置。固结灌浆压力为1.5～2.0倍的内水压力。灌浆时应加强观测，防止洞壁产生变形或破坏。

5. 防渗和排水

沿洞线应根据围岩的工程地质和水文地质条件，合理确定防渗和排水设计，以改善衬砌和围岩的受力条件。

对有压隧洞，应加强围岩的固结灌浆，以减小外水压力对衬砌的影响。有时，可在隧洞底部的衬砌下面设置纵向排水管。

在有压隧洞的进出口、地质条件较差的洞段、洞顶以上岩层覆盖厚度小于1.0倍以及傍山隧洞岸边一侧的围岩厚度小于1.5倍内水压力水头处，应采取必要的防渗措施，如加强衬砌、固结灌浆等。

对无压隧洞，可在洞内水面线以上通过衬砌设置排水孔。排水孔的间距和排距一般为2～4m，深入岩层2～4m，将地下水直接引入洞内，当隧洞的跨度较大，或侧墙较高，水位变幅较大，在隧洞放空后，其底板和侧墙难以满足抗浮稳定时，有些无压导流洞（如刘家峡水电站）在水面线以下也设置了排水孔，对降低外水压力起到了良好的效果。

第五节　洞室开挖时的围岩稳定性

一、岩体初始应力

岩体在天然状态下所具有的内应力称为岩体初始应力，在地质学中，通常称为地应力。

形成岩体初始应力的因素很多，如上覆岩体重力、地壳构造运动、温度应力、渗水压力、地震力等，但主要因素是上覆岩体重力和地壳构造运动。

地形对岩体初始应力的大小和分布也有重要的调整作用，在同一地质构造条件下，陡峻的岩坡地形往往在河谷底部出现很高的初始应力。

判断与分析地应力有经验法、有限元仿真分析法、实测地应力法和水力劈裂试验法等。

但由于影响岩体初始应力的因素很多，而且复杂多变，所以，岩体中初始应力的大小和分布规律，到目前为比，还无法用数学或力法方法进行准确的分析计算，只能根据现场实测得到的一些单个点的应力利用数理统计方法反演求得。

通常所谓的水平主应力并不一定与水平轴向一致，多以某一锐角与水平轴相交。

在高地应力区的坚硬完整的岩体中，由于地壳构造运动的影响，可以积聚大量的弹性应变能，从而形成很高的初始应力，一旦遇到开挖，形成自由边界，就会突然释放，岩块或岩片伴随着巨大的声响突然飞散，形成深埋地下工程开挖过程中的岩爆现象。岩爆可使洞室破坏，危及人身安全，给施工带来困难。

二、洞周围岩的应力集中现象

在岩体中开挖洞室，破坏了洞室周围岩体的应力平衡状态，使岩体初始应力释放，引起围岩应力重分布，形成新的应力状态，在洞室周边的某些部位出现应力集中，给围岩稳定带来不利影响。例如，城门洞形隧洞常在洞顶、直墙与顶拱相交处，以及洞底角等处产生明显的应力集中现象。

因开挖洞室而引起的应力重分布在洞室周边最为显著，远离洞壁影响即逐渐减小。应力重分布与初始应力的状态、洞室的断面形状和尺寸以及岩体的结构和性质有关。对完整和均匀性较好的岩体，可将其视为连续、均匀、等向的弹性体，根据洞室的断面形状和初始应力状态按弹性理论公式或计算机数值仿真分析（如有限单元法）计算围岩应力。

三、洞周围岩的变形

由于隧洞开挖引起围岩的应力变化与相应的变形，可采用理论分析、数值仿真分析计算和现场观测进行研究分析。其中理论分析有弹性力学法、弹塑性力学法等；数值仿真分析计算有有限元法、边界元法等；现场观测包括表面变形和内部变形观测，有多点位移计、收敛计、净空变位测定计、水平仪观测等手段。

隧洞围岩的变形，距临空面不同深度、围岩的不同部位（包括洞表面不同部位）都是不同的。一般在洞室周边的变形显著，远离洞壁逐渐减小；开挖后的早期变形较大，随着时间推移产生的蠕变变形较小。由于是在一期开挖完成并进行了钢拱架支护后进行收敛变形观测的，所以，一期开挖引起的变形只测得了蠕变变形和进一步推进对该断面影响的位移，观测值较小，二期开挖引起的断面变形观测值的规律性较好，初值变形较大，以后逐渐稳定。

四、围岩稳定性分析

洞室围岩稳定、围岩应力重分布和围岩强度有关。为了保持围岩的稳定，必须调整和控制围岩的应力重分布与围岩强度之间的关系。而围岩应力主要取决于岩体初始应力、洞室的断面形状和尺寸。因此，了解岩体初始应力的状态对地下洞室的布置、断面形状和尺寸的选择，以及对改善围岩受力条件、保持围岩稳定，具有重要的意义。

对围岩进行稳定性分析，预估可能出现的破坏形态、部位、范围及其发生和发展过程，对选择适宜的支护方案、保证安全施工、改进设计是十分必要的。围岩稳定性分析有近似理论分析、数值分析、模型试验3类。

1. 理论分析

理论分析包括弹塑性力学法和关键块理论。

（1）弹塑性力学法。对符合静水压力分布的隧洞围岩，计算出岩体内部的应力分布和塑性区，据以分析围岩的稳定性。该方法不能考虑岩体内部存在的节理裂隙和结构面，以及不同岩层分布的影响，但计算简单，概念明确，可以定性分析围岩的稳定性。

（2）关键块理论。在赤平投影法的基础上，通过各岩块的几何约束条件和受力条件来分析岩体的破坏形态和对应的安全系数，方法简单，概念明确，很快为工程界和学术界接受。

2. 数值分析

数值分析主要是等效连续介质力学方法，包括弹塑性有限单元法、边界单元法、差分法等，目前较多采用的是弹塑性有限单元法。该方法可模拟复杂的边界条件、地质结构及其力学性质，仿真施工和运行的复杂过程、渗流和温度的耦合，以及围岩的加固措施，因而能够有效地分析计算围岩破坏过程和安全状态，近年来得到广泛的应用。

3. 模型试验

模型试验和有限单元法一样可以进行上述各方面的模拟，但一般要进行若干假设，且对材料非线性和破坏特性、渗流和温度的模拟较困难，且费时较长、费用较高。由于影响围岩稳定的因素很多，而且错综复杂，仅完全依靠理论计算尚难准确定量，对于重要的工程应进行一定的模型试验，并辅以现场量测和其他工程经验作出判断。

围岩稳定分析大致包括以下内容：

（1）对初选的隧洞断面，结合地质条件及其力学性质、初始应力、施工方法等，采用弹性理论公式或有限单元法计算围岩应力。

（2）如围岩应力超过了岩体的弹性极限，可按弹塑性理论计算塑性区内的应力，确定塑性区的范围。

（3）对洞室周边可能出露的"危石"（有可能塌落的岩体），按块体平衡法进行分析。

（4）进行现场量测。由于地质条件复杂多变，计算结果很难完全反映实际情况，因而现场量测对指导施工和改进设计无疑将是十分必要的。在施工期间的量测项目，主要是利用位移计和收敛计测量各点的位移和两点间的相对位移，画出位移与时间的关系曲线，当位移超过允许位移量或位移曲线突然变陡，表明围岩将要失稳，据此，确定支护时间，修正支护参数。

第六节 隧洞的喷锚支护

喷锚支护是指喷混凝土和锚杆支护以及它们与其他支护结构组合的总称。根据不同的工程和地质条件，可以单独使用，也可以联合使用。常用的有锚杆支护、喷射混凝土支护、锚杆喷射混凝土支护、钢筋网喷射混凝土支护、锚杆钢架喷射混凝土支护、锚杆钢筋网喷射混凝土支护6种类型。

喷锚支护是19世纪50年代配合新奥法（新奥地利隧道施工方法，NewAustrian Tun-nclling Method）逐渐发展起来的一项新技术。50多年来，在国内外地下工程中获得了广泛的应用。在水利水电建设中，喷锚支护常用于施工期的临时支护及导流隧洞等临时性工程。中国陆浑水库早在19世纪50年代即采用锚杆作为临时支护。其后，碧口水电站在地质条件较差的80m高的调压井开挖中，采用锚杆并局部喷混凝土作为临时支护，取得了良好效果。对于无压隧洞和地下厂房以及水头不大的有压隧洞，锚喷也是适用的，如回龙山、镜泊湖、渔子溪、冯家山等工程，采用喷锚衬砌，均收到了预期的效果。引滦入津工程在长达9.68km的引水隧洞中，有5km采用了锚喷技术，是中国采用锚喷最长的水工隧洞，对安全施工、降低造价、保证按期送水发挥了重要作用。

一、喷锚支护的工作原理

新奥法的基本原理是在充分利用围岩自承能力的基础上，做好地下洞室的开挖和支护。这就要求支护与围岩紧贴，共同工作；支护本身既有一定的刚度，又有一定的柔性，既让围岩变形，又限制其变形的自由发展，使围岩在与喷锚支护共同变形的过程中取得自身的稳定，从而减少传到支护上的压力。实践证明，喷混凝土和锚杆支护是可以满足上述要求的支护手段。

喷混凝土支护就是在洞室开挖后，适时向围岩表面喷射厚度5~20cm的薄层混凝土事先喷一层厚约1cm的水灰比较小的砂浆，然后分层喷混凝土，每层厚约3~8cm。由于喷锚及时，与围岩紧密粘结，共同工作，可以有效地控制围岩变形的发展，部分砂浆渗入围岩的节理、裂隙，重新把松动的岩块胶结起来，起着加固围岩的作用，防比围岩风化；堵塞渗水通道，填补缺陷和平整表面。

锚杆支护是在洞室周围，根据围岩破坏的可能形态（局部性破坏和整体性破坏），采用局部（或对个别"危石"）锚杆加固型式，或采用在整个横断面上的系统锚杆加固型式。锚杆支护是按一定的距离、方向和深度钻孔，插入锚杆，然后注入砂浆。锚杆应穿过松弛区或塑性区进入稳定岩层或弹性区一定深度。

对节理发育的块状围岩，利用锚杆可以加固围岩，将"危石"悬挂于稳定的岩层之中，防比松动的岩块塌落；对层状围岩，利用垂直于层面布置的锚杆起组合作用，将岩层组合起来形成"组合梁"或"组合拱"；对于软弱岩体，通过规律布置的锚杆，可以加固节理、裂隙和软弱面，形成整体，对洞壁提供一定的支护反力，使围岩变形受到约束。

对强度不高或完整性很差的岩层，当仅采用锚杆加固难以维持锚杆之间那一部分围岩的稳定时，常需采用锚杆与喷混凝土的联合支护。

对软弱、破碎的岩层，如锚杆和喷混凝土所提供的支护反力仍感不足时，还可加设钢筋网，以提高喷层的整体性和强度，并减少温度裂缝。

二、喷锚支护设计

1. 确定支护参数

尽管支护参数（喷混凝土层厚度、锚杆长度、间距等）可以利用各种不同的理论（如组合梁、悬吊、冲切等）进行计算，但到目前为比，国内外实际采用的大都是根据围岩类别、洞室的形状和尺寸以及使用条件等因素，按工程类比法确定支护参数。

选用喷锚支护参数的原则是：①锚杆应当采用局部布置与系统布置相结合的原则；②合理的喷层厚度应当充分发挥柔性薄型支护的优越性，既允许围岩有一定的塑性位移，以降低围岩压力和喷层的受弯作用，又要求喷层能维持围岩稳定和保证喷层本身不致破坏。

中国采用的喷混凝土厚度一般为 5~20cm，锚杆直径为 16~25mm，长 2~4m，间距一般不宜大于锚杆长度的 1/2，对不良围岩，应不大于 1.25m，锚杆应尽量垂直于主结构面，当结构面不明显时，可与洞周边垂直。

喷混凝土的力学指标应符合：混凝土标号不低于 C20，抗拉强度不低于 1.5MPa，抗渗标号不低于 S8，喷层与围岩的粘结强度，在中等以上的围岩中不宜小于 0.5MPa。

钢筋网一般采用小 $\Phi 6 \sim \Phi 12$，尺寸为 20cm×20cm~30cm×30cm，距岩面 3~5cm，与锚杆焊接在一起，钢筋网的喷混凝土保护层厚度不应小于 5cm。

2. 选定适宜的支护时间

新奥法要求适时支护。洞室开挖后，允许围岩产生一定的变形，但不能让其发展到有害的程度。适时支护可使维持围岩稳定所需的支护反力最小，或者说支护最经济。

三、水工隧洞采用喷锚支护的几个问题

（1）进行锚喷支护的水工隧洞应尽量采用光而爆破。因为这类施工方法对围岩扰动轻微，能够最大限度地保持围岩的完整性和稳定性；同时，岩面起伏差小（一般不超过 20cm），可大大降低锚喷支护的糙率系数，减少水头损失。

（2）隧洞进出口部位靠近地表，一般都有不同程度的风化、裂隙发育，地质条件较差。而喷锚支护的混凝土层厚度一般只有模浇混凝土厚度的 1/3 左右，承载能力较小，且

大而积喷射，施工质量受人为因素的影响，难以控制，有时密实度很不均一，喷混凝土的抗渗能力也较低。为防止喷层开裂，内水外渗，导致进、出口山体的失稳破坏，有关规范规定，隧洞进、出口部位和闸门前后应采用混凝土或钢筋混凝土衬砌，其长度视地质、地形条件确定，一般不应小于2～3倍洞宽（或洞径）。

（3）结合工程实践，有关规范规定，喷锚衬砌的允许流速一般不宜大于8m/s，对于导流隧洞经论证可以适当提高。

总之，喷锚支护应用于水工隧洞，已经取得了明显的技术和经济效果，并已逐步得到推广。引滦入津工程通过大规模采用喷锚支护，取得了许多宝贵的经验，例如，①喷锚支护不仅能用于断层、破碎带、风化岩等稳定性差的不良地质洞段，而且在大淋水地段，只要采取有效的排水措施，同样也是适用的；②隧洞穿越不良地质区，习惯上多用马蹄形断面，与城门洞形断面相比，开挖费工、费时，更容易出现塌方，引滦入津工程在穿越210m大断层地段时，采用喷锚组合衬砌，以施工较为简便的城门洞形断面代替了原设计的马蹄形断面，为保证安全、快速施工创造了有利条件；③采用喷锚组合衬砌，不仅能保证安全，而且可使第2次模浇混凝土减薄，节约工程量。但必须指出，这种支护结构在理论上还不够成熟，有待进一步试验、研究和提高。

第十章 灌排工程建筑物

为防治干旱、渍、涝和盐碱灾害,须对农田实施灌溉和排水工程措施。为了达到灌溉引水和农田排水的目的,需修建引配水和排水渠道,以及相应的建筑物,渠道和这些建筑物可称为灌溉排水工程中的水工建筑,简称灌排工程建筑物。

灌排工程建筑物种类很多,有从水源取水的取水枢纽建筑物;输水的渠道;控制水位的节制闸;调节流量的分水闸、斗门;测定流量的量水槽、量水堰及其他型式的量水设施和保证渠道合理运用的自动化系统;保证渠道及建筑物安全和正常运用的泄水闸、排洪槽等防护建筑物;穿过山岗的隧洞及渠道与河流、山谷、道路或与另一渠道相交时所建的渡槽、桥梁、倒虹吸管及涵洞等交叉建筑物;渠道通过坡度较陡或有集中落差地段而修建的陡坡、跌水等落差建筑物;此外,还有大坝、泵站、通航等专门建筑物。以上这些建筑物,有的在其他章节中作了介绍,有的在专门课程中讲述,本章重点介绍取水枢纽和渠道中的一些建筑物,如渡槽与桥梁、倒虹吸与涵洞、跌水与陡坡、灌区量水与自动化。

由于灌排工程建筑物种类较多,差别很大,有的数量较少,但单个投资较大;有的单个投资较少,但数量很多,因而总投资很大。因此,合理划分灌排工程的等级及渠道的级别和确定相应的设计标准,对于发展水利建设事业具有极其重要的意义。对于一些渠系建筑物的级别不能按照山丘、平原区水利水电枢纽工程中水工建筑级别划分的原则确定。目前中国正在根据农田灌排区规模、效益及其在国民经济中的重要性,制定灌溉排水工程等级划分标准,在确定灌排工程建筑物级别时,可参考CUB50288-99《灌溉与排水工程设计规范》。

第一节 取水枢纽

一、取水枢纽的类型、工作特点及渠首位置选择

(一)取水枢纽的作用和类型

通常所称的取水枢纽是指从河道引水,以满足灌溉、发电、工业及生活等用水部门的需水要求,而在渠道首部河段附近修建的水利枢纽,又称引水枢纽或渠首工程。其作用是

根据需水要求向用水部门提供符合水量及水质要求的河水。为保证枢纽及渠道的正常工作，在多沙河流上应采取有效的防沙措施防止有害泥沙入渠，必要时，需对引水河段进行整治，以保证主流靠近取水口，并保持河段稳定。

从天然河道引水的取水枢纽，根据是否修建拦河建筑物（闸、坝）而分为有坝取水枢纽和无坝取水枢纽。当河道枯水时期时的水位和流量仍能满足取水要求时，可直接在河岸修建取水枢纽，称为无坝取水枢纽。当枯水时期的水位不能满足取水要求时，则须修建壅水坝（或拦河闸）用以抬高水位以满足引水要求，这种取水枢纽称为有坝取水枢纽。

（二）弯道环流原理

大部分天然河道是弯曲的，要在弯曲的河道上合理布置取水枢纽，必须充分了解弯道环流原理。弯道环流由水流沿曲线运动时受离心力与重力的共同作用形成。如图10-1-1所示，弯道水流受到离心力的作用，使凹岸水面壅高，凸岸水面降低，从而形成横向比降。取 db 段水柱进行分析，该水柱上由于横向比降和圆周运动而引起侧向的附加力（两侧水压力之差值和离心力）。离心力的数值与流速的二次方成正比，而流速分布则为表层大、底层小，故离心力的分布也是表层大、底层小。两侧水压力的差值则是矩形分布，其方向与离心力相反。这两种力及其合力的分布情况如图 10-1-1（b）所示，合力的方向就是水流运动的方向。这样，表层水流由凸岸流向凹岸，底层的水流则由凹岸流向凸岸，从而形成横向环流。这种横向环流与纵向水流结合在一起，使水流呈螺旋前进。

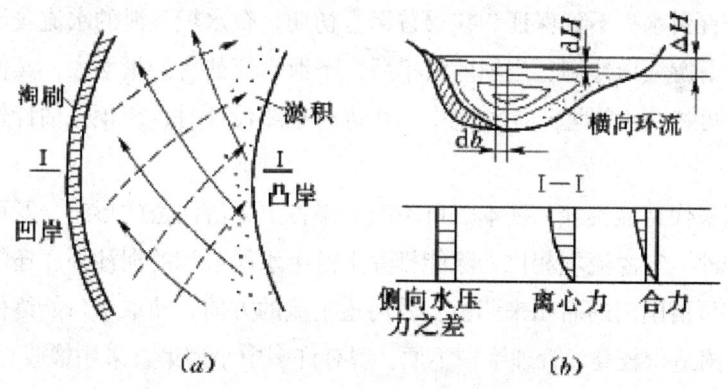

图 10-1-1 弯道环流示意图
（a）平面图；（b）水柱的水平方向作用力

由于横向环流的作用，凹岸受到冲刷，形成水深流急的深槽，而凸岸不断淤积，形成水浅流缓的浅滩。因此，渠首应设在凹岸的适当位置，以引进表层较清的河水，含有大量推移质的底流则远离渠首，以达到取水防沙的要求。

（三）取水枢纽的工作特点

1. 无坝渠首

无坝渠首是一种简单的取水方式，因其不能控制河道水位和流量，故其取水的水量和水质常受河流水位变化、泥沙运动及河床变迁等影响，尤其是河床稳定性对其影响最大，一旦主流脱离取水口，引水就得不到保证，甚至取水口被泥沙淤塞而报废，故无坝取水的工作条件是复杂的。郑州市东风渠的渠首工程，因受黄河河床变迁的影响，迫使取水口被淤而不能取水。所以，在河势不稳定河流上引水时，取水口应选在靠近河道主流的地方，并要进行河道整治。

在河道直段侧而引水，由于岸边取水口前水流的转弯，从而形成侧而引水环流，使表层水流和底层水流分离。而且，进入渠道的底层水流宽度远大于表层水流，从而使大量推移质随着底流进入渠道。当引水比（引水流量与河道流量的比值）达 50% 时，河道的底沙几乎全部进入渠道。为此，应采取必要的防沙措施，改变流态，减小底流宽度或将底流导离取水口，以减少推移质入渠。

2. 有坝渠首

在多泥沙河流上修建奎水坝后，由于改变了河道水流泥沙运动的天然状态，将引起河床变化。由于奎水坝前水位抬高，流速减小，水流挟沙能力降低，大量泥沙会沉积在坝前，使坝很快丧失对河流的控制作用，引水防沙不能得到保证。由此可能出现河流分汊、主流摆的现象，使渠首引水得不到保证。在渠首运行初期，奎水坝下泄的水流较清，具有很大的冲刷力，促使下游河床冲刷；当坝前淤平后，下泄水流的含沙量增大，又使下游河床逐渐淤积，严重时可将奎水坝埋于泥沙之中。在进行枢纽设计时，需预先估计这些变化，并采取相应的措施。

若用拦河闸来代替溢流坝，基本上可不改变渠首上下游河道的形态，既可奎水沉沙，又可开闸泄水冲沙，与溢流坝相比，除能排除上游奎水段淤积的泥沙外，还能灵活地调节水位和流量，并可借闸门的启闭来调整上游河道主流的方向，使取水口始终保持良好的引水条件。但拦河闸造价较高，管理维护不便。现有许多中小型渠首采用橡胶坝，造价较低。

（四）渠首位置的选择

渠首位置（特别是对于无坝渠首）的正确选择，对保证向灌区不断供水及减少泥沙入渠起决定性作用。在确定渠首位置时，必须详细了解河岸的地质情况、河道洪水特性、含沙量及河床变迁规律，并要考虑以下几个问题：

（1）渠首的水位高程应满足自流灌溉的要求，并符合渠道输水输沙的条件。

（2）可利用弯道环流原理，将渠首选在河岸坚固、河流弯道的凹岸。

（3）当没有适宜弯道而必须从河道直段引水时，取水口应选在河岸坚固、主流靠近取水口、河床稳定、水位较高和流速较大的地段。

(4) 渠首位置不宜选在游荡性河段，以免河床发生变迁而被淤塞。

(5) 支流汇入处不宜设置取水口，以避免支流对引水防沙的干扰。

(6) 坝（闸）址所在河段的断面应比较匀称，且河道水流垂直坝轴线，以使过坝水流平顺。

(7) 坝（闸）址处的地质应较好，应尽可能避免淤泥和流沙。

(8) 渠首附近要有一定的场地，以有利于施工、管理及交通运输

二、无坝取水枢纽的布置

无坝取水枢纽主要包括进水闸、冲沙闸、沉沙池及上下游整治建筑物等。无坝取水枢纽的布置按取水口的数目可分为一首制和多首制两种。

取水口进水方向与河道水流方向的夹角，称为引水角。为了减少入渠水头损失及进沙一般采用锐角，通常采用30°~45°。为了减少泥沙进入取水口，取水口前缘常设有拦沙其形状有T形和梯形等。坎顶部一般高出引水渠底部0.5~1.0m。设置拦沙坎后可使表层水流的引水宽度增加，底层水流的宽度减小，从而减少入渠泥沙。进水闸底板高程一般与引水渠底高程相同或稍高。防沙设施一般采用沉沙池，设于进水闸下游的适当位置。

1. 一首制取水

在山区河流坡降较陡、引水量较大及河势不稳定的河道上，一首制取水布置一般采用导流堤式。该渠首由导流堤、进水闸及泄水冲沙闸等组成。导流堤的作用是束缩水流、抬高水位，以保证进水闸引取的水量。导流堤的布置一般从泄水闸向河流上游方向延伸，使其接近河道的主流。导流堤轴线与主流方向的夹角通常取为10°~20°

当河岸不够坚固稳定，不足以抵御水流冲击时，可将进水闸设在距河岸一定距离、有较长引水渠的渠首。

2. 多首制取水

在河势不稳定的多沙河流上采用一首制取水时，常由于泥沙淤塞而引不到设计流量，在这种情况下，可采用多首制取水。多首制渠首常设有2~3条引渠，各渠口相距1~2km，甚至长达3~4km。渠首一般设一进水闸，有时也可在每条引水渠入口或在各引水渠的汇合处设置进水闸以控制流量。枯水期由几条引水渠同时引水，以满足设计流量，洪水期一条引水渠工作，其他引水渠可进行机械或人工清淤。这种渠首的引水渠容易淤积，在不工作时易生杂草，因此清淤工作量大，每年维修费较高。

三、有坝取水枢纽的布置

有坝取水是横贯河床设置奎水坝或拦河闸控制河道水流，抬高水位，保证渠首引水的取水枢纽。有坝取水枢纽通常由奎水坝（拦河闸）、进水闸及防沙设施组成。在有通航、发电、过木、过鱼等综合利用要求的枢纽中，还应根据需要设置船闸、水电站、筏道、鱼

道等专门建筑物。

在多泥沙河流上，为了排除泥沙，可以采用不同的渠首布置型式。根据对泥沙处理方式的不同，有坝渠首的布置型式有沉沙槽式、人工弯道式、底拦栅式、底部冲沙廊道式、两岸引水式等多种。但按引水与河道水流的相对方向来分，可归结为侧面引水式与下面引水式两种类型。

1. 沉沙槽式渠首

沉沙槽式渠首按侧面引水、正面排沙的原则进行布置，由奎水坝、冲沙闸、沉沙槽、导水墙及进水闸等组成。因其最先建于印度，又称印度式渠首。这种渠首是利用进水闸前的沉沙槽使水流中粗颗粒泥沙下沉以减少入渠泥沙。由于其布置简单且有一定的防沙能力，在国内外得到了广泛应用。

沉沙槽式渠首的典型布置是横贯河床修建抬高水位的奎水坝。在位于坝端河岸处修建进水闸，其引水角过去常用90°，目前多采用30°～60°，以减弱横向环流，减少泥沙入渠。进水闸底板高程应高出沉沙槽底面1.0～2.0m。坝端靠近进水闸处布置冲沙闸，其底板高程低于进水闸高程，一般同沉沙槽底底面高程。在冲沙闸与奎水坝的连接处设有导水墙，并与进水闸的翼墙共同组成沉沙槽。沉沙槽上游槽底可以是水平的或倾斜的，但是，下游槽底必须大于临界坡，以利排沙。

由于沉沙槽式渠首的布置和结构简单，施工容易，造价较低，故在中国西北、华北等地区得到广泛应用。但在运用实践中，发现这种渠首布置存在下列主要问题：由于进水闸与河流垂直，水流需转90°急弯进入进水闸，这样便在进水口处产生横向环流，把部分推移质泥沙带入渠道；当冲沙闸冲沙时，为防止泥沙入渠，必须关闭进水闸，停止取水，壅水坝前易发生淤积，当淤平后，该坝便失去控制水流的作用，引水得不到保证。

2. 人工弯道式渠首

人工弯道式渠首是将弯曲河段整治为有规则的人工弯道，利用弯道环流原理，在弯道末端按正面引水、侧面排沙的原则布置进水闸和冲沙闸，以引取表层清水，排走底层泥沙。该渠首由人工弯道、进水闸、冲沙闸、泄洪闸以及下游排沙道等组成。人工弯道式渠首是俄罗斯费尔干渠首的改进型式，20世纪50年代引入中国新疆，目前已成为该地区主要采用的一种渠首。

人工弯道通常利用天然河弯，加以适当整治而成。进水闸位于弯道凹岸，按正面引水并沿弯道半径方向进行布置，其底板高程高出冲沙闸底板1.0～1.5m，闸前设置悬臂拦沙坎。冲沙闸位于弯道凸岸，其沿水流方向的中心线与进水闸沿水流方向的中心线之间的夹角宜为36°～45°，如该角过大，泥沙不易排走。冲沙闸底板高程视河道纵向变化情况而定，还要考虑弯道输沙及闸下排沙的要求。泄洪闸一般布置在弯道进口河床内，其中线与弯道中线形成40°～45°的夹角，泄洪闸底板高程较弯道进口底部高程低1.0～1.5m，以利于泄洪排沙。

人工弯道式渠首设计的关键问题是洪水期能否在弯道内产生较强的横向环流。平时弯道因宽度过大，以致洪水期环流微弱；平时弯道内流速很小，淤积甚多，以致大大地影响了取水排沙的效果。近20多年来，上述问题得到了有效的解决。

人工弯道式渠首在取水防沙方面的效果显著，但是，其工程量较大，建筑物较分散，管理不够方便。这种渠首适用在推移质较多、泥沙粒径变化范围较大、具有天然弯道的山区河道大中型工程中。

3. 底拦栅式渠首

山区河流的特点是坡陡流急，水流中常挟带大量卵石、砾石及粗砂，为防止泥沙入渠，常采用底拦栅式取水枢纽。这种渠首的主要建筑物有底拦栅坝、溢流堰、泄洪冲沙闸、导沙坎及上下游导流堤。底拦栅坝高度很低，坝内设有引水廊道，坝顶装有拦栅，当水流通过坝顶时，部分或全部水流穿过拦栅间隙进入廊道，然后流向岸边的渠道、隧洞等输水道。水流中大于栅隙的砂石则从坝顶排至下游，小于栅隙的泥沙伴随水流进入廊道，并由渠道的沉沙池或排沙闸等进行处理。

底拦栅式渠首构造简单，造价低廉，施工管理方便，适用于大粒径砂石较多而细粒径推移质较少的山区河道的中小型工程。这种渠首存在的问题是：入渠泥沙较多，拦栅易被堵塞。改进的措施有：在底拦栅坝设人工弯道防沙；采用分层式底拦栅取水；由河道表层取水及在坝体内增加排沙设施等。

4. 底部冲沙廊道式渠首

底部冲沙廊道式渠首利用河道中表层水较清而底层水含沙较多这个自然规律，使底层水流从冲沙廊道排走，而将表层较清的水流引进渠道。按进水闸的位置可分为侧面引水和正面引水两种渠首型式。

侧面引水进水闸的引水角为锐角。由于取水口引水时水流弯曲，产生横向环流，使泥沙多淤积在取水口上唇附近，故冲沙廊道作不均匀布置，在临近取水口上唇附近，廊道布置较密，以便更多地排除泥沙，而在靠近坝端部分则布置较稀。但若能在取水口上唇的上游增设一个廊道，则对取水排沙的效果更好些。

正面引水进水闸引水时，进口水流无弯曲现象，这样可减少泥沙入渠量。进水闸底板下面设有较大尺寸的冲沙廊道，既可冲沙又可泄洪。这种渠首的取水特点是，边引水，边冲沙，一般不需停水冲沙。由于冲沙和引水同时进行，要有足够的水量和水头，所以该渠首适用在河道水量充沛、上下游水位差较大的河道上。

底部冲沙廊道式渠首的缺点是结构较复杂，廊道磨损严重，检修较困难。

5. 两岸引水式渠首

当河道两岸均有引水要求时，以往常在拦河坝两端修建沉沙槽式取水口。实践证明，这种渠道常有一岸取水口被泥沙堵塞，为此可在一岸集中引水，然后用坝内输水管道向对岸输水。虽然其结构复杂，但能使引水得到保证，且便于管理。

在中国南方山区及平原地区的河流上修建的渠首一般都是综合利用的，除应满足灌溉引水要求外，还有航运、过木、发电等要求。

第二节 渡槽和桥梁

一、渡槽

（一）渡槽的作用、组成及类型

渡槽是输送渠水跨越山冲、谷口、河流、渠道及交通道路等的交叉建筑物，由输水槽身、支承结构、基础、进出口建筑物等部分组成。

渡槽的分类方法很多。按所用材料可分为木、砖石、混凝土及钢筋混凝土渡槽等，按施工方法可分为现浇整体式、预制装配式及预应力渡槽等；按槽身断面型式可分为矩形、U形、梯形、椭圆形以及圆管形渡槽等；按支承结构型式可分为梁式、拱式、析架式、组合式以及悬吊或斜拉式等。因按支承结构型式分类能明确反映渡槽的结构性能和特点、受力状态、荷载传递方式以及设计与计算方法等，因此渡槽多按此进行分类。梁式和拱式渡槽是渡槽工程中应用最普遍的两类基本型式。

1. 梁式渡槽

梁式渡槽的槽身搁置在槽墩或槽架上，既起输水作用又起纵梁作用。因每节槽身支点位置不同，梁式渡槽又分为简支梁式、悬臂式、连续梁式等多种。简支梁式的优点是结构简单，施工中安装方便，接缝比水简单，工作可靠。缺点是跨中弯矩较大，底板受拉，对抗裂、防渗不利。悬臂式槽身因悬臂作用其跨度较大，但因其重量大，一般施工吊装困难，当悬臂变形或地基不均匀沉降时，接缝产生错动而易使比水拉裂。连续梁式槽身较简支梁式受力条件好，但其施工困难，当各支点产生不均匀沉降时，槽身将产生较大的附加弯矩，还可能产生扭曲应力，故采用较少。

梁式渡槽的跨度是最关键的尺寸。当槽身较大、地基较好或基础施工困难时，宜采用较大的跨度。当槽高不大或地基较差时，宜采用较小的跨度。根据实践经验及统计资料，简支梁式渡槽的常用跨度是 8～12m，双悬臂每节则可达 25～35m。为节约钢材、改善结构的力学性能、加大槽跨，渡槽可采用预应力钢筋混凝土结构。

梁式渡槽的支承结构常采用重力墩、空心重力墩、排架等型式。

2. 拱式渡槽

拱式渡槽的支承由墩台、主拱圈和拱上结构组成。槽身荷载通过拱上结构传给主拱圈，再由主拱圈传给墩台。主拱圈是主要承重结构；拱上结构是槽身与主拱圈的连接结构，有实腹式和空腹式，不同的拱上结构不仅影响槽身的型式及受力条件，对主拱圈也有重要影响。

实腹式拱上结构，其上的槽身一般都采用矩形断面，其下的主拱圈一般采用板拱，也可以采用双曲拱。实腹拱式渡槽的各个组成部分均可采用砖、石和混凝土等污工材料建造。

实腹式拱上结构用材多，重量大，一般只用于小跨度渡槽。当拱跨度较大时，需将拱上结构筑成空腹式，以减小拱上结构的重量及作用在主拱圈上的荷载。空腹式拱上结构有横墙（或立墙）腹拱式和排架式等型式，将实腹式拱上结构对称地留出若干个城门洞形孔洞，便成为横墙腹拱式结构；排架式的拱上结构是排架，上而搁置槽身，下端固接于主拱圈上。

（二）渡槽的位置选择

渡槽的位置选择包括渡槽轴线（中心线）及槽身起比点位置选择。对于长度不大的中小型渡槽，在渠系规划布置时，已从全局角度确定了渡槽的位置，一般已无太大的选择余地。对于地形、地质条件复杂且长度大的渡槽，工程量及投资较大，其位置应通过方案比较选定，选择时可以从以下几个方面考虑：

（1）尽量利用有利的地形、地质条件，以便缩短槽身长度、减小基础工程量、降低墩架高度。进、出口力求落在挖方渠道上。

（2）槽轴线最好成一直线，进口和出口避免急转弯，否则将恶化水流条件，影响正常输水。大流量及纵坡陡的渡槽更应注意这一问题。

（3）跨越河流的渡槽，槽轴线应与河道水流方向尽量成正交，槽址应位于河床及岸坡稳定、水流顺直的地段，避免位于河流转弯处。过陡而又不稳定的岸坡应当消除。对于通航河道，槽下应满足净空要求。河滩地段为填方渠道时，填方不能过长，以免过束窄河床而造成奎水，且使河岸及河床受到冲刷。

（4）为了在渡槽或上、下游填方渠道发生事故时能进行停水检修，或为了上游分水等目的，常需在进口段或进口前的适当位置设节制闸，以便与泄水闸联合运用，使渠水泄入溪谷或河道。选定进口位置时，应给进口建筑物的布置创造有利条件。

（5）尽量少占耕地，少迁民房，并尽可能有较宽敞的施工场地。尽量靠近建材产地，以便就地取材。交通应较为方便，水、电供应条件应较好。

二、桥梁

渠道穿越公路或农村生产道路时，需修建桥梁以衔接原有的道路。当修建闸、坝等水工建筑时，也常在建筑物顶部修建桥梁以沟通两岸交通。渠道上桥梁的标准一般低于公路桥梁，对低于4级公路车辆和行车道宽度的，习惯上称为农桥。本节主要介绍农桥。

渠道上的桥梁是灌区配套的主要建筑物之一。根据湖南省韶山灌区统计，在240km干渠上，仅人行桥修建了268座。据江苏省初步统计，为搞好农田水利工程的配套工作，需修建约10万多座，另外，还需修建跨度大于20m的农桥大量跨度为5~8m的小型农桥。

随着农村经济建设的发展，汽车数量不断增加，拖拉机及马车等交通工具有被汽车取代的趋势，在设计时应适当考虑提高荷载标准，以适应将来交通运输事业发展的需要。农桥工程设计目前尚无统一的规范可循，设计施工时，可参考有关部颁标准。

1. 农桥的类型

对于农桥，常按荷载不同分为以下几类：

（1）生产桥。供人、马车、手扶拖拉机行驶的桥梁。

（2）拖拉机桥。供农用拖拉机行驶的桥梁。

（3）低标准公路桥，也称简易公路桥。多用于农村乡间公路桥。

按结构型式和受力特点分类，农桥又可分为以下几类：

（1）梁式桥。常见的有简支装配式钢筋混凝土梁式板桥（板的截面型式有实心和空心）、装配式钢筋混凝土梁桥、预应力混凝土简支梁桥、简支钢筋混凝土T形梁桥及连续梁桥等。

钢筋混凝土梁式板桥是桥梁中最常用的桥型之一，由上部结构和下部结构组成。上部结构（又称桥跨结构）包括行车道板、梁、路面、人行道和栏杆等；下部结构包括桥墩、桥台等。当跨度小于 6m 时，钢筋混凝土梁式桥，常采用简支板式结构，其构造简单，施工方便。当跨度较大时，为减轻板重，常将板做成空心的。板桥有现浇整体板和预制板两种。桥较长，跨度在 8m 以上时，上部结构常采用T形梁梁式桥，当桥的跨度在 20m 左右时，为便于布置主钢筋，常将梁肋下部适当加大成I字形。

（2）拱桥。常见的有板拱桥、双曲拱桥、肋拱桥、桁架拱桥及刚架拱桥等。

渠道上的拱桥，在石料丰富的山丘地区，跨径小于 15m 时多采用实腹式石拱桥，跨径较大时常采用空腹式石拱桥。双曲拱桥是常见的桥梁型式之一，由路面、主拱圈、拱上结构和墩台组成，除路面构造外，和双曲拱渡槽基本相似。

2. 桥面构造

桥面是直接承受荷载的部分，包括行车道板、桥面铺装、人行道、栏杆、排水设施等。

渠道上的桥梁净宽无统一规定，一般根据车辆类型、荷载及运行要求确定。同时应考虑行人及牲畜避让、车辆装载货物宽度等，并留出一定的安全宽度。一般生产桥桥面净宽 2.5m，拖拉机桥桥面净宽 3.5～4.0m，低标准公路桥桥面净宽 4.5m。

在行车道板上铺设桥面铺装，以防比车轮直接磨损行车道板和避免承重结构受雨水的侵蚀，同时对车辆的集中荷载还起着扩散的作用。

桥面铺装层常用 15～20cm 的碎石层、6～8cm 的 C20 混凝土或沥青混凝土铺筑。为使铺装层有足够的强度和增强整体性，一般在混凝土内铺设 Φ4 或 Φ6 的钢筋网。桥面铺装层与连接的道路路面应尽量一致，以便于行车和养护。

防水和排水设备是为了防比雨水渗入车道板中侵蚀钢筋。渠道上的桥梁一般不设防水层。

为迅速排除雨水，桥面设 1.5%～2.0% 的横坡，较长的桥设 20%～30% 的纵坡，并在行车道板两侧设直径为 10～15cm 的泄水管，泄水管可用钢筋混凝土管或铸铁管。当桥长小于 50m，桥面纵坡大于 2% 时，可不设泄水管，但应在桥头引道两侧设置引水槽。对于小跨径桥，为简化构造，可直接在行车道两侧安全带上留横向孔道，用竹管或铸铁管将水排出。

人行道的设置根据需要而定。人行道宽为 0.75m 或 1.0m。为便于排水，人行道也设置向行车道倾斜 1% 的横坡。人行道外侧设栏杆，栏杆高 0.8～1.2m，栏杆柱间距 1.6～2.7m，柱截面常为 0.15m×0.15m，配 4Φ10 钢筋。不设人行道时，桥面两侧应设宽 0.25m、高 0.2～0.25m 的安全带。

为减小温度变化、混凝土收缩、地基不均匀沉降等的影响，桥面需设置伸缩缝。缝内填满弹性、不透水的橡皮或沥青胶泥等，以防雨水和泥土渗入，并保证车辆平稳行驶。

3. 荷载及荷载组合

作用在桥梁上的荷载主要有：

（1）恒载。包括桥梁上部结构物自身重力及附属设备重、填土重及土压力等。

（2）活载。包括人群荷载、车辆荷载及其产生的冲击力、制动力以及所引起的土的侧压力等。

（3）其他荷载。包括温度变化及混凝土收缩引起的力、梁桥简易支座的摩阻力以及施工荷载、冰及漂浮物对墩台的撞击力等。

在地震烈度高的地区还应考虑地震力。

在农桥结构设计中，要根据实际情况分析研究，把可能同时出现的各种荷载和附加力合理地加以组合。荷载组合分主要组合和附加组合两种情况。

（4）主要组合（设计情况）：由各项恒载与活载组成。

（5）附加组合（校核情况）：①由主要组合荷载与非经常作用的其他荷载或附加力组成；②由恒载与桥面上的平板挂车或履带车荷载组成。

第三节　倒虹吸管和涵洞

一、倒虹吸管

（一）倒虹吸管的作用、适用条件及构造

当渠道通过山谷、河流、道路或与其他渠道相交时，除采用渡槽外还可以采用敷设在地面或地下的压力输水管道，这种压力管道叫作倒虹吸管。倒虹吸管一般由进口段、管身段和出口段组成。

当输水渠道与山谷、河流、道路等障碍物交叉而高差很小，或跨越的河谷深而宽、采用渡槽不经济，或用水部门对水头损失要求不严格时，均可采用倒虹吸管。一般来说，倒虹吸管比渡槽造价低廉，且施工方便，在小型工程中应用较多，但倒虹吸管也存在水头损失较大，运行管理不便的缺点。

倒虹吸管管身的断面型式主要有圆形和箱形。圆形断面受力条件好，水力特性也最佳，而积一定时过水能力最大，在管径小于4m时施工安装比较方便，因此应用最广，多用于单管流量不超过30m³/s的倒虹吸管；箱形现浇施工容易，而且便于多管布置，适用于低水头、大流量的倒虹吸，管数可以是单管或多管。箱管在中国平原地区应用较多。管身材料常用钢筋混凝土和预应力钢筋混凝土。中等水头（50～60m）以下多用钢筋混凝土，中等水头以上则可以采用预应力钢筋混凝土。预应力钢筋混凝土具有强度高、抗裂性和抗渗性好的优点，目前使用比较广泛。当水头很高时，也可以采用钢管或钢衬钢筋混凝土管。

（二）倒虹吸管的布置

1. 倒虹吸管管路布置

管路布置应根据地形、地质、施工、水力条件以及河道洪水等具体情况进行综合分析，同时应尽可能做到以下几点：在地形和地质条件许可时，倒虹吸管的管轴线应尽量与洼地、道路或其他水道成正交，并且管轴线在平面上应成直线布置，以缩短管道的长度；进出口宜布置在挖方渠段上，以减小沉陷、渗漏及坍方；若建在填方上时则必须采取有效的夯实加固和防渗排水措施；管线一般沿地面坡度布置，同时应尽可能避免转弯（变坡）过多，以减少水头损失和镇墩数量；置管线时，要注意考虑冲沙及放空管道设备的设置；管身宜布置在稳定地段，并易于施工。

根据地形条件和流量情况，倒虹吸管可以采用以下布置型式：

当渠道与道路或另一渠道相交且二者高差很小时，可采用斜管式倒虹吸管或竖井式倒虹吸管。斜管式在管轴线较短的小型倒虹吸工程中采用较多，竖井式主要适用于流量较小，管水头较小（3～5m）的情况，在井底常设 0.5～0.8m 的集沙坑。竖井式施工简便，但水流不顺畅。

对于地形高差较大的倒虹吸管，管道一般随地形浅埋于地下或露天敷设于地面，露天敷设工程量较小，易于施工和检修，但受日照、空气的影响，其内外壁将产生较大的温差，从而引起管壁的纵向开裂，只适用于受温差影响较小地区的小型倒虹吸管。多数倒虹吸管采用的是浅埋于地面以下的布置型式。浅埋布置可以有效地减小温差应力，但当埋深大于0.8m 后，这种减小温差的作用就不明显了，所以一般倒虹吸管的埋深为 0.5～1.0m。设计埋深时还应考虑当地条件：当管道通过耕地时，应埋于耕作层以下，当管道穿过公路时，为减少车辆荷载的影响，管顶填土厚度应不小于 0.7m，在严寒地区，管顶应埋在冰冻层以下；当管道穿过河沟时，管顶应埋设在最大冲刷线以下 0.5～0.7m。

当管道跨越河道或深的沟谷时，为降低管中段的压力水头并缩短管长和减小管道水头损失，除岸坡部分仍露天或浅埋外，位于河谷和深沟中央的管可以布置在修建于河沟的桥上或采用斜拉结构，形成架空布置。这种布置要求管道布置在河沟的最高洪水位以上 0.3~1.0m。

倒虹吸管的管道在立面内通常是随地形变化而布置成折线形，变坡处加一小节圆弧段并设置镇墩，以承受转弯水流的离心力、维持管道的稳定。在管线布置时应尽量减少管道变坡以减少镇墩数目。当斜坡管段较长时，也应加设中间镇墩，防比管道沿斜坡滑动，其间距由地形和地质条件决定。管道上的进入孔和冲沙孔、放水孔应布置在合适的镇墩上。

2. 进出口段的布置

进出口布置应满足倒虹吸管水力条件良好、运行可靠及稳定、防冲、防淤等要求。

进口段一般包括渐变段、拦污栅、闸门和启闭台、进水口及通气管。对于多泥沙渠道还应在进口段设沉沙池和冲沙设施。大中型倒虹吸管进口段还应设置泄洪闸（或溢水堰），起保护倒虹吸管的作用。进口段应修建在地质条件较好、透水性较小的地基上，否则应进行防渗处理。

为使水流平顺、减少水头损失，倒虹吸管进口前一般设置渐变段与渠道连接，其型式与布置和渡槽相同。拦污栅用于拦截渠道内的漂浮物及保障人畜安全。拦污栅一般布置在管道进口的工作闸门前。进口段一般设有闸门，以便对管道进行清淤和检修。双管或多管倒虹吸管的进口则必须设闸门，除发生事故关闭及轮流检修外，小流量时还可利用部分管道过水，以使管中有较大的流速，防比淤积。小型倒虹吸管可不设闸门，可在进口处预留门槽，需要时用插板挡水。为了清污及启闭闸门，可设工作桥或启闭台。

进水口的布置型式应满足管道通过不同流量时，进口水位与管道入口处水位的良好衔接。进口轮廓应使水流平顺，以减少水头损失。对于大型倒虹吸管，进水口常用圆弧曲线做成喇叭形，四周向外扩，有的仅在上方及左右方向扩大。进口段与管身常以弯道连接，小型倒虹吸管的进口为施工方便可不做成喇叭形，也不设弯道，而直接将管身插入挡水墙内，其缺点是水流条件较差。进水口前的底板一般低于渠底，其高程由水力计算决定。

高含沙渠道上的倒虹吸管应使管中水流具有与渠水含沙量相应的输沙能力，以便将水中所含泥沙送过倒虹吸管，并防比管道淤塞。有输沙要求的倒虹吸管，宜采取双管或多管，以便在流量变化时决定开管数目，使管中流速不小于挟沙流速。一般情况下，管内流速比上下游渠道大，能使渠水携带的泥沙多不在管内淤积，但粗粒泥沙会磨损管道，因此，应防比这种泥沙通过倒虹吸管。在进口前设置的沉沙池，主要用于沉积渠水带来的粗颗粒泥沙。渠水含沙量小时，可在停水期间进行人工清淤。对于含沙量大的渠道，最好采用水力冲淤，即在沉沙池末端的侧面设置退水冲沙闸，当池内泥沙沉积到一定厚度时，关闭倒虹吸管并开启冲沙闸将淤沙冲走。

倒虹吸管的出口一般由出水口、闸门和启闭台、消力池及渐变段组成。出水口的布置型式与进口段基本相同。对于大型倒虹吸管和多管倒虹吸管，为了在输送小流量时，利用闸门控制流量或抬高进水口水位及检修的需要，仍需设置闸门和启闭台，不设闸门时也需要设置检修门槽。出口段后常设置消力池，用以调整出口流速分布以保护下游渠底免受冲刷。对于小型倒虹吸管，在流速不大时可不设消力池。在消力池后可设置渐变段与渠道衔接，其布置型式与渡槽相同。

二、涵洞

当渠道、溪谷、道路相交叉时，为输送渠水或排泄溪谷来水面在填方渠道或道路下而修建的建筑物称为涵洞。涵洞一般由进口、洞身和出口3部分组成。通常所说的涵洞一般都不设闸门，当设有控制流量和挡水的闸门时，一般称为涵洞式或封闭式水闸（涵闸）。

1. 涵洞的类型、工作特点和构造

涵洞由于所起的作用、过涵水流形态和结构型式等差异而有不同的类型和工作特点。设在填方渠道和交通道路下面用以输送渠水的是输水涵洞；用以宣泄河水、溪谷来水的是排水涵洞。由于过涵水流形态不同，涵洞可以是无压的、半有压的或有压的。无压涵洞的水流从进口到出口都保持自由水面；半有压涵洞进口一小段为有压流，其后洞身直到出口为稳定的无压明流；有压涵洞的水流从进口到出口均为有压流。

输水涵洞的上、下游水位差一般都不大，所以常设计成无压的，其水流形态与渠道上的无压输水隧洞和渡槽相近，流速常在2m/s左右，一般不考虑防渗、排水和出口消能问题。对于排水涵洞，可以设计成无压的、有压的或半有压的。有压涵洞排泄洪水时，在流量变化过程中，可能出现无压、有压交替作用的水流形态而产生震动，影响工程安全，设计时应特别注意。排水涵洞上、下游水位差和出口流速较大时，应考虑消能、防冲问题。由于小河、溪谷的洪水持续时间一般都较短，所以应根据具体情况决定是否需要采取防渗、排水措施。

涵洞的洞身结构，常采用圆形、箱形、盖板形及拱形等。圆形涵洞的水力条件和静力工作条件都较好，便于采用预制管安装，是普遍采用的一种型式。箱形涵洞多为矩形钢筋混凝土结构，具有较好的静力工作条件，对地基不均匀沉降的适应性好，泄流量较大时可采用双孔或多孔，箱形涵洞适用于洞顶覆土较厚、洞跨较大和地基较差的无压和低压涵洞，可直接敷设在砂石地基或砌石、素混凝土垫层上。盖板形涵洞为矩形断面，由底板、侧墙及顶部钢筋混凝土盖板组成，底板及侧墙多用浆砌石或混凝土，盖板简支在侧墙上，多为钢筋混凝土结构，跨度很小时，也可采用条石作盖板。盖板形涵洞适用于洞顶铅直荷载不大或跨度较小的无压涵洞。地基较好、孔径不大（小于2~3m）时，底板可采用分离式，底部用混凝土或砌石保护，下设砂石垫层以利排水。顶拱常采用平拱及半圆拱。平拱矢跨比一般在1/3~1/8之间，受力条件好，拱圈用料少，但拱脚水平推力大，要求较厚的侧墙。半圆拱的水平推力小，但拱圈受力条件不如平拱，往往需要较厚的截面尺寸。拱形涵洞受力条件好，适用于填土厚度及跨度都比较大的无压涵洞。拱形涵洞也可采用多孔边拱式。

在中国四川、新疆等地区采用干砌砂卵石拱涵已有悠久的历史，积累了丰富的经验。

2. 涵洞的布置

涵洞布置的任务主要是：选定涵洞位置、过涵水流形态及进出口和洞身结构的型式；通过水力计算（试算）选定进出口的尺寸、高程及洞身的断面尺寸和纵坡。

涵洞的布置应根据水流顺畅、不产生淤积和冲刷、运用安全可靠、适应地形地质条件以及经济合理等因素，通过方案比较决定。过涵水流的方向应尽量与洞顶填方渠道或道路正交，以缩短洞长；尽量与原水道的方向一致以使水流顺畅。洞底（特别是出口）高程，应等于或接近原水道的底部高程。纵坡应等于或稍大于原水道的底坡，一般可采用 1% ~ 3%，如坡度较大，为防止洞身滑动可设置齿状基础或在出口设置重力墩。填方渠道下面的涵洞，顶部高程在渠底以下的距离应大于 0.6 ~ 0.7m。填土的透水性很强时，应对洞顶渠段采取防渗措施，以防比渠水大量下渗对洞身产生不利影响。在寒冷地区，涵洞基底应置于冻土层以下 0.3 ~ 0.5m。涵洞线路应选在地基均匀且承载能力较大的地段，淤泥及沼泽地带不宜修建涵洞，必须通过软弱地段时，应采取地基处理措施或采用桩基等。

第四节　灌区量水

为了按照用水计划准确、合理地向各级渠道和田间输配水量，同时也为了合理征收水费以及灌区用水管理工作的需要，必须对灌区各渠道的水流进行测量。灌区量测水流流量的方法有：①通过测定渠道平均流速来确定流量；②利用渠道水位流量关系确定流量；③利用量测仪表或其他特制的装置测定流量；④利用渠道上的水工建筑（称为量水建筑物）或特设的量水设施测定流量。本节仅介绍量水建筑物量水。

量水建筑物一般布置在干渠渠首、支渠及斗渠口以及交接水量的分水点（或配水点）处。利用已有的水工建筑量水最为经济简便，应首先考虑采用。特设的量水设施，量水较准确，但需增加额外投资，一般在没有水工建筑或现有水工建筑不能满足水精度要求或有特殊需要时采用。

一、渠道上特设量水设施

渠道上常用的特设量水设施主要是各种型式的量水堰和量水槽，如薄壁堰、宽顶堰、实用堰、长喉槽、短喉槽等，它们各适用于不同的流量变化范围和安装条件。下面介绍几种常用的主要类型。

1. 薄壁堰

薄壁堰通常是在金属薄板上设置缺口制成。水流由缺口经过时具有锐缘堰流的性质，在距堰板上游一定距离处观测水位，即可按堰流公式或事先绘制好的水位流量关系图表得到流量。按缺口形状，常采用的有矩形、梯形及三角形。

（1）矩形缺口薄壁堰。缺口为矩形，当堰宽等于设堰处行近渠槽（即紧接量水堰的一段上游渠道）的宽度时，则为等宽堰，也称无收缩堰。

（2）梯形缺口薄壁堰。缺口为上宽下窄的梯形，侧边边坡通常为4：1，其特点与矩形堰相似，在中国采用较多。

（3）三角形缺口薄壁堰。缺口为一顶点向下的对称三角形。其特点是：在较小流量时仍有较大水头，故能准确地测定小流量。这种堰的缺口常采用900夹角，也可根据所测流量变幅大小采用其他角度。堰板安装的技术要求与矩形薄壁堰相同。

薄壁堰的测流精度较高，适用于含沙量小、有足够落差且流量较小的渠道。薄壁堰制造简单，装设容易，造价较低，可单独使用，也可与渠系建筑物配合使用，可做成固定的也可做成活动的。薄壁堰设计的关键是必须遵守所采用的流量公式的有关限制条件。这些限制条件包括堰顶或三角形缺口顶角与池底的最小距离、行近渠槽的最小宽度、最大流量时堰顶或三角形缺口顶角与下游水位的相对高差等。同时，堰板的加工与安装必须严格符合标准所规定的要求。

2. 宽顶堰

标准宽顶堰有两种，即矩形宽顶堰与圆头平顶堰。

（1）矩形宽顶堰。堰顶上、下游顶角均为直角。矩形宽顶堰必须设在顺直、均匀且稳定的渠段，并与矩形衬砌的行近渠槽同宽，堰体上、下游端面应竖直并垂直于建堰渠槽的槽边和槽底。为了准确地应用流量公式和流量系数，施工时必须严格符合标准规定的要求。

（2）圆头平顶堰。将矩形宽顶堰的上游顶角稍为修圆而成，其下游端可做成圆角，也可以是铅直面或向下的斜坡。这种堰型的布置及施工技术要求与矩形宽顶堰相同。圆头平顶堰较矩形宽顶堰的流量系数大，提高了堰的耐久性，泄流特性不易受局部损坏和堰上游淤积的影响。

3. 三角剖面堰

三角剖面堰由1：2的上游坡和1：5的下游坡组成。两坡面相交形成直线堰顶，堰顶须水平且与行近渠槽水流方向正交。这种堰的优点是：施工简单、耐久，当水流挟带杂质使堰体遭到轻微损坏时，对量测精度影响不大，可较其他堰型用于更小的水位差，适用于中、大流量。在使用条件限制范围内，三角剖面堰是一种可靠的量水建筑物。

4. 量水槽

量水槽是一种在明渠内设置一缩窄段（喉道），使之在该段形成临界流，并于上游或上下游特定位置量测水深，据以测定流量的量水设施，故又称临界流槽。该缩窄段可由缩窄渠道形成，也可由缩窄渠道和抬起的渠底结合而成。分为长喉槽和短喉槽两大类。

（1）长喉槽。其特点是喉道较长，缩窄段内的水面线曲率较小，喉道中的水流几乎与槽底平行。通常由上游收缩段、喉道及下游扩散段组成喉道横断面，有矩形、梯形、U

形及三角形等。横断面型式的选择取决于若干因素，如拟测流量的变幅、精度要求、可用水头以及水流是否挟带泥沙等。矩形长喉槽较易修建，采用较多，仅适用于流量变化较小或不要求精确测定小流量的渠槽；梯形长喉槽适用于流量变幅较大以及要求精确测定小流量的渠槽；U形长喉槽则特别适于装设在U形渠道或装设在需测定U形及圆形断面管道下泄流量的地方。这3种型式根据上游渐变段与喉道连接处的收缩情况，又可分为只有侧收缩、只有底收缩以及既有侧收缩又有底收缩3种类型。使用何种类型取决于相应各种流量的下游条件、最大流量、允许水头损失、H/b的限制值以及水流是否挟带泥沙等。长喉道槽的优点是：便于通过泥沙，适于挟沙水流；不易受下游水位影响；适用于允许水头损失较小的地方。

（2）短喉槽。短喉槽是一种将喉长度大为缩短的临界水深槽，其运行原理与长喉槽相同。由于喉道短，水面线曲率较大，喉道中水流不再与槽底平行，不能从理论上预先确定水位—流量关系，只能用现场率定或室内率定加以确定。

影响量水堰（槽）选型的因素很多，应综合考虑以下几方面的条件：①上游及下游水位变化幅度；②对上、下游水位差的要求；③拟测流量的大小及流量变化范围；③测流精度要求；④渠道的形状、尺寸以及行近渠槽中的水流条件；⑤渠道水流的挟沙情况。通过综合比较，选择出造价较低、精度较高、测流范围较宽，同时又能使上、下游水位差保持较小值的型式。

二、利用水工建筑量水

利用水闸、涵洞、渡槽、陡坡、跌水等现有渠系建筑物量水，是最经济简便的方法。在可能的情况下，应首先考虑采用。利用现有水工建筑量水，一般是在建筑物上、下游特定位置设立水尺，通过测定进口上游水头或上、下游水位差，根据建筑物的型式、进口形状、尺寸及水流流态，按水力学原理确定流量。用作量水的建筑物要求结构完整，上下游渠道顺直，无各种局部障碍物，水流平顺、符合水力计算及测流精度的要求，量测的同时不影响渠道正常工作，水头损失小，管理方便等。

第十一章 河岸溢洪道

第一节 概 述

在水利枢纽中,必需设置泄水建筑物。溢洪道是一种最常见的泄水建筑物,用于排泄水库的多余水量、必要时防空水库以及施工期导流,以满足安全和其他要求而修建的建筑物。

溢洪道可以与坝体结合在一起,也可以设在坝体以外。混凝土坝一般适于经坝体溢洪或泄洪,如各种溢流坝。此时,坝体既是挡水建筑物又是泄水建筑物,枢纽布置紧凑、管理集中,这种布置一般是经济合理的。但对于土石坝、堆石坝以及某些轻型坝,一般不容许从坝身溢流或大量泄流;或当河谷狭窄而泄流量大,难于经混凝土坝泄放全部洪水时,需要在坝体以外的岸边或天然垭口处建造溢洪道(通常称河岸溢洪道)或开挖泄水隧洞。

河岸溢洪道和泄水隧洞一起作为坝外泄水建筑物,适用范围很广,除了以上情况外,还有:

(1)坝型虽适于布置坝身泄水道,但由于其他条件的影响,仍不得不用坝外泄水建筑物的情况是:①坝轴线长度不足以满足泄洪要求的溢流前缘宽度时;②为布置水电站厂房于坝后,不容许同时布置坝身泄水道时;③水库有排沙要求,而又无法借助于坝身泄水底孔或底孔尚不能胜任时(如三门峡水库,除底孔外,又续建两条净高达 13m 的大断面泄洪冲沙隧洞)。

(2)虽完全可以布置坝身泄水道,但采用坝外泄水建筑物的技术经济条件更有利时,也会用坝外泄水建筑物。如:①有适于修建坝外溢洪道的理想地形、地质条件,如刘家峡水利枢纽高 148m 的混凝土重力坝除坝身有一道泄水孔外,还在坝外建有高水头、大流量的溢洪道和溢洪隧洞;②施工期已有导流隧洞,结合作为运用期泄水道并无困难时。

岸边溢洪道按泄洪标准和运用情况,可分为正常溢洪道(包括主、副溢洪道)和非常溢洪道。

正常溢洪道的泄流能力应满足宣泄设计洪水的要求。超过此标准的洪水由正常溢洪道和非常溢洪道共同承担。正常溢洪道在布置和运用上有时也可分为主溢洪道和副溢洪道,但采用这种布置是有条件的,应根据地形、地质条件、枢纽布置、坝型、洪水特征及其对下游的影响等因素研究确定,主溢洪道宣泄常遇洪水,常遇洪水标准可在 20 年一遇至设计洪水之间选择。非常溢洪道在稀遇洪水时才启用，因此运行机会少，可采用较简易的结构，以获得全面、综合的经济效益。

岸边溢洪道按其结构型式可分为正槽溢洪道、侧槽溢洪道、井式溢洪道和虹吸式溢洪道等。在实际工程中，正槽溢洪道被广泛应用，也较典型，为本章的重点，其他型式的溢洪道仅作简要介绍。

第二节　正槽溢洪道

一、正槽式溢洪道的位置选择

溢洪道的布置和型式应根据水库水文、坝址地形、地质、水流条件、枢纽布置、施工、运用管理以及造价等因素，通过技术经济比较后确定。下面介绍地形条件、地质条件、泄流时的水流条件、施工条件对正槽溢洪道位置选择的影响。

地形条件。溢洪道应位于路线短和土石方开挖量少的地方。比如坝址附近有高程合适的马鞍形垭口，则往往是布置溢洪道较理想之处。拦河坝两岸顺河谷方向的缓坡台地上也适于布置溢洪道。

地质条件。溢洪道应尽量位于较坚硬的岩基上。当然土基上也能建造溢洪道，但要注意，位于好岩基上的溢洪道可以减轻工程量，甚至不衬砌；而土基上的溢洪道，尽管开挖较岩基为易，而衬砌及消能防冲工程量可能大得多。此外，无论如何应避免在可能坍滑的地带修建溢洪道。

泄洪时的水流条件。溢洪道应位于水流顺畅且对枢纽其他建筑物无不利影响之处，通常应注意以下几个方面：①控制堰上游应开阔，使堰前水头损失小；②控制堰如靠近土石坝，其进水方向应不致冲刷坝的上游坡；③泄水陡槽在平面上最好不设弯段；④泄槽末端的消能段应远离坝脚，以免造成坝身的冲刷；⑤水利枢纽中如尚有水力发电、航运等建筑物时，应尽量使溢洪道泄水时不造成电站水头的波动，不影响过船筏的安全。

施工条件。使溢洪道的开挖土、石方量具有好的经济效益，如将其用于填筑土石坝的坝体；在施工布置时，应仔细考虑出渣路线及弃渣场的合理安排，此外，还要解决与相邻建筑物的施工干扰问题。

二、正槽式溢洪道的组成及各部分设计

正槽溢洪道通常由引水渠、控制段、泄槽、出口消能段及尾水渠等部分组成，溢流堰轴线与泄槽轴线接近正交，过堰水流流向与泄槽轴线方向一致，见图10-2-1。其中，控制段、泄槽及出口消能段是溢洪道的主体。

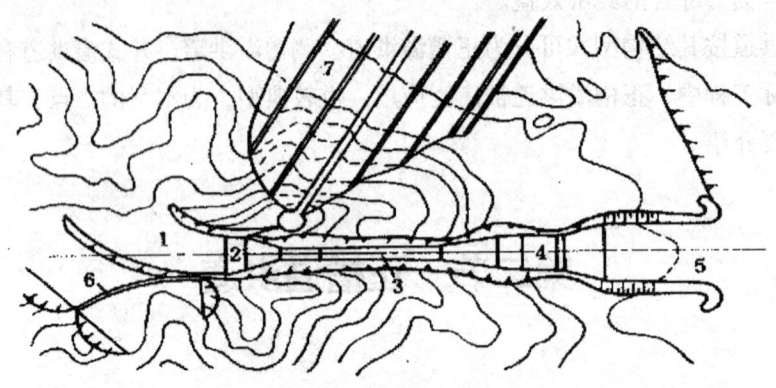

图 11-2-1 正槽溢洪道平面布置图

1—引水渠；2—溢流堰；3—泄槽；4—出口消能段；
5—尾水渠；6—非常溢洪道；7—土石坝

（一）引水渠

由于地形、地质条件限制，溢流堰往往不能紧靠库岸，需在溢流堰前开挖引水渠，将库水平顺的引向溢流堰，当溢流堰紧靠库岸或坝肩时，此段只是一个喇叭口，如图10-2-2所示。

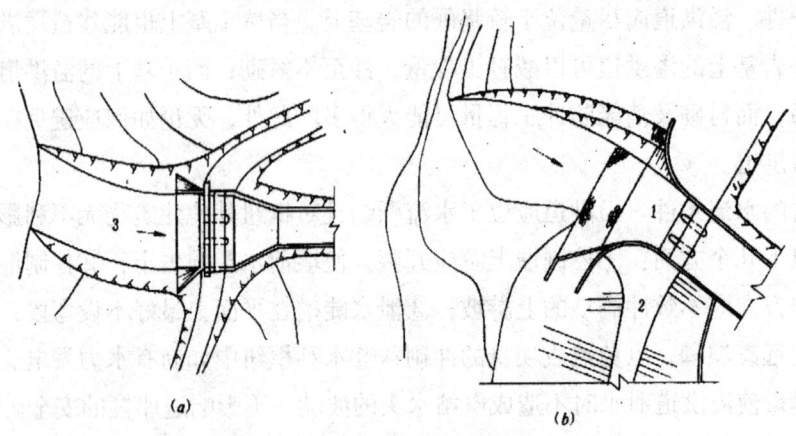

图 11-2-2 溢洪道引水渠的型式

1—喇叭口；2—土石坝；3—引水渠

为了提高溢洪道的泄流能力，引水渠中的水流应平顺、均匀，并在合理开挖的前提下减小渠中水流流速，以减少水头损失。流速应大于悬移质不淤流速，小于渠道中不冲流速，设计流速宜采用 3～5m/s。引水渠越长，流速越大，水头损失就越大。在山高坡抖的岩体中开挖溢洪道，为了减少土石方开挖，也可采用较大的流速。例如，碧口水电站的岸边溢洪道，经技术经济比较，其引水渠的水流流速，在设计情况下选用了 5.8m/s。

引水渠的渠底视地形条件可做成平底或具有不大的逆坡。渠底高程要比堰顶高程低些，因为在一定的堰顶水头下，行近水深大，流量系数也较大，泄放相同流量所需的堰顶长度要短。因此，在满足水流条件和渠底容许流速的限度内，如何确定引水渠的水深和宽度，需要经过方案比较后确定。

引水渠在平面布置上应力求平顺，避免断面突然变化和水流流向的急剧转变。通常把溢流堰两侧的边墩向上游延伸构成导水墙或渐变段，其高度应高于最高水位，这样水流能平稳、均匀地流向溢流堰，防止在引水渠中因发生漩涡或横向水流而影响泄流能力。此外，导水墙也起保护岸坡或上游邻近坝坡的作用。引水渠在平面上如需转弯时，其轴线的转弯半径一般约为 4~6 倍渠底宽度，弯道至溢洪道一般应有 2~3 倍堰上水头的直线长度，以便调整水流，使之均匀平顺入堰。当堰紧靠库岸时，导水墙在平面上呈喇叭口状。引水渠前沿库面要求水域开阔，不得有山头或其他建筑物阻挡。

引水渠的横断面，在岩基上接近矩形，边坡根据岩层条件确定，新鲜岩石一般为 1∶0.1~1∶0.3，风化岩石为 1∶0.5~1∶1.0；在土基上采用梯形，边坡根据土坡稳定要求确定，一般选用 1∶1.5~1∶2.5。

引水渠应根据地质情况、渠线长短、流速大小等条件确定是否需要砌护。岩基上的引水渠可以不砌护，但应开挖整齐。对长的引水渠，则要考虑糙率的影响，以免过多的降低泄流能力。在较差的岩基或土基上，应进行砌护，尤其在靠近堰前的区段，由于流速较大，为了防止冲刷和减少水头损失，可采用混凝土板或浆砌石护面。保护段长度，视流速大小而定，一般与导水墙长度相近。砌护厚度一般为 0.3m。当有防渗要求时，混凝土砌护还可兼作防渗铺盖。

（二）控制段

溢洪道的控制段包括溢流堰及其两侧的连接建筑。

溢流堰是水库下泄洪水的口门，是控制溢洪道泄流能力的关键部位，因此必须合理选择溢流堰段的型式和尺寸。

1. 溢流堰的形式

溢流堰按其横断面形状与尺寸可分为：薄壁堰、宽顶堰、实用堰（堰断面形状可为矩形、梯形或曲线形）；按其在平面布置上的轮廓形状可分为：直线型堰、折线型堰、曲线形堰和环形堰；按堰轴线和上游来水方向的相对关系可分为：正交堰、斜堰和侧堰等。

溢流堰通常选用宽顶堰、实用堰，有时也用驼峰堰。溢流堰体型设计的要求是：尽量增大流量系数，在泄流时不产生空穴水流或诱发危险振动的负压等。

1）宽顶堰

宽顶堰的特点是结构简单、施工方便，但流量系数较低（约为 0.32~0.385）。由于宽顶堰堰矮，荷载小，对承载力较差的土基适应能力强，因此，在泄流不大或附近地形较平缓的中、小型工程中，应用广泛，如图 10-2-3 所示。宽顶堰的堰顶通常需进行砌护。对于中、小型工程，尤其是小型工程，若岩基有足够的抗冲刷能力，也可以不加砌护，但应考虑开挖后岩石表面不平整对流量系数的影响。

2）实用堰

实用堰的优点是流量系数比宽顶堰大，在相同泄流量条件下，需要的溢流前缘较短，工程量相对较小，但施工较复杂。大、中型水库，特别是岸坡较抖时，多采用此种型式，如图 11-2-4 所示。

实用堰的断面型式很多，我国最常用的是 WES 型、克-奥型和冥次曲线型。在溢洪道设计规范中建议优先选择 WES 型堰。为了使溢流堰有较大的流量系数，在设计和施工中，堰高、堰面坐标、堰面曲线长度和下游堰坡均需满足规定要求，否则，将影响流量系数或使堰面压强降低，有产生空蚀的危险。当上游堰高 P1 和堰面曲线定型水头 Hd 的比值 P1/Hd>1.33 时，流量系数接近一个常数，不受堰高的影响，为高堰。对于低堰的标准，一般认为 0.3< P1/Hd<1.33，流量系数将随 P1/Hd 的减小而降低，因此堰高 P1 不能过低，建议 P1 以不低于 0.3Hd 为宜。低堰的流量系数还受下游堰高 P2 的影响，随 P2 减小过堰水流受顶托甚至淹没，为保证堰的自由泄流状态，下游堰高 P2 建议不大于 0.6Hd。对于低堰，因下游堰面水深较大，堰面一般不会出现过大的负压，不致发生破坏性空蚀和振动。因此，在设计低堰时，可选择较小的定型设计水头 Hd，使高水位时的流量系数加大，建议采用（0.6～0.75）倍的堰顶最大水头。表 10-2-5 给出了克-奥Ⅰ型剖面堰和 WES 型剖面堰流量系数随相对堰高 P1/Hd 的变化值，可供设计时参考选用。

表 11-2-5　随相对堰高变化的流量系数 m 值

P1/Hd 堰面型式	0.2	0.3	0.4	0.6	0.8	1.0	1.2	1.33
克-奥Ⅰ型	0.446	0.460	0.469	0.480	0.485	0.485	0.485	0.485
WES 型	0.480	0.485	0.488	0.492	0.496	0.499	0.501	0.502

3）驼峰堰

驼峰堰是一种复合圆弧的低堰，堰体低，是我国从工程实践中总结出来的一种新堰型，如图 10-2-6 所示，驼峰堰的流量系数较大，其流量系数一般为 0.40～0.46，但流量系数随堰上水头增加而有所减小。设计与施工简便，对地基要求低，适用于软弱地基。

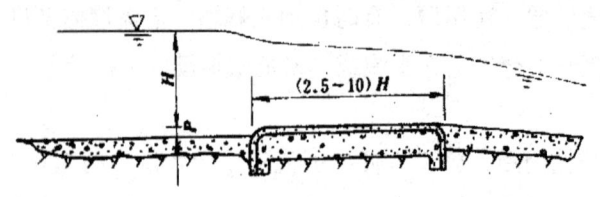

图 11-2-3　宽顶堰

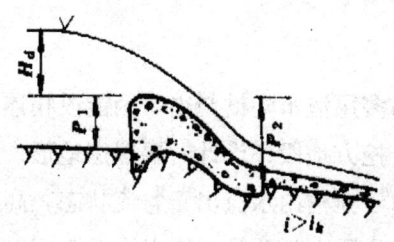

图 10-2-4 实用堰

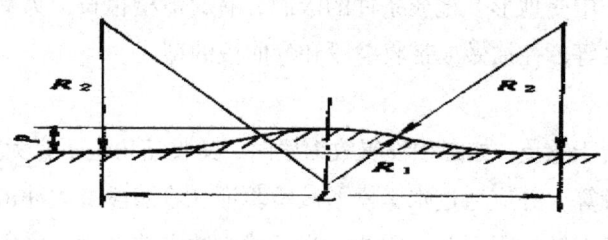

图 10-2-6 驼峰堰

2. 闸门的布置与选型

溢流堰顶可设置闸门，也可不设置闸门。不设闸门时，堰顶高程就是水库的正常蓄水位；设闸门时，堰顶高程低于水库的正常蓄水位。

一般情况下，对于大、中型水库的溢洪道，一般都设置闸门，小型水库对上游水位稍有增高所加大的淹没损失和加高坝身及其他建筑物的工程费用都不是很大，从施工简单、管理方便以及节省工程费用等各方面考虑，一般都不设置闸门。

关于溢流堰设计的一些主要问题，如闸墩、边墩、防渗、排水、工作桥、交通桥等的设计，与溢流堰或水闸相类似。

3. 堰顶高程和孔口尺寸的确定

确定了溢洪道位置、堰型并确定是否设置闸门之后，即可进一步确定堰顶高程、孔口尺寸（或前缘长度）。其设计方法和溢流坝相同。值得说明的是，由于进水渠的存在，特别是较长的进水渠，其上的水头损失是不能忽略的。另外，溢洪道出口一般远离坝脚，其单宽流量的选取比溢流坝所采用的数值更大些。

溢流堰前缘长度和孔口尺寸的拟定以及单宽流量的选择，可参考重力坝的有关内容。拟定了上述尺寸后，选定调洪起始水位和泄水建筑物的运用方式，然后进行调洪演算，得出水库的设计洪水位和溢洪道的最大下泄量。显然，拟定的控制段基本型式、尺寸和调洪演算成果，不一定能满足上游限制水位及下游河道安全泄量的要求，同时也不一定经济合理。在此基础上，通过分析研究再拟定若干方案，分别进行调洪计算，得出不同的水库设计洪水位和最大下泄量，并相应定出枢纽中各主要建筑物的布置尺寸、工程量和造价。最后,从安全、经济以及管理运用等方面进行综合分析论证,从而选出最优方案。

(三)泄槽

正槽溢洪道在溢流堰后多用泄水陡槽与出口消能段相连接,以便将过堰洪水安全的泄向下游河道。泄槽一般位于挖方地段,设计时要根据地形、地质、水流条件及经济等因素合理确定其形式和尺寸。由于泄槽内水流出于急流状态,高速水流带来的一些特殊问题,如冲击波、水流渗气、空蚀和压力脉动等,均应认真考虑,并采取相应的措施。

1. 泄槽的平面布置

泄槽在平面上宜尽量成直线、等宽、对称布置,使水流平顺,避免产生冲击波等不良现象。但实际工程中受地形、地质条件的限制,有时泄槽很长,为减少开挖、衬砌工程量或避免地址软弱带等,往往做成带收缩段和弯曲段的型式。

1)收缩段

泄槽段水流属于急流,如必须设置收缩段时,其收缩角也不宜太大。当收缩角太大时,必须进行冲击波计算,并应通过水工模型试验验证。收缩段最大冲击波波高由总偏转角大小决定,而与边墙偏转过程无关。因此,为了减小冲击波高度,采用直线形收缩段比圆弧形收缩段为好。

当收缩角较小时,冲击波较小,不一定要进行冲击波计算,可直接采用经验公式计算收缩角。泄槽边墙收缩角 θ 可按如下经验公式确定:

$$\tan\theta = \frac{1}{\kappa F_\gamma} = \frac{\sqrt{gh}}{\kappa v}$$

式中 θ ——收缩段边墙与泄槽中心线夹角,(o);

F_γ ——收缩段首、末断面的平均弗汝德数;

h ——收缩段首、末断面的平均水深,m;

v ——收缩段首、末断面的平均流速,m/s;

k ——经验系数,可取 $k=3.0$。

工程经验和试验资料表明,收缩角在 6° 以下具有较好的水流状态。

说明:收缩角又可以叫扩散角。

2)弯曲段

泄槽弯曲段通常采用圆弧曲线,弯曲半径应大于 10 倍槽宽。弯曲段水流流太复杂,不仅因受离心力作用,导致外侧水深加大,内侧水深减小,造成断面内流量分布不均如图 10-2-7 所示。而且由于边墙转折,迫使水流改变方向,产生冲击波。因此,弯曲段设计的主要问题在于使断面内的流量分布趋近均匀,消除或抑制冲击波。

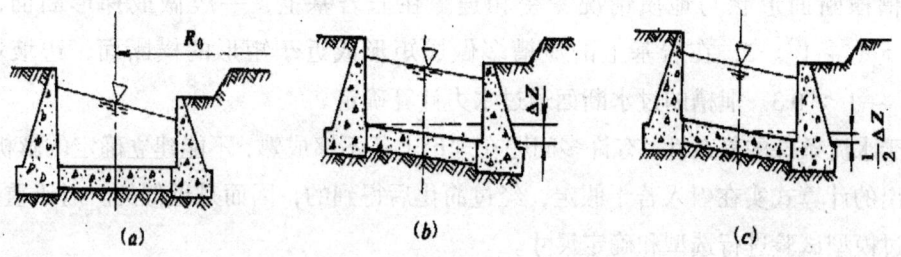

图 11-2-7 弯道上的泄槽

弯曲段的水力设计方法很多，大体可分为两类：①施加侧向力，即采取工程措施，向弯曲段水流施加作用力，使它与水流所受的离心力相平衡，以达到消除干扰的目的。渠底超高法，弯曲导流墙法等方法都属于这一类；②干扰处理法，即在曲线的起点和终点，引入与原来的干扰大小相等但相位相反的反扰动，以消除原来扰动影响。复曲线段法、螺旋线过度段法和斜坎法就是基于这个原理提出来的。

渠底超高法是在弯曲段的横剖面上，将外侧渠底抬高，造成一个横向坡度，如图 11-2-7（b）所示。利用重力沿横向坡度产生的分力，与弯曲段水体的离心力相平衡，以调整横剖面上的流量分布，使之均匀，改善流态，减小冲击波和保持弯曲段水面的稳定性。泄槽弯曲段外侧相对内侧的槽底超高值 Δz，可用一个由离心力方程导出的公式来表达，即

$$\Delta z = C \frac{v^2 b}{g \gamma_c}$$

式中 v——弯曲段起始断面的平均流速，m/s；

b——泄槽直段的水面宽，m；

g——重力加速度 m/s²；

γ_c——弯曲段中线的曲率半径，m；

C——取决于水流弗洛德数、泄槽断面及弯道几何形状的系数，对于急流、矩形断面和弯曲段为简单圆弧时，C 取 2.0。

为了保持泄槽中线的原底部高程不变，以利于施工，常将内侧渠底较中线高程下降 $1/2 \Delta z$，而外侧渠底则抬高 $1/2 \Delta z$，如图 11-2-7（c）。

2. 纵剖面布置

泄槽纵剖面设计主要是决定纵坡。泄槽纵坡必须保证泄流时，溢流堰下为自由出流和槽中不发生水跃，使水流始终处于急流状态。因此，泄槽纵坡必须大于临界坡度。为了减小工程量，泄槽沿程可随地形、地质变坡，但变坡次数不宜过多，而且在两种坡度连接处，要用平滑曲线连接，以免在变坡处发生水流脱离边壁引起负压或空蚀。当坡度由缓变陡时，应采用竖向射流抛物线来连接；当坡度由陡变缓时，需用反弧连接，反弧半径 R 面上的变化错开，尤其不要在扩散段变坡。

3. 横断面

泄槽横断面形状与地质情况紧密相连。在非岩基上，一般做成梯形断面，边坡比为 1：1～1：2；在岩基上的泄槽多做成矩形或近于矩形的横断面，边坡坡比为 1：0.1～1：0.3。泄槽的过水断面通过水力计算确定。

由于水流条件的复杂性，有许多问题在理论上还不够成熟，不能建立确定的解析关系。上面给出的计算式实在引入若干假定，经过简化后得到的，因而是近似的。对于重要工程还应通过模型试验进行选型和确定尺寸。

4. 泄槽的构造及减蚀措施

1）泄槽的衬砌

为了保护槽底不受冲刷和岩石不受风化，防止高速水流钻入岩石裂隙，将岩石掀起，泄槽都需要进行衬砌。对泄槽衬砌的要求是：衬砌材料能抵抗水流冲刷；在各种荷载作用下能够保持稳定；表面光滑平整，不致引起不利的负压和空蚀；做好底板下排水，以减小作用在底板上的扬压力；做好接缝止水，隔绝高速水流侵入底板底面，避免因脉动压力引起的破坏，要考虑温度变化对衬砌的影响，在寒冷地区对衬砌材料还应有一定的抗冻要求。

作用在泄槽底板上的力有：底板自重、水压力、水流的拖拽力和扬压力等。其中，脉动压力在时间和空间上都在不段的变化，是具有随即性质的脉动量。扬压力和动水压力是影响衬砌安全的两种主要荷载。

影响泄槽衬砌可靠性的因素是多方面的，而不易确切计算。因此，衬砌设计应着重分析不同的地基、气候、水流和施工条件，选用不用的衬砌型式，并采取相应的构造措施。

（1）岩基上泄槽的衬砌

岩基上泄槽的衬砌可以用混凝土、水泥浆砌条石或块石以及石灰浆砌块石水泥浆勾缝等型式。

石灰浆砌块石水泥浆勾缝，适用于流速小于 10m/s 的小型水库溢洪道。

水泥浆砌条石或块石，使用与流速小于 15m/s 的中、小型水库溢洪道。但对抗冲能为较强的坚硬岩石，如果砌得光滑平整，做好接缝止水和底部排水，也可以承受 20m/s 左右的流速。

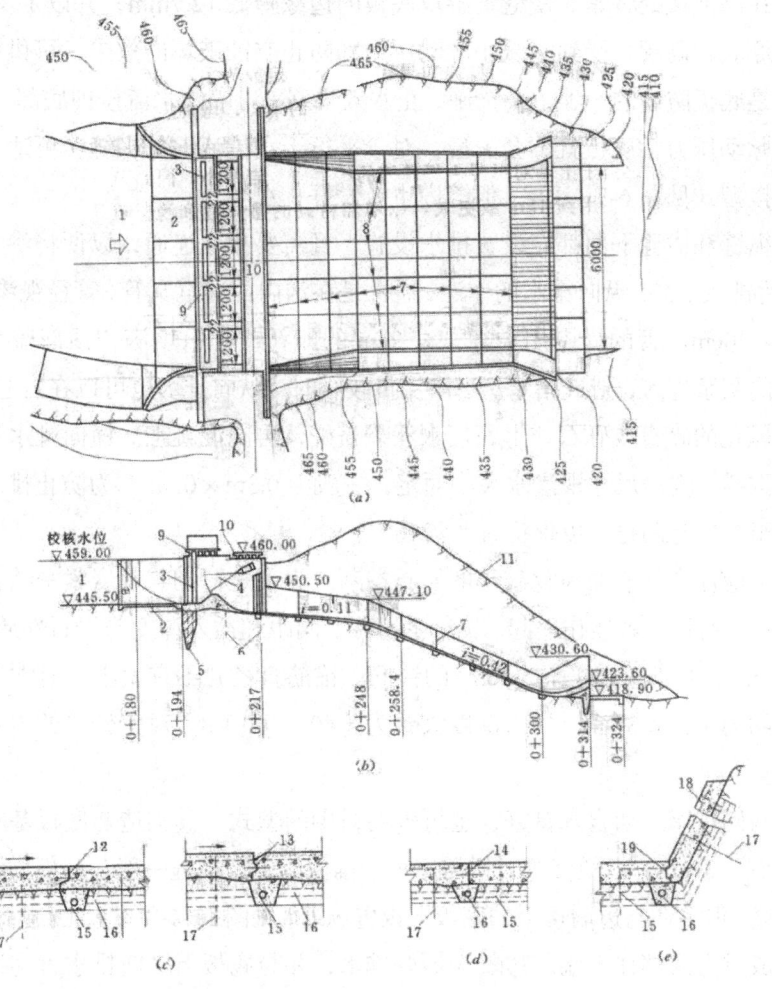

图 11-2-8 岩基上泄槽的构造（高程、桩号：m，尺寸：cm）

（a）平面布置图；（b）纵剖面图；（c）横缝构造；

（d）纵缝构造；（e）边墙缝

1—引水渠；2—混凝土护底；3—检修门槽；4—工作门槽；5—帷幕；6—排水孔；

7—横缝；8—纵缝；9—工作桥；10—公路桥；11—开挖线；12—搭接缝；13—键槽缝；

14—平接缝；15—横向排水管；16—纵向排水管；17—锚筋；18—通气孔；19—边墙缝

对于大、中型工程，由于泄槽中流速较高，一般多采用混凝土衬砌。混凝土衬砌厚度不宜小于 30cm。为防止产生温度裂缝，需要设置纵横缝，见图 11-2-8（a）、（b）。由于岩基的约束力较大，分缝距离不宜太大，一般约为 10～15m（当衬砌厚度较小、温度变化较大时，取小值）。靠近衬砌表面沿纵横向需配制温度钢筋，含钢率约为 0.1%。

岩基上的衬砌接缝有平接缝、搭接缝和键槽缝几种型式。对垂直于水流流向的横缝比平行于水流流向的纵缝要求高，横缝一般做成搭接缝，在良好的岩基上有时也可用键槽缝，见图 11-2-8（c）。

施工时要做到接缝处衬砌表面平整，特别要防止下游块底板高出上游块底板。国外有小坝工程，在高流速处将紧靠横缝下游块底板的边缘降低12.7mm，并以1∶12或更缓的斜坡升高至原底板高程，受到了减小脉动压力和防止空蚀破坏的效果，可供设计参考。做好接缝止水是底板防冲的一项重要措施，止水效果好，可隔绝水流侵蚀底部。从理论上讲，没有向上的脉动压力，底板就不会失稳。对于平行于水流流向的纵缝，可适当降低要求，一般可用平接型式见图6-7（d），但缝内也要做好止水。

衬砌的纵缝和横缝下面都应设置排水设施，且需要相互连通，以便将渗水集中到纵向排水内，然后排入下游。纵向排水的作法，通常是在沟内放置缸瓦管，管径视渗水大小而定，一般为10~20cm。管的周围用粒径1~2cm的卵石或砾石填满，顶部盖水泥袋，以防浇筑混凝土的灰浆进入，造成堵塞。当渗流量较小时，纵向排水也可以在岩基上开挖沟槽，沟内填不易风化的碎石或砾石，上面用水泥袋盖好，再浇混凝土。横向排水通常都是在岩表面上开挖沟槽，沟槽尺寸视渗水大小而定，一般为0.3m×0.3m。为防止排水管被堵塞，纵向排水管至少应有两排，以保证排水流畅。

在岩基上应注意将表面风化破碎的岩石挖除。为了是衬砌与基岩紧密结合，增强衬砌稳定，有时用锚筋将二者连在一起。锚筋的直径、间距和插入深度与岩石性质和节理有关，一般每平方m的衬砌范围约需要1cm²的锚筋。锚筋直径d不宜太小，通常采用25mm或更大，艰巨约为1.5~3.0m，插入深度大致为（40~60）d。对于较差的岩石，应通过现场试验确定。

泄槽的两侧边墙，如岩基良好，也可采用衬砌的型式，其构造与底板基本相同。衬砌厚度一般不小于30cm，以便浇筑，切需用钢筋锚固。边墙横缝一般与底板横缝一致。边墙本身不设纵缝，但多在与边墙接近的底板上设置纵缝，见图11-2-8（e）。当岩石比较软弱时，需将边墙做成重力式挡住土墙。边墙应做好排水，并与底板下横向排水管连通。为了排水通畅。在排水管靠近边墙顶部的一端应设置通气孔。边墙顶部应设置马道以利交通。

（2）土基上的泄槽的衬砌

土基上的泄槽通常采用混凝土衬砌。由于土基的沉降量大，而且不能采用锚筋，所以衬砌厚度一般要比岩基上的大，通常为0.3~0.5m。当单宽流量或流速比较大时，也可用到0.7~1.0m。混凝土衬砌的横向缝必须采用搭接的型式，见图10-2-9，以保证接缝处的平整，有时还在下块的上游侧做齿墙。

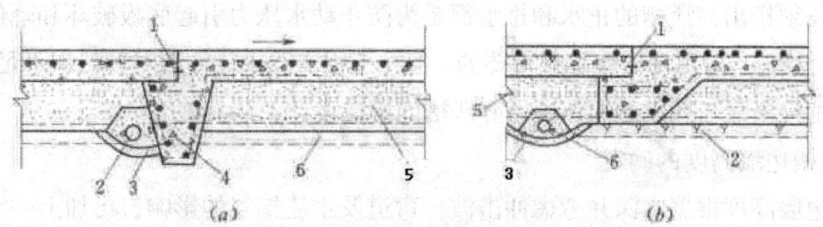

图 11-2-9 土基上泄槽底板的构造

(a)横缝；(b)纵缝

1—止水；2—横向排水管；3—灰浆垫座；4—齿墙；5—透水垫层；6—纵向排水管

嵌入地基内，以防止衬砌底板沿地基面滑动。齿墙应配置足够的钢筋，以保证强度。如果底板不够稳定或为了增加底板的稳定性，可在地基中设置锚筋桩，使底板与地基紧密结合，利用土的重力，增加底板的稳定性。图 11-2-10 为岳城水库溢洪道锚筋桩布置图。纵缝有时也做成搭接的型式。缝中除沥青等

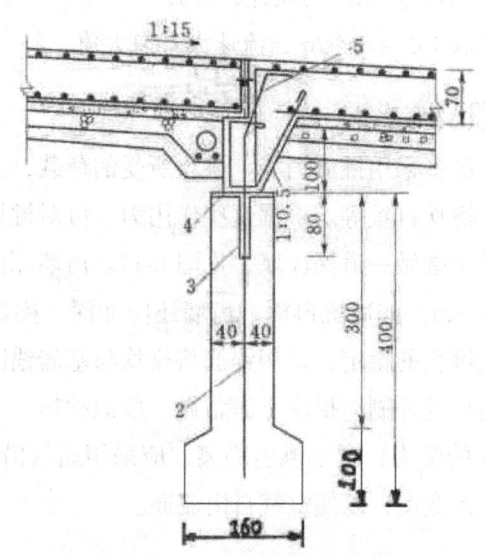

图 11-2-10 岳城水库溢洪道锚筋桩布置（单位：cm）

1—第三纪沙层；2—15kg/m 钢轨；3—涂沥青厚 2cm，包油毡一层；

4—沥青油毡厚 1cm；5—32Φ 螺纹钢筋

填料外，并需设水平止水片。由于土基对混凝土板伸缩的约束力比岩基小，因此可以采用较大的分块尺寸。纵横缝间距可用到 15m 或更大，以增加衬砌的整体性和稳定性。衬砌需双向配筋，各向含钢率为 0.1%。

在土基或是破碎软弱的岩基上，需要在衬砌底板下设置面层排水，以减小底板承受的渗流压力，排水可采用厚约 30cm 的卵石或碎石层。如地基是黏性土，应先铺一层厚 0.2~0.5m 的沙砾垫层，垫层上在铺卵石或碎石排水层；或在沙砾层中做纵横排水管，管

周做反滤。如地基是细沙,应先铺一层粗沙,再做排水层,以防渗流破坏。

这里还须指出,泄槽的止水和排水都是为防止动水压力引起底板破坏和降低扬压力而采取的有力措施,对保证安全是很重要的。但在工程实践中往往因对其认识不足而被忽视,以致造成工程事故。所以必须认真做好泄槽的构造设计,认真施工。

2)泄槽边墙高度的确定

泄槽边墙高度根据水深并考虑冲击波、弯道及水流掺气的影响,再加上一定的超高来确定,边墙超高一般取 0.5~1.5m。

计算水深为宣泄最大流量时的槽内水深。

当泄槽水流表面流速达到 10m/s 左右时,将发生水流掺气现象而使水深增加。掺气程度与流速、水深、边界糙率以及进口形状等因素有关,掺气后水深可按式 11-2-11 进行估算:

$$h_b = \left(1 + \frac{\xi v}{100}\right)h \quad (11\text{-}2\text{-}11)$$

式中 h、h_b——泄槽计算断面的水深及掺气后的水深,m;

v——不掺气情况下泄槽计算断面的流速,m/s;

ξ——修正系数,可取 1.0~1.4s/m,流速大者取大值。

(四)出口消能段及尾水渠

在较好的岩基上,一般多采用挑流消能。挑坎所受的荷载,主要是水流的离心力、水重、扬压力、脉动压力、挑坎自重等。根据这些作用力,可对挑坎进行强度验算。为了保证挑坎稳定,常在挑坎的末端做一道深齿墙,见图 6-11。齿墙深度应根据冲刷坑的形状和尺寸决定,一般可达 5~8m。如冲坑再深,齿墙还应加深。挑坎的左右两侧也应做齿墙插入两侧岩体。为了加强挑坎的稳定,常用锚筋将挑坎与基岩锚固连成一体。为了防止小流量水舌不能挑射时产生贴壁冲刷,挑坎下游常做一段短护坦。为了避免在挑流水舌的下面形成真空,产生对水流的吸力,减小挑射距离,应采用通气措施,如图 11-2-12 所示的通气孔或扩大尾水渠的开挖宽度,以使空气自由流通。

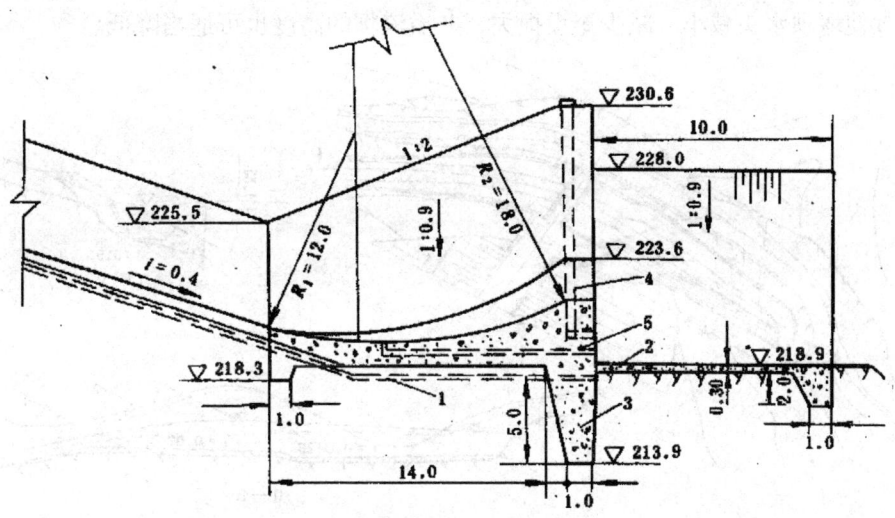

图 11-2-12　溢洪道挑流坎布置图（单位：m）

1—纵向排水；2—护坦；3—混凝土齿墙；4—Φ50cm 通气孔；5—Φ10cm 通气孔

在土基或破碎软弱岩基上的溢洪道，一般采用底流消能。但当泄量较小时，也可考虑采用挑流消能，如山西省境内在软基上建造了不少采用挑流消能的溢洪道，最大泄量达 1055m³/s，最大单宽泄流量 25m³/(s·m)。与采用消力池相比，挑流消能可可节省工程量 20%～60%，节省投资 25%～50%。

由溢洪道下泄的水流应与坝脚和其他建筑物保持一定距离，且应和原河道水流获得妥善衔接，以免影响坝和其他建筑物的安全和正常运行。在有的情况下，当下泄的水流不能直接归入原河道时，需要布置一段尾水渠。尾水渠要短、直、平顺，底坡尽量接近下游原河道的平均坡降，以使下泄的水流能顺畅平稳地归入原河道。

第三节　其他型式的溢洪道和非常泄洪设施

一、其他型式的溢洪道

（一）侧槽溢洪道

1. 侧槽溢洪道的特点

侧槽溢洪道一般由溢流堰、侧槽、泄水道和出口消能段等部分组成。溢流堰大致沿河岸等高线布置，水流经过溢流堰泄入与堰大致平行的泄槽后，在槽内转向约 90°，经泄槽或泄水隧洞流入下游，见图 11-3-1 和 11-3-2。当坝址处山头较高，岸坡陡峭时，可选用侧槽溢洪道。与正槽溢洪道相比较，侧槽溢洪道具有以下优点：①可以减少开挖方量；②

能在开挖方量增加不多的情况下，适当加大溢流堰的长度，从而提高堰顶高程，增加兴利库容；③使堰顶水头减小，减少淹没损失，非溢流坝的高度也可适当降低。

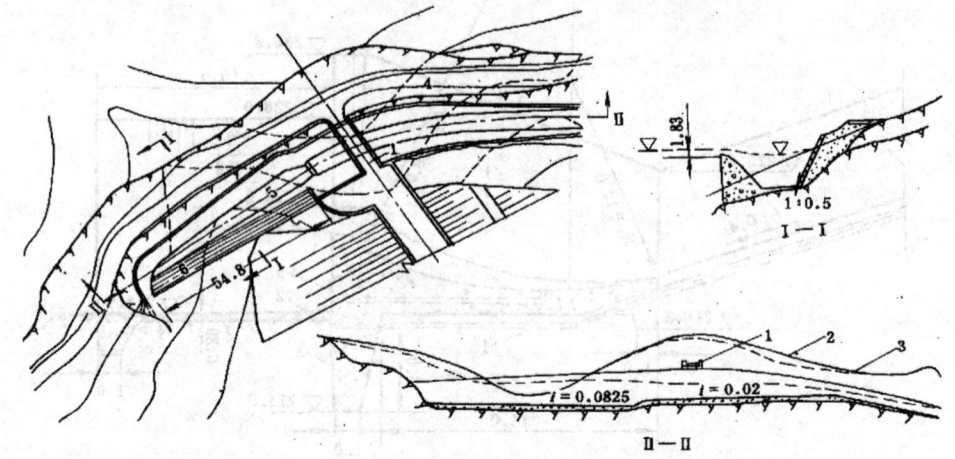

图 11-3-1　明渠泄水的侧槽溢洪道（单位：m）

1—公路桥；2—原地面线；3—岩石线；4—上坝公路；5—侧槽；6—溢洪道

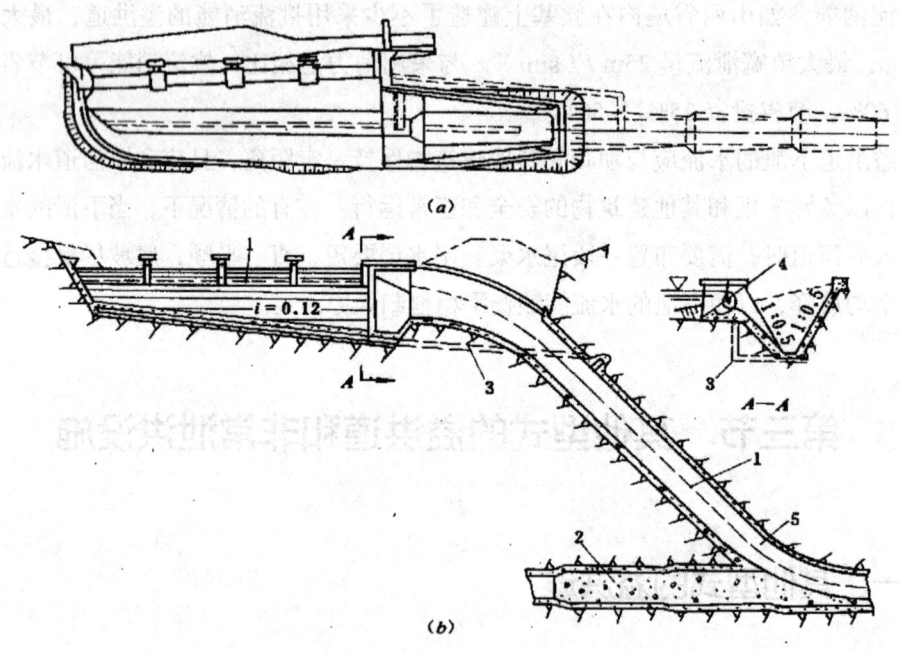

图 11-3-2　隧洞泄水的侧槽溢洪道

（a）平面图；（b）纵剖面图

1—水面线；2—混凝土塞；3—排水管；4—闸门；5—泄水隧洞

　　侧槽溢洪道的水流条件比较复杂，过堰水流进入侧槽后，形成横向漩滚，同时侧槽内沿流程流量不断增加，漩滚强度也不断变化，水流脉动和撞击都和强烈，水面极不平稳。而侧槽又多是在坝头山坡上劈山开挖的深槽，其运行情况直接关系到大坝的安全。因此侧槽多建在完成坚实的岩基上，且要有质量较好的衬砌。除泄量较小者外，不宜在土基上修建侧槽溢洪道。

侧槽溢洪道的溢流堰多采用实用堰，堰顶上可设闸门，也可不设。泄水道可以是泄槽，也可以是无压隧洞，视地形、地质条件而定。如果施工时用隧洞导流，则可将泄水隧洞与导流隧洞相结合。

2. 侧槽设计

根据侧槽侧向进水和沿流程流量不断增加等水流特点，侧槽设计应满足以下条件：①泄流量沿侧槽均匀增加；②由于过堰水流转向约90度，大部分能量消耗于侧槽内水体间的漩滚撞击，认为侧槽中水流的顺槽速度完全取决于侧槽的水面坡降，故槽底应有一定坡度；③为了使槽中水流稳定，侧槽中的水流应处于缓流状态；④侧槽中的水面高程要保证溢流堰为自由出流，因为淹没出流不但影响泄流能力，而且由试验得知，当淹没到一定程度后，侧槽出口流量分布不均，容易在泄水道内造成折冲水流。

对于岸坡陡峭的情况，窄深断面要比宽浅断面节省开挖量。在工程实践中，多将侧槽做成窄而深的梯形断面。靠岸一侧的边坡在满足水流和边坡稳定的条件下，以较陡为宜，一般采用1：0.3～1：0.5；对于靠溢流堰一侧，溢流曲线下部的直线段坡度（即侧槽边坡），一般采用1：0.5。根据模型试验，过水后侧槽水面较高，一般不会出现负压。

为了适应流量沿程不断增加的特点，侧槽断面自上游向下游逐渐变宽。起始断面底宽 b_0 与末端断面底宽 b_1 之比即 b_0/b_1，对侧槽的工程量影响大。通常 b_0/b_1 比值小，侧槽开挖量较省，但槽底要挖得较深，调整段的工程量也相应增加，如图11-3-3。因此，经济的 b_0/b_1 值应根据地形、地质条件比较确定，一般 b_0/b_1 采用0.5～1.0，其中 b_0 的最小值应当满足开挖设备和施工的要求，b_1 一般选用与泄槽底宽相同的数值。

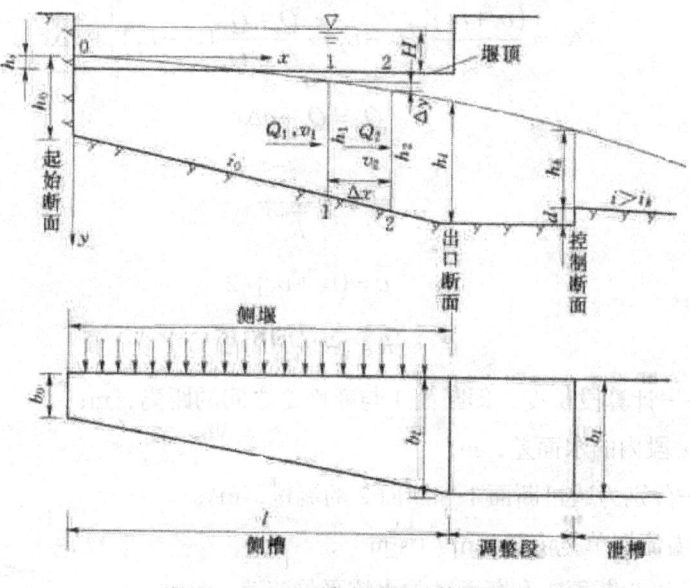

图11-3-3 侧槽水面线计算简图

由于侧槽中水流处于缓流状态,因而侧槽的纵坡比较平缓,一般小于10%,实用中可采用1%~5%,具体数值可根据地形和泄量大小选定。应该指出,侧槽内水流在各级流量下均保证为缓流是很难做到的,但必须保证在泄放设计流量时,侧槽内为缓流。

为了减少侧槽的开挖量,应使侧槽末端水深为 h_1 计量接近经济的槽末水深。当侧槽与泄槽直接相连接时,h_1 一般选用该断面的临界水深 h_k;如侧槽与泄槽间有调整段,建议采用 $h_1=(1.2~1.5)h_k$。当 b_0/b_1 小时,采用大值;反之,采用小值。

侧槽底部高程,需要按满足溢流堰为非淹没出流和减少开挖量的要求来确定。由于侧槽内的水面为一降落曲线,因此,确定侧槽底部高程的关键在于定出起始断面的水面高程。根据国内外一些试验资料分析认为,当起始断面附近虽有一定程度的淹没,但尚不致对整个溢流堰的泄量有较大影响时,仍可认为是非淹没的。因此,为了节省开挖量,侧槽起始断面的槽底部高程可适当提高,而允许该处堰顶有一定淹没度。一般侧槽起始断面堰顶的临界淹没度 σ_k($\sigma_k=h_s/H$)可取小于0.5。

为了调整侧槽内的水流,改善泄槽内的水流流态,水流控制断面一般选在侧槽末端,有调整段时侧应选在调整段末端。调整段的作用是使尚未分布均匀的水流,在此段得到调整后,能够较平顺流入泄槽。水工模型试验表明,这样可使泄槽内的冲击波和折冲水流明显减小。调整段一般采用平底梯形断面,其长度按地形条件决定,可采用(11-3-4)h_k(h_k 为侧槽末端的临界水深)。由缩窄槽宽的收缩段或用调整段末端底坎适当壅高水位,底坎高度 d 一般取(0.1~0.2)h_k,使水流在控制断面形成临界流,而后流入泄槽或斜井和隧洞。

根据以上要求,在初步拟定侧槽断面和布置后,即可进行侧槽的水力计算。水力计算的目的在于根据溢流堰、侧槽(包括调整段)和泄水道三者之间的水面衔接关系,定出侧槽的水面曲线和相应的槽底高程。利用动量原理,侧槽沿程水面线可按下列公式逐段推求,

$$\Delta y = \frac{(v_1+v_2)}{2g}\left[(v_1-v_2)+\frac{Q_1-Q_2}{Q_1+Q_2}(v_1+v_2)\right]+\bar{J}\Delta x \qquad (10\text{-}3\text{-}4)$$

$$Q_2 = Q_1 + q\Delta x$$

$$\bar{J} = \frac{n^2 \bar{v}^2}{\bar{R}^{4/3}}$$

$$\bar{v} = (v_1+v_2)/2$$

$$\bar{R} = (R_1+R_2)/2$$

式中 Δx——计算段长度,即断面1与断面2之间的距离,m;

Δy——Δx 段内的水面差,m;

Q_1、Q_2——分别为通过断面1和断面2的流量,m³/s;

q——侧槽溢流堰单宽流量,m³/(s·m);

v_1、v_2——分别为断面1和断面2的水流平均流速,m/s;

$\overline{J}$——分段区内的平均摩阻坡降；

n——泄槽槽身的糙率系数；

$\overline{v}$——分段平均流速，m/s；

$\overline{R}$——分段平均水力半径，m

在水力计算中，给定和选定数据有：设计流量Q、堰顶高程、允许淹没水深hs、侧槽边坡坡率m、底宽变率b_0/b_1、槽底坡度io和槽末水深$h1$。计算步骤如下：①由给定的Q和堰上水头H，算出侧堰长度l；②列出侧槽断面与调整段末端断面（控制断面）之间的能量方程，计算控制断面处底板的抬高值d；③根据给顶的m、b_0/b_1、io和h_1，以侧槽末端作为起始断面，按式（6-4），用列表法逐段向上游推算水面高差Δy和相应水深；④根据hs定出侧槽起始断面的水面高程，然后按步骤③计算成果，逐段向下游推算水面高程和槽底高程。

（二）井式溢洪道

井式溢洪道通常由溢流喇叭口、渐变段、竖井、弯段、泄水隧洞和出口消能段等部分组成，见图11-3-5。

当岸坡陡峭、地质条件良好、又有适宜的地形布置环形溢流喇叭口时，可以采用井式溢洪道。这样可避免大量的土石方开挖，造价可能较其他型式溢洪道低。当水位上升，喇叭口溢流堰顶淹没后，堰流即转变为孔流，所以井式溢流道的超泄能力较小。当宣泄小流量、井内的水流连续性遭到破坏时，水流很不平稳，容易产生震动和空蚀。因此，我国目前较少采用。

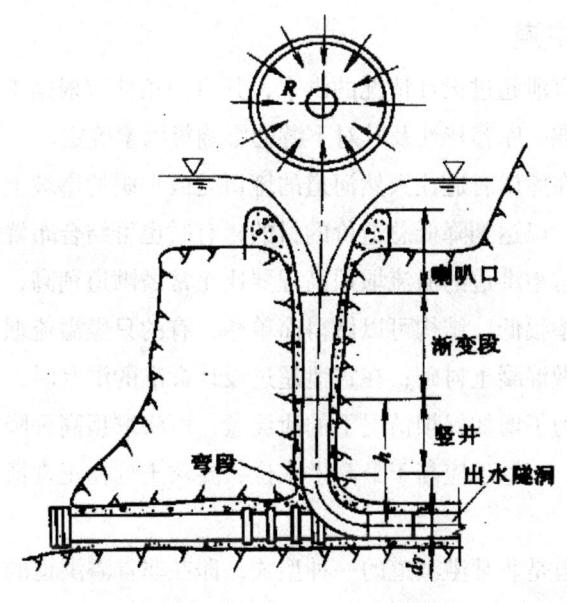

图11-3-5 井式溢洪道

溢流喇叭口的断面型式有实用堰和平顶堰两种，前者较后者的流量系数大。在两种溢流堰上都可以布置闸墩，安设平面或弧形闸门。在环形实用堰上，由于直径较小，为了避免设置闸墩，有时可采用漂浮式的环形闸门，溢流时闸门下降到堰体以内的环形门室，但在多泥沙的道上，门室易被堵塞，不宜采用。在堰顶设置闸墩或导水墙可起导流和阻止发生立轴漩涡的作用。

（三）虹吸式溢洪道

除了前面讲述的正槽溢洪道、侧槽溢洪道和井式溢洪道之外，还有一种可以与坝体结合在一起，也可以建在岸边的虹吸溢洪道。虹吸溢洪道的优点有：①利用大气压强所产生的虹吸作用，能在较小的堰顶水头下得到较大的泄流量；②管理方便，可自动泄水和停止泄水，能比较灵敏的自动调节上游水位。

二、非常泄流设施

泄水建筑物选用的洪水设计标准，应当根据有关规范确定。当校核洪水与设计洪水的泄流量相差较大时，应当考虑设置非常泄洪设施。目前常用的非常泄洪设施有：非常溢洪道和破副坝泄洪。在设计非常泄洪设施时，应注意以下几个问题：①非常泄洪设施运行机会很少，设计所用的安全系数可适当降低；②枢纽总的最大下泄量不得超过天然来水最大流量；③对泄洪通道和下游可能发生的情况，要预先做出安排，确保能及时启用生效；④规模大或具有两个以上的非常泄洪设施，一般应考虑能分别先后启用，以控制下泄流量；⑤非常泄洪设施应尽量布置在地质条件较好的地段，要做到既能保证预期的泄洪效果，又不致造成变相垮坝。

（一）非常溢洪道

非常溢洪道用于宣泄超过设计情况的洪水，其启用条件应根据工程等级、枢纽布置、坝型、洪水特性及标准、库容特性及其对下游的影响等因素确定。

非常溢洪道宜选在库岸有通往天然河道的垭口处或平缓的岸坡上。通常正常溢洪道与非常溢洪道分开布置，以达到降低总造价的目的，有时也可结合布置在一起，如河北省王快水库的溢洪道。非常溢洪道的溢流堰顶高程要比正常溢洪道稍高，一般不设闸门。由于非常溢洪道的运用概率很低，结构可以做得简单些，有的只做溢流堰和泄槽；在较好的岩体中开挖泄槽，可不做混凝土衬砌；在宣泄超过设计标准的洪水时，可允许消能防冲设施发生局部损坏。有时为了增加保坝情况下的泄流量，可将堰顶高程降低；或为了多蓄水兴利，常在堰顶筑土埝，土埝顶应高于最高洪水位，要求土埝在正常情况下不失事，在非常情况下能及时破开。

自溃式非常溢洪道是非常溢洪道的一种型式，即在非常溢洪道的底板上加设自溃堤。堤体可因地制宜用非黏性的砂料、沙砾或碎石填筑，平时可挡水，当水位超过一定高程时，又能迅速将起冲溃行洪。按溃决方式可分为漫顶自溃和引冲自溃两种型式。自溃式非常溢洪道因其结构简单、造价低和施工方便而常被采用，如大伙房、鸭河口和南山等水库的非常溢洪道，就是采用的这种型式。自溃式非常溢洪道的缺点是：控制过水口门形成和口门形成的时间尚缺少有效的措施，溃堤泄洪后，调蓄库容减小，可能影响来年的综合效益。

（二）破副坝泄洪

当水库没有开挖非常溢洪道的适宜条件，而有适于破开的副坝时，可考虑破副坝的应急措施，其启用条件与非常溢洪道相同。

被破的副坝位置，应综合考虑地形、地质、副坝高度、对下游影响、损失情况和汛后副坝恢复工作量等因素慎重选定。最好选在山坳里，与主坝间有小山头隔开，这样的副坝溃决时不会危急主坝。

破副坝时，应控制决口下泄流量，使下泄量的总和（包括副坝决口流量及其他泄洪建筑物的流量）不超过入库流量。如副坝较长，除用裹头控制决口宽度外，也可预做中墩，将副坝分成数段，遇到不同频率的洪水可分段泄洪。

结　语

　　提高综合设计能力。各单项水工建筑的设计能力是重要的，但水利水电工程设计的综合性很强，为避免只见树木不见森林，使学生能在更高的层次上全面把握设计工作，本教材增加了有关河流开发规划、设计阶段划分、环境影响评价研究、工程水文研究、工程地质研究、建筑材料研究、经济评价研究、设计研究报告编制等内容。

　　在坝工实践方面，高碾压混凝土坝、高混凝土拱坝和高面板堆石坝的发展非常迅速，这些坝型的设计理论与方法有其独特之处，目前也还在实践中不断地总结。在设计规范方面，基于可靠度理论的分项系数极限状态设计法的设计规范正在编制，有的已经颁布实施，但由于规范编制的难度或行业习惯，属于安全系数设计法的规范也还在使用，现代智能在近几年来已在大、中型设计部门推广使用，但成熟的软件体系仍有待于进一步开发。

参考文献

[1] 崔政斌,武凤银.建筑施工安全技术[M].北京:化学工业出版社,2009.

[2] 干天能,王振营,白由路.水利工程经营管理[M].沈阳:辽宁科学技术出版社,2015.

[3] 梁允.怎样进行建筑工程安全管理[M].北京:中国电力出版社,2011.

[4] 林继镛.水工建筑物[M].北京:中国水利水电出版社,2009.

[5] 林彦春,周灵杰.水利工程施工技术与管理[M].郑州:黄河水利出版社,2016.

[6] 刘颖.水工建筑物钢筋施工[M].北京:水利电力出版社,1984.

[7] 刘玉年.水利工程施工安全管理实务[M].北京:中国水利水电出版社,2011.

[8] 梅孝威.水利工程技术管理[M].北京:中国水利水电出版社,2000.

[9] 聂磊.水工建筑物及水电站概论[M].北京:水利电力出版社,1987.

[10] 彭立前,孙忠等.水利工程建设项目管理[M].北京:中国水利水电出版社,2009.

[11] 孙开畅,周剑岚.水利水电工程施工安全风险管理[M].北京:中国水利水电出版社,2013.

[12] 唐涛.水利水电工程管理与实务[M].北京:中国建筑工业出版社,2010.

[13] 许健.水利工程招投标与合同管理概论[M].北京:中国水利水电出版社,2011.

[14] 杨永起.建筑防水施工技术[M].北京:中国建材工业出版社,2015.

[15] 张楚汉.水工建筑学[M].北京:清华大学出版社,2011.

[16] 郑霞忠,朱忠荣.水利水电工程质量管理与控制[M].北京:中国电力出版社,2011.